科学版习题精解系列

化工原理习题精解

（上册）

何潮洪　窦　梅　朱明乔　叶向群 编

科学出版社

北　京

内 容 简 介

本书是《科学版习题精解系列》之一。

本书以例题和习题的形式,再现了教材《化工原理》、《化工原理实验》的相关内容,强调对基本概念、原理和工程处理方法的理解,并特别注意例题的分析与总结。每章包括基本内容、重点与难点、精选题及解答、习题四部分。全书分为上、下两册。上册覆盖流体流动与传热部分,包括流体力学基础、流体输送机械、机械分离与固体流态化、热量传递基础、传热过程与换热器、蒸发、流体流动与传热实验;下册覆盖传质部分,包括质量传递基础、气体吸收、蒸馏、萃取、干燥、膜分离、传质实验、化工原理研究生入学考试典型试题。

本书可作为化学工程与工艺、制药工程、环境工程及相关专业本科生教学参考用书,特别是对报考研究生大有裨益,也可作为化学、化工专业的教师、研究生和从事相关工作的工程技术人员的参考资料。

图书在版编目(CIP)数据

化工原理习题精解(上册)/何潮洪等编.—北京:科学出版社,2003
(科学版习题精解系列)
ISBN 978-7-03-009539-8

Ⅰ. 化… Ⅱ. 何… Ⅲ. 化工原理-高等学校-习题 Ⅳ. TQ02-44

中国版本图书馆 CIP 数据核字(2002)第 076452 号

责任编辑:刘俊来 杨 震 丁 里/责任校对:包志虹
责任印制:吴兆东/封面设计:李朝阳

科学出版社 出版
北京东黄城根北街 16 号
邮政编码:100717
http://www.sciencep.com

固安县铭成印刷有限公司印刷
科学出版社发行 各地新华书店经销

*

2003 年 1 月第 一 版 开本:720×1000 1/16
2024 年 7 月第十六次印刷 印张:15 1/4
字数:288 000

定价:48.00 元
(如有印装质量问题,我社负责调换)

出 版 说 明

演练习题是学习中的重要环节,是课堂和课本所学知识的初步应用和实践,通过演算和思考,不仅能考察对知识理解和运用的程度,巩固书本知识,而且能培养科学的思维和解题能力。我社在充分调查研究的基础上,组织出版了《科学版习题精解系列》(化工类)。

化工类专业的专业基础课主要包括化工原理、化工热力学和化学反应工程等。许多学生反映在学习专业课程时,未能及时消化所学内容。教师也反映不可能将更多精力投入到学生的课外习题指导中去。对专业基础课的掌握扎实与否直接影响到今后实际工作的能力。本套丛书因此应运而生,目的在于在所学课本之外,能够起到真正的辅导教师的作用。

从教与学的角度看,理论需要联系实际,所学即为所用,通过习题检验课堂上的学习效果是一条通途之道。演练习题作为一个桥梁,起到了衔接课本知识和实际运用的作用。学的人常通过对习题的解答而对课本的基本概念、基本原理有更深刻的认识和记忆,或起到温故而知新之用,或起到使人茅塞顿开之用。教的人虽有倾尽所学以告之的想法,也会因课时所限不能有更多时间辅导学生,故选择一本优秀的参考资料既可以辅助教学,又可以减轻教学负担,同时还可以开拓学生的视野。

本套丛书在内容编排上一般包括 4 部分:基本内容、重点与难点、精选题和精选题解答。基本内容,阐述基本概念、基本原理和经典公式;重点与难点,力求突出重要知识点;精选题和精选题解答,集萃习题以培养学生演算习题、解决问题的能力。

本套丛书的许多资料从未在正式出版物中出版,很多习题是长期活跃在教学第一线,从事教学工作的优秀教师不断累积、不断创新的结晶,第一次从讲义转化为正式出版物。丛书的内容体系主要延承浙江大学、天津大学等校化工原理、化工热力学和化学反应工程主讲教材的体系。在图书内容的选择上,保留经典,精选具有代表性的习题,不片面追求习题的数量,而力求所选习题皆为上品。在丛书的编写过程中,很多中青年教师也充分发挥了思维灵活的特点,借鉴了一些国内外的经典教学参考资料,力求生动而有新意。

参与本套丛书编写的一些教师主编或参编了"面向 21 世纪课程教材",他们对教学改革的方向有较为深刻的理解,积累了丰富的教学和实践经验,为编写《科学版习题精解系列》(化工类)付出了辛勤的劳动。在此,谨对参与本套丛书编写工作的各位教师表示诚挚的感谢!

最后,希望本套丛书的出版,能够对化工及相关专业的学生专业课程的学习、对日趋激烈的研究生考试有所帮助,也有助于从事化工行业的技术人员不断提高自身水平,同时,对培养我国优秀的化工类人才做出贡献。

科学出版社化学化工编辑部

2002 年 3 月

前 言

化工原理是化学工程与工艺及其相近专业的一门主干课,主要内容为化工单元操作的基本原理、典型设备的构造及工艺计算和设备选型。这门课工程性强,内容多,教与学很有讲究,其中做习题是学生掌握本门课程的基本理论、基本思想及基本方法的重要环节。为此,编者根据化工原理课程的教学要求,结合多年教学实践的经验,编写了《化工原理习题精解》。

本书主要按科学出版社 2001 年版的《化工原理》教材(何潮洪、冯霄主编)进行配套编写。全书分为上、下两册。上册覆盖流体流动与传热部分,包括流体力学基础(第 1 章)、流体输送机械(第 2 章)、机械分离与固体流态化(第 3 章)、热量传递基础(第 4 章)、传热过程与换热器(第 5 章)、蒸发(第 6 章)、流体流动与传热实验(第 7 章);下册覆盖传质部分,包括质量传递基础(第 8 章)、气体吸收(第 9 章)、蒸馏(第 10 章)、萃取(第 11 章)、干燥(第 12 章)、膜分离(第 13 章)、传质实验(第 14 章)、化工原理研究生入学考试典型试题。

本书由浙江大学有关教师编写,执笔分工如下:第 1～3 章(窦梅),第 4～6 章(朱明乔),第 7 章(叶向群),第 8 章(詹晓力),第 9 章(安越),第 10、11 章(南碎飞),第 12 章(安越),第 13 章(陈欢林、程丽华),第 14 章(叶向群)、化工原理研究生入学考试典型试题(何潮洪、南碎飞)。全书由何潮洪统稿。

由于编者水平有限,书中难免有不妥之处,敬请读者批评指正。

编者
2002 年 7 月于浙江大学

目　录

第1章　流体力学基础 …………………………………………………… (1)
　　基本内容 …………………………………………………………… (1)
　　重点与难点 ………………………………………………………… (3)
　　精选题及解答 ……………………………………………………… (3)
　　本章主要符号说明 ………………………………………………… (44)
　　参考文献 …………………………………………………………… (45)
　　习题 ………………………………………………………………… (45)

第2章　流体输送机械 …………………………………………………… (52)
　　基本内容 …………………………………………………………… (52)
　　重点与难点 ………………………………………………………… (55)
　　精选题及解答 ……………………………………………………… (56)
　　本章主要符号说明 ………………………………………………… (84)
　　参考文献 …………………………………………………………… (84)
　　习题 ………………………………………………………………… (85)

第3章　机械分离与固体流态化 ………………………………………… (91)
　　基本内容 …………………………………………………………… (91)
　　重点与难点 ………………………………………………………… (98)
　　精选题及解答 ……………………………………………………… (98)
　　本章主要符号说明 ………………………………………………… (131)
　　参考文献 …………………………………………………………… (132)
　　习题 ………………………………………………………………… (132)

第4章　热量传递基础 …………………………………………………… (137)
　　基本内容 …………………………………………………………… (137)
　　重点与难点 ………………………………………………………… (138)
　　精选题及解答 ……………………………………………………… (139)
　　本章主要符号说明 ………………………………………………… (160)
　　参考文献 …………………………………………………………… (161)
　　习题 ………………………………………………………………… (161)

第5章　传热过程与换热器 ……………………………………………… (165)
　　基本内容 …………………………………………………………… (165)

重点与难点 ··· (167)
　　精选题及解答 ··· (167)
　　本章主要符号说明 ··· (193)
　　参考文献 ··· (193)
　　习题 ··· (194)
第6章　蒸发 ··· (197)
　　基本内容 ··· (197)
　　重点与难点 ··· (199)
　　精选题及解答 ··· (199)
　　本章主要符号说明 ··· (210)
　　参考文献 ··· (210)
　　习题 ··· (211)
第7章　流体流动与传热实验 ··· (213)
　　基本内容 ··· (213)
　　精选题及解答 ··· (213)
　　本章主要符号说明 ··· (229)
　　参考文献 ··· (230)
习题参考答案 ··· (231)

第1章 流体力学基础[1~6]

基本内容

本章主要涉及流体流动过程中所遵循的基本规律,具体地说,就是质量守恒定律、能量守恒定律、动量定理等自然科学三大定律在流体流动现象上的应用。这一章是本课程的基础,这是因为:

1. 很多单元操作都涉及到流体流动现象,或者说很多单元操作都是在流体流动条件下进行的,因此,流体流动的基本规律是研究这些单元操作的重要基础。

2. 作为"三传"(动量传递、热量传递、质量传递)之一的流体流动规律,与传热、传质的规律有类似性,因此,掌握解决流体流动规律的方法和手段对传热、传质章的学习将非常重要。

在本章的学习中,除了应熟练掌握有关的定义、基本概念、设备外,重点应围绕以下几个基本方程及其应用来进行:

(1) 流体静力学方程及其应用;
(2) 宏观质量衡算方程及其应用;
(3) 机械能衡算方程及其应用。

通过本章的学习,应能做到:

(1) 能确定输送流体所需要的能量;
(2) 能进行简单、复杂管路的计算;
(3) 能进行流体流速与流量的计算。

1.1 流体静力学方程

流体静力学方程反映流体绝对静止时的规律,其表达式为

$$p_2 = p_1 + \rho g(z_1 - z_2) \tag{1-1}$$

或

$$\frac{p_2}{\rho g} = \frac{p_1}{\rho g} + (z_2 - z_1) \tag{1-2}$$

式中,p_1、p_2——分别为在静止流体内部高度 z_1、z_2 处的静压强,N/m^2;

z_1、z_2——静止流体内部点1、2距某一基准面的高度,m;

ρ——流体密度,kg/m^3。

在应用式(1-1)、(1-2)时须特别注意以下几点:

(1) 式(1-1)的使用条件是连续的、均质的、绝对静止的流体;

(2) 水平面即为等压面。

牢记以上两点,可以找到适当的等压面,然后再应用静力学方程,就可以解决压力、压差的测量,液位的测量及液封高度等静力学计算问题。

1.2 连续性方程

对于管内稳定流动,有以下形式的连续性方程:
$$m = \rho_1 u_1 A_1 = \rho_2 u_2 A_2 \quad (1-3)$$

对均质、不可压缩流体,$\rho_1 = \rho_2 =$ 常数,于是式(1-3)变为
$$u_1 A_1 = u_2 A_2 \quad (1-4)$$

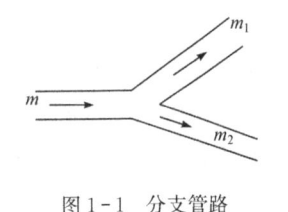

对圆管内均质、不可压缩流体的流动,$A = \pi d^2/4$,d 为直径,有
$$u_1 d_1^2 = u_2 d_2^2 \quad (1-5)$$

如果管道有分支,如图 1-1 所示,则稳定流动时管内连续性方程为
$$m = m_1 + m_2 \quad (1-6)$$

图 1-1 分支管路

1.3 机械能衡算方程

以单位质量流体为基准的机械能衡算方程形式为
$$gz_1 + \frac{u_1^2}{2} + \frac{p_1}{\rho} + w_e = gz_2 + \frac{u_2^2}{2} + \frac{p_2}{\rho} + w_f \quad (1-7)$$

式中,$w_f = w_{f,直} + w_{f,局} = \left(\sum \lambda \frac{l}{d} + \sum \zeta\right)\frac{u^2}{2} = \sum \lambda \left(\frac{l+l_e}{d}\right)\frac{u^2}{2}$。

在应用中应注意:

(1) 式(1-7)适用条件为等温、不可压缩、连续均质流体的稳定流动。

(2) 应用式(1-7)时,关键是选取合适的控制体。所谓合适是指:

① 未知变量应包含在控制体内;

② 控制面要与流动方向相垂直或相切;

③ 控制面上已知量要尽可能多。

(3) 式(1-7)中压力选取基准要一致,或均为绝压,或均为表压。

(4) 对可压缩流体,若流动方向上的压降($p_1 - p_2$)小于 p_1 的 20%,仍可用类似于式(1-7)的机械能衡算方程进行计算,其具体表达式为
$$\frac{p_1 - p_2}{\rho_m} = \lambda \frac{l}{d} \frac{G^2}{2\rho_m^2} = \lambda \frac{l}{d} \frac{u_m^2}{2} \quad (1-8)$$

式中,$\rho_m = \frac{p_m M}{RT} = \frac{(p_1 + p_2)M}{2RT}$ 为整个管长内的平均密度;$u_m = G/\rho_m$。

(5) 由式(1-7)可以看出,机械能(位能、动能、静压能之和)中各项能量形式

可以相互转化。

(6) 因为 $w_f>0$，由式(1-7)可知，在无外加功的情况下，流体可以自动从高机械能处流向低机械能处。据此可判断流体的流向。

重点与难点

本章重点和难点是：
(1) 流体静力学方程及其应用；
(2) 宏观质量衡算方程及其应用；
(3) 机械能衡算方程及其应用。

其中，尤以连续性方程和机械能衡算方程及其应用最为重要，它们是解决简单管路、复杂管路的设计型、操作型问题的重要基础。通过机械能衡算，可以进行管路设计、输送机械的选择和能量(或功率)消耗的计算等。

精选题及解答

【例1-1】如图1-2(a)所示，在某输送管路上装一复式U型压差计以测量A、B两点间的压差，指示剂为水银，两指示剂之间的流体与管内流体相同。已知管内流体密度 $\rho=900 \mathrm{kg/m^3}$，压差计读数 $R_1=0.35\mathrm{m}$，$R_2=0.45\mathrm{m}$，试求

(1) A、B两点间的压差；

(2) 若A、B两点间用一U型压差计代替原来的复式U型压差计，如图1-2(b)所示，则读数 R 为多少？

(3) 若保持管内流量不变，将图1-2(b)中管道向上倾斜，使B端高出A端0.5m，参见图1-2(c)，则U型管压差计读数是否变化？

静力学方程应用于压差测量

【解】本题目的是应用静力学方程，而应用静力学方程的关键是正确地选取等压面。

等压面必须满足的条件是：重力场内连续、均质、不可压缩、绝对静止流体中的等高面(水平面)。

(1) 如图1-3所示，取水平面 $1-1'-1''$、$2-2'$、$3-3'$ 和 $4-4'$，则以上四个水平面均为等压面，于是

复式U型压差计的测压原理

$$p_1=p_1'=p_1'', \quad p_2=p_2', \quad p_3=p_3', \quad p_4=p_4'$$

又由静力学方程可知

$$p_A=p_1+h_1\rho g \tag{1}$$

(a)　　　　　　　　　(b)

(c)

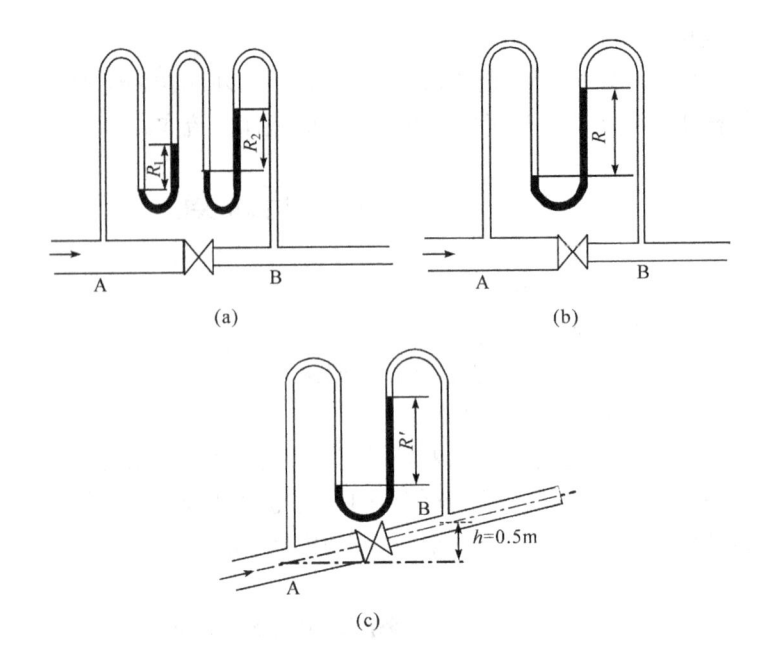

图 1-2　例 1-1 附图

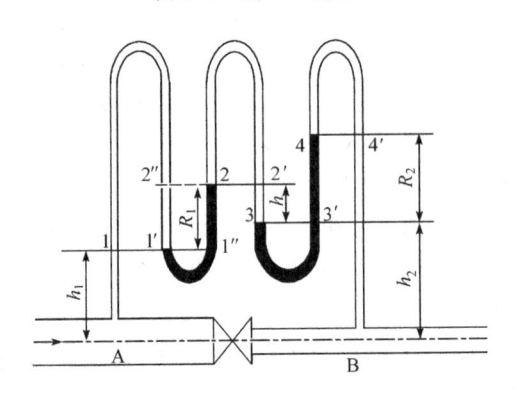

图 1-3　例 1-1 题解附图 a

$$p_1 = p_1'' = p_2 + R_1 \rho_0 g \tag{2}$$

$$p_2 = p_2' = p_3 - h\rho g \tag{3}$$

$$p_3 = p_3' = p_4 + R_2 \rho_0 g \tag{4}$$

$$p_4 = p_4' = p_B - (h_2 + R_2)\rho g \tag{5}$$

将式(1)～(5)相加,得

$$p_A = p_B + (R_1 + R_2)\rho_0 g - (h_2 + R_2 + h - h_1)\rho g \tag{6}$$

又由几何关系可知

$$h_2 + R_2 - (R_1 + h_1) = R_2 - h$$

即 $\qquad h_2+h-h_1=R_1 \qquad$ (7)

将式(7)代入式(6),整理得

$$p_A-p_B=(R_1+R_2)(\rho_0-\rho)g$$
$$=(0.35+0.45)\times(13600-900)\times 9.81$$
$$=99670\text{Pa} \qquad (8)$$

(2)与上面求解类似,在图 1-4 中取等压面 1-1'-1''、2-2',则

U 型压差计与复式压差计测压的比较

$$p_1=p_1' \qquad p_2=p_2'$$

根据静力学方程得
$$p_A=p_1+h\rho g$$
$$p_B=p_2'+(h+R)\rho g$$

而 $\qquad p_1=p_2'+R\rho_0 g$

由以上三式得 $\qquad p_A-p_B=R(\rho_0-\rho)g \qquad$ (9)

对同一对象,用复式压差计与 U 型压差计测量,结果是相同的。

比较式(8)与式(9)可知

$$R=R_1+R_2=0.8\text{m}$$

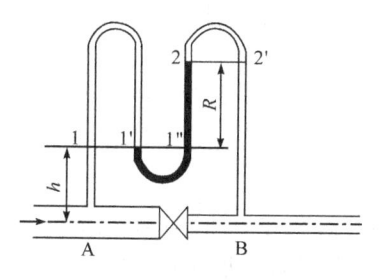

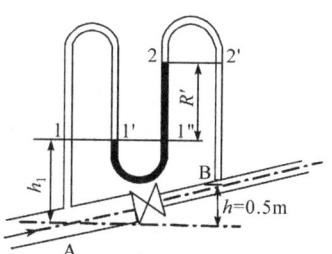

图 1-4 例 1-1 题解附图 b　　图 1-5 例 1-1 题解附图 c

(3)如图 1-5 所示,取等压面 1-1'-1''和 2-2',则

$$p_1=p_1'=p_1'' \qquad p_2=p_2'$$

影响 U 型管压差计读数大小的因素

又由静力学方程可知

$$p_A'=p_1+h_1\rho g$$
$$p_B'=p_2'+(h_1-h+R')\rho g$$
$$p_1=p_2'+R'\rho_0 g$$

由以上三式可得

$$p_A'-p_B'=R'(\rho_0-\rho)g+h\rho g \qquad (10)$$

又根据机械能衡算方程有

对图 1-4 $\qquad p_A-p_B=\dfrac{u_B^2}{2}\rho-\dfrac{u_A^2}{2}\rho+\rho w_f \qquad$ (11)

对图 1-5 $\qquad p_A'-p_B'=h\rho g+\dfrac{u_B'^2}{2}\rho-\dfrac{u_A'^2}{2}\rho+\rho w_f' \qquad$ (12)

由题意可知，$u_A = u'_A$，$u_B = u'_B$，$w_f = w'_f$，于是将以上两式相减可得

$$p'_A - p'_B = p_A - p_B + h\rho g \tag{13}$$

将式(13)代入式(10)得

$$p_A - p_B = R'(\rho_0 - \rho)g \tag{14}$$

对比式(14)与式(9)可见

$$R' = R = 0.8\text{m}$$

<small>管子倾斜不影响 U 型管压差计读数的大小。</small>

【讨论】(1) 本题目的在于应用静力学方程解决问题，而应用过程中的关键是正确地选取等压面。等压面选取得是否恰当，将直接影响到问题能否被快速而正确的解决。

(2) 在选取等压面时应牢记，在重力场中，只有绝对静止的、连续的、均质的、不可压缩的流体中，等高面(水平面)才是等压面，否则就不是。例如，图 1-3 中面 2-2″ 就不是等压面，因为流体在此其间不均质。

(3) 对于不同的等压面，可以取不同的高度基准而不影响计算结果。

<small>请思考：若被测两点压差过小，采用 U 型管压差计测量读数过小时，怎样才能使读数变大，从而减小测量误差呢？</small>

(4) 由本题的问(1)和问(2)的结果可见，当采用 U 形压差计读数过大时，可用复式压差计代替，从而降低每个压差计的读数。

(5) 在压差计测量原理的学习过程中，学生往往容易得出下列结论：压差计读数 R 与被测两点间的压差 Δp 呈正比[如式(8)、(9)]。实际上，上述结论是不全面的，只有流体静止或在水平管道中流动时上述结论才成立。正确的结论应当是：压差计读数 R 与被测两点间的广义压差 $\Delta \Gamma$(广义压力 $\Gamma = p + \rho g z$)成正比。若将式(10)改写，可看出这一结论，即

$$(p'_A + 0) - (p'_B + h\rho g) = R'(\rho_0 - \rho)g$$

即

$$\Gamma'_A - \Gamma'_B = R'(\rho_0 - \rho)g$$

由此可见，压差计读数 R' 与 A、B 两点间的广义压差 $(\Gamma'_A - \Gamma'_B)$ 成正比。

利用上述结论，可直接求解出问(3)的答案：由 A、B 两点间的机械能衡算方程式(11)、(12)可知，在问(2)与问(3)两种情形中，A、B 两点间的广义压差相同，均等于 AB 段的动能差与摩擦损失之和，因此，压差计读数必相同。

【例 1-2】 如图 1-6 所示，某容器内充满气体，为测量其压力，

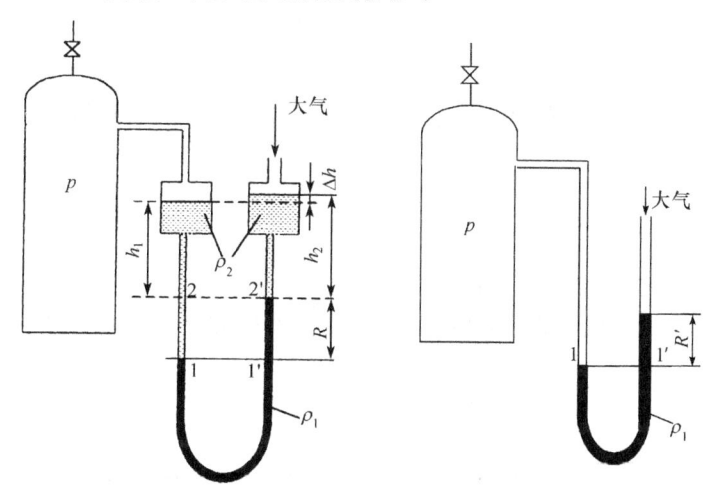

在容器外接一双液杯压差计(所谓双液杯压差计就是指在U形管压差计两端各增加一个杯,杯的直径远大于U形管直径,两杯内放相同的、等量的指示剂)。两杯内的指示剂和U形管内的不同,杯内指示剂密度略小于U形管中指示剂密度。现已知U形管内的指示剂为密度 $\rho_1=870\text{kg/m}^3$ 的乙醇水溶液,杯内的指示剂为密度 $\rho_2=830\text{kg/m}^3$ 的煤油,杯的直径 $D=160\text{mm}$,U形管直径 $d=6\text{mm}$,读数 $R=0.25\text{m}$,试求

静力学方程在双液杯压差测量中的应用

(1) 容器内压力 p 为多少 Pa(表压)？若忽略两杯的液面高度差,则由此所引起的压力测量的相对误差为多少？

(2) 如图 1-7 所示,若将双液杯压差计改为 U 形管压差计,指示剂仍用 $\rho_1=870\text{kg/m}^3$ 的乙醇水溶液,则压差计读数 R' 为多少毫米?

(3) 若读数绝对误差为 $\pm 0.5\text{mm}$,则双液杯压差计和 U 形管压差计读数的相对误差各为多少?

图 1-6 双液杯压差计　　　图 1-7 U 型压差计

【解】(1)如图 1-6 所示,取水平面 1-1'、2-2',其中面 1-1'为等压面,即

双液杯压差计的测量原理

$$p_1 = p_1'$$

不计气体柱的质量,由静力学原理可知

$$p_1 = p + (h_1+R)\rho_2 g$$
$$p_1' = h_2\rho_2 g + R\rho_1 g$$

以上两式中压力均为表压。

由以上三式可得
$$p = R(\rho_1 - \rho_2)g + (h_2 - h_1)\rho_2 g \tag{1}$$

其中，$h_2 = h_1 + \Delta h$。又因为开始时，两杯中所充的煤油量相同，故 1-2 管段内的煤油量与 Δh 高度内的煤油量相等，即

$$\frac{1}{4}\pi d^2 R = \frac{1}{4}\pi D^2 \Delta h$$

于是
$$\Delta h = \frac{d^2}{D^2} R$$

故
$$h_2 = h_1 + \frac{d^2}{D^2} R \tag{2}$$

将式(2)代入式(1)得

$$p = R\left(\rho_1 - \rho_2 + \frac{d^2}{D^2}\rho_2\right)g$$

> 不忽略两杯的液面高度差时，测得容器内压力为 101.0Pa（表压）。

$$= 0.25 \times \left[870 - 830 + \left(\frac{6}{160}\right)^2 \times 830\right] \times 9.81$$

$$= 101.0 \text{Pa}(表压)$$

若忽略两杯的液面高度差，即 $h_1 \approx h_2$，则由式(1)得容器内压力

> 忽略两杯的液面高度差时，测得容器内的压力为 98.1Pa（表压）。

$$p = R(\rho_1 - \rho_2)g$$
$$= 0.25 \times (870 - 830) \times 9.81$$
$$= 98.1 \text{Pa}(表压)$$

于是，由于忽略两杯的液面高度差而引起压力测量的相对误差为

$$\frac{98.1 - 101.0}{101.0} \times 100\% = -2.9\%$$

(2) 如图 1-7 所示，取等压面 1-1'，则 $p_1 = p_1'$。不计气体柱的质量，由静力学原理可知

$$p = R'\rho_1 g$$

> U 型管压差计读数大小为 11.8mm，可见远远小于双液杯压差计的读数 250mm。

所以
$$R' = \frac{p}{\rho_1 g} = \frac{101.0}{870 \times 9.81} = 0.0118\text{m} = 11.8\text{mm}$$

(3) 双液杯压差计和 U 形管压差计读数的相对误差分别为

双液杯压差计：$\dfrac{\pm 0.5}{250} \times 100\% = \pm 0.2\%$

> 由于 U 形压差计读数小，其相对误差就大。

U 形管压差计：$\dfrac{\pm 0.5}{11.8} \times 100\% = \pm 4.2\%$

【讨论】(1) 从本题可知，应根据不同场合选择使用合适的压差

（2）当所测压力或压差很小时，用 U 形管压差计测量，其读数可能会很小，读数的相对误差就会很大。为使读数 R 放大，有时可选用双液杯压差计代替 U 形管压差计，除此之外，还可以使用倾斜式微压计（即将 U 形管中的一支倾斜放置），或改用与被测流体密度接近的指示剂等。

（3）值得指出的是，若双液杯压差计的结构设计不合理，即比值 D/d 较小时，可能会导致双液杯压差计的测量精度甚至小于 U 型管压差计的测量精度。

思考：为了使双液杯压差计测量结果优于 U 型管，D/d 至少应大于多少？

【例 1-3】 试证明不可压缩流体管内稳定流动时（见图 1-8），管截面上不同高度处的流体（如 1、2 两处）的压力仍满足静力学方程，即

$$p_2 = p_1 + \rho g(z_1 - z_2)$$

动中有静问题

本题需运用微观动量衡算即运动方程进行求解，读者可根据自己的情况选择阅读。

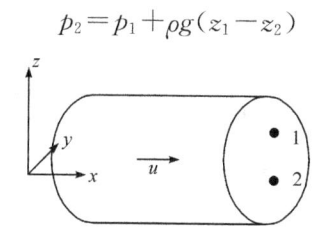

图 1-8　例 1-3 附图

【证明】 对不可压缩流体，其连续性方程和运动方程分别为

$$\frac{\partial u_x}{\partial x} + \frac{\partial u_y}{\partial y} + \frac{\partial u_z}{\partial z} = 0$$

$$\rho \left(\frac{\partial u_x}{\partial t} + u_x \frac{\partial u_x}{\partial x} + u_y \frac{\partial u_x}{\partial y} + u_z \frac{\partial u_x}{\partial z} \right)$$
$$= \rho g_x - \frac{\partial p}{\partial x} + \mu \left(\frac{\partial^2 u_x}{\partial x^2} + \frac{\partial^2 u_x}{\partial y^2} + \frac{\partial^2 u_x}{\partial z^2} \right)$$

$$\rho \left(\frac{\partial u_y}{\partial t} + u_x \frac{\partial u_y}{\partial x} + u_y \frac{\partial u_y}{\partial y} + u_z \frac{\partial u_y}{\partial z} \right)$$
$$= \rho g_y - \frac{\partial p}{\partial y} + \mu \left(\frac{\partial^2 u_y}{\partial x^2} + \frac{\partial^2 u_y}{\partial y^2} + \frac{\partial^2 u_y}{\partial z^2} \right)$$

$$\rho \left(\frac{\partial u_z}{\partial t} + u_x \frac{\partial u_z}{\partial x} + u_y \frac{\partial u_z}{\partial y} + u_z \frac{\partial u_z}{\partial z} \right)$$
$$= \rho g_z - \frac{\partial p}{\partial z} + \mu \left(\frac{\partial^2 u_z}{\partial x^2} + \frac{\partial^2 u_z}{\partial y^2} + \frac{\partial^2 u_z}{\partial z^2} \right)$$

圆管内稳定流动时，$\frac{\partial}{\partial t}=0$，$u_y=u_z=0$，在重力场中，$g_x=g_y=0$，$g_z=-g$，于是，以上四式化简为

$$\frac{\partial u_x}{\partial x}=0$$

$$0=-\frac{\partial p}{\partial x}+\mu\left(\frac{\partial^2 u_x}{\partial y^2}+\frac{\partial^2 u_x}{\partial z^2}\right) \tag{1}$$

$$0=-\frac{\partial p}{\partial y} \tag{2}$$

$$0=\rho g+\frac{\partial p}{\partial z} \tag{3}$$

以上各式表明，压力 p 是 x、z 的函数，而与 y 无关。于是

$$\mathrm{d}p=\frac{\partial p}{\partial x}\mathrm{d}x+\frac{\partial p}{\partial z}\mathrm{d}z$$

将式(1)、(3)代入得

$$\mathrm{d}p=\mu\left(\frac{\partial^2 u_x}{\partial y^2}+\frac{\partial^2 u_x}{\partial z^2}\right)\mathrm{d}x-\rho g\mathrm{d}z$$

将上式在点 1、2 间积分得

$$p_2-p_1=\int_{x_1}^{x_2}\mu\left(\frac{\partial^2 u_x}{\partial y^2}+\frac{\partial^2 u_x}{\partial z^2}\right)\mathrm{d}x+\rho g(z_1-z_2)$$

因为在同一流通截面上有 $x_1=x_2$，故

$$p_2=p_1+\rho g(z_1-z_2)$$

证毕。

【讨论】本题目的在于体现动中有静的问题。

在推导机械能衡算方程式时，流通截面上的平均静压力均按管中心取值，本题的结论对这一做法提供了理论依据。

静压力与浮力的关系

【例 1-4】如图 1-9 所示，一球形物体，体积为 V，浸入密度为 ρ 的液体中，已知大气压为 p_a。试证明物体所承受的总静压力等于浮力。

【证明】根据静压力的特点，球表面上任一点所受到的静压力皆垂直于表面，指向球心。由等压面性质和球的对称性可知，静压力的水平方向分量依左右半球对称，因此相互抵消，这里可不予考虑。而垂直方向上的静压力分量却不对称，不能相互抵消，将其沿整个球面积分就可得到垂直方向的总静压力。

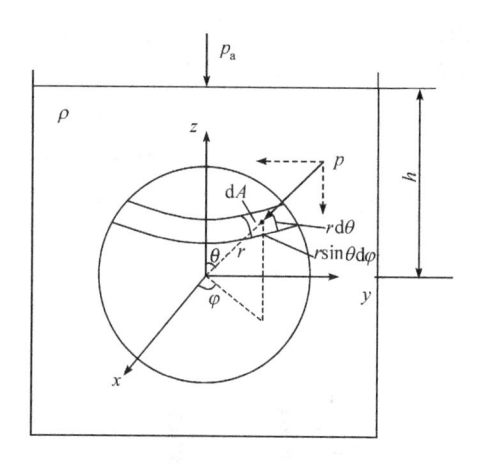

图 1-9 例 1-4 附图

如图 1-9 所示,在球表面上取一微元面 dA,则
$$dA = rd\theta r\sin\theta d\varphi$$
设该微元面上所受到的静压强为 p,则
$$p = p_a + (h - r\cos\theta)\rho g$$
式中,h 为球心与上方液面的距离。

于是,dA 上所受到的总的静压力 $pdA = pr^2\sin\theta d\theta d\varphi$,其 z 方向分量则为 $-pr^2\cos\theta\sin\theta d\theta d\varphi$。因此,球体在 z 方向所受到的总静压力为

$$\int_0^{2\pi}\int_0^{\pi} -pr^2\cos\theta\sin\theta d\theta d\varphi$$

$$= -\int_0^{2\pi}d\varphi\int_0^{\pi}[p_a + (h - r\cos\theta)\rho g]r^2\cos\theta\sin\theta d\theta$$

$$= -\int_0^{2\pi}d\varphi\int_0^{\pi}[(p_a + h\rho g)r^2 - \rho gr^3\cos\theta]\cos\theta\sin\theta d\theta$$

$$= \frac{4}{3}\pi r^3\rho g$$

此值恰为球体排开液体的质量,根据阿基米德定律,此即为浮力。因此,浸于流体中的球体所受到的总静压力等于浮力。

物体在流体中所受浮力与所受的静压力是同一回事。

【讨论】本题目的在于说明大家所熟知的浮力产生的根本原因。

(1) 由本题可知,产生浮力的根本原因是静压力。

(2) 既然物体在流体中所受浮力与所受的静压力是同一回事,因此,分析流体中的物体受力时,考虑了浮力就不能再考虑总静压力,反之亦然。

连续性方程和理想流体柏努利方程的应用。

【例 1-5】 如图 1-10 所示，某气体(密度 $\rho=1\text{kg}/\text{m}^3$，黏度很小，可视为理想流体)从变径管流过，大管为 $\phi 48\text{mm}\times 3.5\text{mm}$，小管为 $\phi 18\text{mm}\times 2.5\text{mm}$。在 A、B 两点间接一复式压差计，内放等量的水作为指示剂(密度 $\rho_1=1000\text{kg}/\text{m}^3$)，两指示剂之间充满煤油(密度 $\rho_2=810\text{kg}/\text{m}^3$)。已知大管中气速为 10m/s，试求复式压差计读数 R_1 和 R_2 的大小。

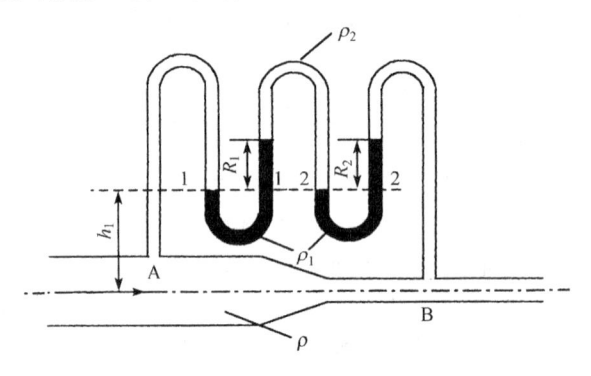

图 1-10 例 1-5 附图

【解】 取水平面 1-1 和 2-2，它们均为等压面。由静力学原理可得

$$p_A = p_1 \quad \text{(因为气体密度很小，可忽略气体柱质量，下同)}$$

$$p_1 - R_1\rho_1 g + R_1\rho_2 g = p_2$$

$$p_B + R_2\rho_1 g = p_2$$

由以上三式得

$$p_A - R_1\rho_1 g + R_1\rho_2 g - R_2\rho_1 g = p_B \tag{1}$$

由于指示剂等量，故 $R_1=R_2$，代入式(1)整理得

$$p_A - p_B = R_1(2\rho_1 - \rho_2)g \tag{2}$$

在 AB 管段列理想流体的柏努利方程，得

$$gz_A + \frac{u_A^2}{2} + \frac{p_A}{\rho} = gz_B + \frac{u_B^2}{2} + \frac{p_B}{\rho} \tag{3}$$

利用稳态的质量衡算方程可由点 A 的流速求点 B 流速。

其中，$z_A = z_B$；又根据质量衡算方程，有 $u_B = \left(\dfrac{d_A^2}{d_B^2}\right)u_A$，代入式(3)化简得

$$p_A - p_B = \rho \frac{u_A^2}{2}\left[\left(\frac{d_A}{d_B}\right)^4 - 1\right] \tag{4}$$

将式(4)代入式(2)，得

$$\rho \frac{u_A^2}{2}\left[\left(\frac{d_A}{d_B}\right)^4-1\right]=R_1(2\rho_1-\rho_2)g$$

式中，$u_A=10\text{m/s}$，$d_A=48-2\times3.5=41\text{mm}$，$d_B=18-2\times2.5=13\text{mm}$，$\rho=1\text{kg/m}^3$，$\rho_1=1000\text{kg/m}^3$，$\rho_2=810\text{kg/m}^3$，代入上式计算得

$$R_1=0.42\text{m}$$

即

$$R_1=R_2=0.42\text{m}$$

本题计算结果：
$R_1=R_2=0.42\text{m}$

【讨论】（1）连续性方程应用于管内稳态流动时，因为没有时间累积项，所以，形式特别简单，即 $m_1=m_2$（简单管路），或 $m=m_1+m_2+\cdots$（复杂管路），再利用 $m=\rho uA$，则可由某一管径处的流速求算另一管径处的流速。

（2）根据理想流体的柏努利方程可知，机械能（动能+位能+静压能）守恒，且其中各项能量形式之间可以相互转化，如本题中，当流体由 A 流向 B 时，部分静压能转化成为了动能，使动能增加，但总机械能保持不变。

【例 1-6】 如图 1-11 所示，用泵将 20℃河水打入洗涤塔中经喷嘴喷出，喷淋下来后流入废水池。已知管道尺寸为 $\phi114\text{mm}\times4\text{mm}$，喷嘴内径 $d_2=212\text{mm}$，流量为 $85\text{m}^3/\text{h}$，泵的吸入和压出管路总长分别为 5m 和 35m（不包括出口阻力损失的当量长度

实际流体的机械能衡算方程的应用

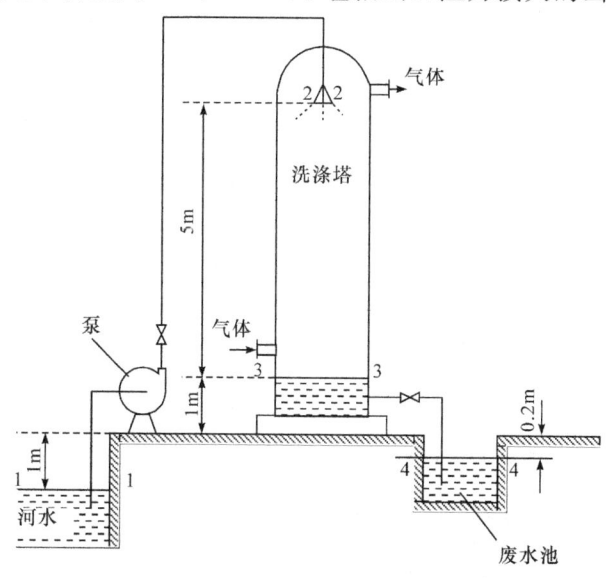

图 1-11 例 1-6 附图

在内),管内摩擦因数 $\lambda=0.023$。喷头处压力较塔内压力高 20kPa,水从塔中流入下水道的摩擦损失为 8J/kg。求泵的有效轴功率 N_e(单位为 kW)。

【解】选取河面为 1-1 面,喷嘴出口截面(内侧)为 2-2 面,洗涤塔底部水面为 3-3 面,废水池水面为 4-4 截面。

> 应适当选取控制体

河水经整个输送系统流至废水池的过程中并不都是连续的,在 2-2 面和 3-3 面之间间断,因此,机械能衡算方程只能在 1-2、3-4 之间成立。

在 1-1 面和 2-2 面间列机械能衡算方程:

$$gz_1+\frac{u_1^2}{2}+\frac{p_1}{\rho}+w_e=gz_2+\frac{u_2^2}{2}+\frac{p_2}{\rho}+w_{f1-2} \quad (1)$$

> 压力取表压、绝压均可以,因为本题中设备均为敞口,故压力取表压较为方便。

取河面为基准面,则 $z_1=0, z_2=1+1+5=7\text{m}, p_1=0$(表压),$u_1\approx 0$(因为河面较管道截面大得多,可近似认为其流速为零),$\rho=1000\text{kg/m}^3, u_2=\dfrac{V}{\pi d_2^2/4}=\dfrac{85/3600}{\pi\times 0.212^2/4}=0.67\text{m/s}$,管内流速 $u=\dfrac{V}{\pi d^2/4}=\dfrac{85/3600}{\pi(114-2\times 4)^2\times 10^{-6}/4}=2.68\text{m/s}, w_{f1-2}=\lambda\dfrac{\sum l}{d}\dfrac{u^2}{2}=0.023\times\dfrac{5+35}{0.106}\times\dfrac{2.68^2}{2}=31.17\text{J/kg}$。将以上各值代入式(1),得

$$w_e=9.81\times 7+\frac{0.67^2}{2}+\frac{p_2}{\rho}+31.17=100.1+\frac{p_2}{\rho} \quad (2)$$

又由题意知

$$\frac{p_2}{\rho}=\frac{p_{塔}}{\rho}+\frac{20\times 10^3}{1000}=\frac{p_3}{\rho}+20 \quad (3)$$

而 p_3 则可由 3-3 面与 4-4 面间的机械能衡算方程求取,即

$$gz_3+\frac{u_3^2}{2}+\frac{p_3}{\rho}=gz_4+\frac{u_4^2}{2}+\frac{p_4}{\rho}+w_{f3-4}$$

取 4-4 面为基准面,则 $z_3=1+0.2=1.2\text{m}, z_4=0$,又 $u_3\approx u_4\approx 0, p_4$(表压)$=0, w_{f3-4}=8\text{J/kg}$,代入上式解得

$$\frac{p_3}{\rho}=8-9.81\times 1.2=-3.77\text{J/kg}$$

将上述结果代入式(3),得

$$\frac{p_2}{\rho}=-3.77+20=16.23\text{J/kg}$$

将上述结果代入式(2),得

$$w_e=100.1+16.23=116.33\text{J/kg}$$

于是泵的有效功率

$$N_e = \rho V w_e = \frac{1000 \times 85 \times 116.33}{3600} = 2746.7\text{W} \approx 2.75\text{kW}$$

本题计算结果：
$N_e = 2.75\text{kW}$

【讨论】本题目的在于让读者注意机械能衡算方程应用中的一些重要问题。

机械能衡算方程应用中的一些重要问题

（1）适当选取控制体。所谓适当，是指：

① 待求量应包含在该控制体内。如本题中要计算泵的有效轴功率，则控制体就应在泵的上下游范围内选取。

② 上、下游的控制面上的已知量应尽可能多。一般应尽量选取如贮槽液面之类的广大液面作为上下游截面，因为这种面上已知量最多。例如，在此类面上流体速度可近似认为 0。若为敞口，则表压为 0 等。这样，给后面的计算带来较大的方便。

③ 控制体内流体必须连续、均质、不可压缩、等温和稳定流动。这是机械能衡算方程成立的前提条件。若其中任一条件不满足，则机械能衡算方程就不能正确使用。例如本题若在 1-1 面至 3-3 面或 1-1 面至 4-4 面间列机械能衡算方程就不对了。

（2）机械能衡算式中压力项取表压或绝压均可，只要保证式中等号两边的压力基准相同即可。

（3）出口阻力损失问题：在应用机械能衡算式解题时，应注意出口阻力损失项不可在方程中重复计入。为避免这个问题，在管出口处选取控制面时，可按下面两种方法进行：一是选取管出口截面的内侧为控制面，如本题 2-2 面，此时该控制面上的动能项为 $\frac{1}{2}u_2^2$，而整个控制体内总阻力损失则不再包括出口阻力损失项在内（其大小也为 $\frac{1}{2}u_2^2$）；二是选取管出口截面的外侧即无限大空间上的面为控制面，此时该控制面上的动能项为零，而整个控制体内总阻力损失则应包括出口阻力损失项在内。

上述这两种方法的解题结果是一样的，应用时可根据题意任取其一使用。但本题中只能使用第一种方法，因为题中已指出管长 35m 中不包括管出口阻力损失在内。

应当指出，工程上通常为长距离输送，动能项或出口阻力损失项在总机械能中所占比例甚小，通常可忽略不计，因此，出口阻力损失问题就显得不是很重要。

机械能中各项相互转化问题

【例 1-7】 如图 1-12 所示,高位槽的液面高度为 H(保持不变),高位槽下接一管路系统送水,其中 2、3 处为等径管。在管路 2、3、4 处各接两个垂直细管,一个是直的,一个具有朝向来流方向的弯头。已测得点 2 处直的细管内液柱高度如图 1-12 所示。试定性画出其余各细管内的液柱高度。

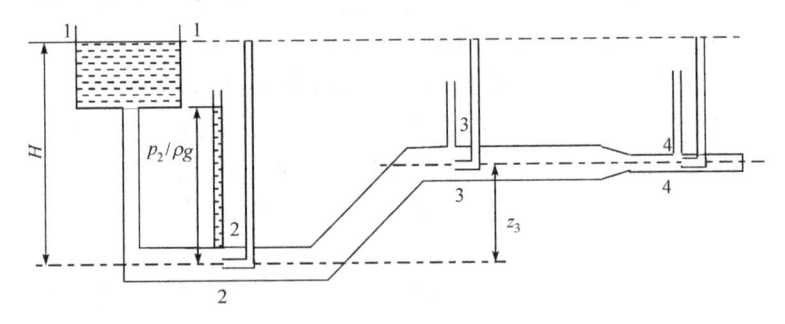

图 1-12 例 1-7 附图

【解】 2、3、4 处的垂直细管内液柱高度反映了该处的静压头大小 $p/\rho g$;带有弯头的细管内液柱高度则反映了该处动压头与静压头之和(称为冲压头)($p/\rho g + u^2/2g$),这是因为流体流到弯头前时,速度变为零,动能全部转化为静压能。

如图 1-13 所示,选取控制面 1-1 面、2-2 面、3-3 面和 4-4 面。

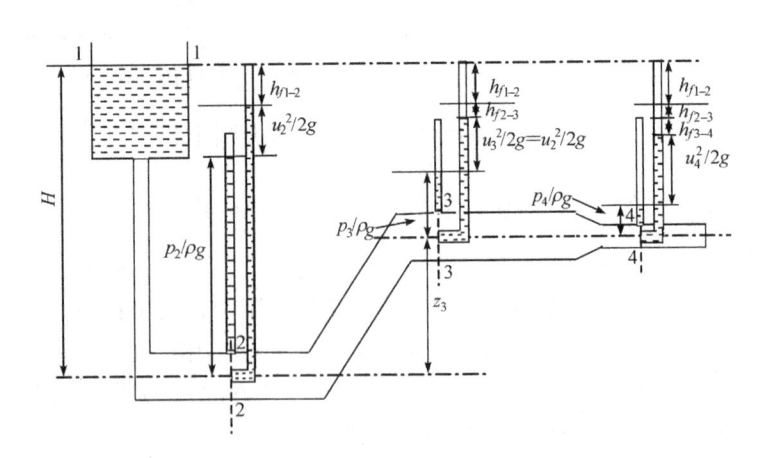

图 1-13 例 1-7 题解附图 a

对 1-1 面和 2-2 面间的控制体而言,根据机械能衡算方程得 　　适当选取控制体

$$H+\frac{u_1^2}{2g}+\frac{p_1}{\rho g}=z_2+\frac{u_2^2}{2g}+\frac{p_2}{\rho g}+h_{f1\text{-}2}$$

式中,$u_1=0$,$p_1=0$(表压),$z_2=0$(取为基准面),代入上式得　　因为设备均为敞口,故压力取表压较为方便。

$$H=\frac{u_2^2}{2g}+\frac{p_2}{\rho g}+h_{f1\text{-}2} \qquad (1)$$

式(1)表明,点 2 处的动压头 $u_2^2/2g$ 和静压头 $p_2/\rho g$ 之和即点 2 处有弯头的细管中的液柱高度等于 $(H-h_{f1\text{-}2})$(注意 $h_{f1\text{-}2}>0$),故该细管中的液柱高度必如图 1-13 所示,其中比左边垂直管高出的部分代表动压头大小。

流体由 1 流向 2 的过程中,1 处的机械能(即位能)逐渐转化成为动能、静压能,此外还有一部分因摩擦而损失掉了。

同理,在 2-2 面和 3-3 面间列机械能衡算式得

$$z_2+\frac{u_2^2}{2g}+\frac{p_2}{\rho g}=z_3+\frac{u_3^2}{2g}+\frac{p_3}{\rho g}+h_{f2\text{-}3}$$

式中,$z_2=0$,代入上式并整理得

$$\left(\frac{u_3^2}{2g}+\frac{p_3}{\rho g}\right)=\left(\frac{u_2^2}{2g}+\frac{p_2}{\rho g}\right)-(z_3+h_{f2\text{-}3}) \qquad (2)$$

式(2)表明,点 3 处有弯头的细管内液柱高度 $(p_3/\rho g+u_3^2/2g)$ 等于点 2 处有弯头的细管内液柱高度 $(p_2/\rho g+u_2^2/2g)$ 减去 $(z_3+h_{f2\text{-}3})$(注意 $h_{f2\text{-}3}>0$)。

流体由 2 流向 3 的过程中,2 处的一部分静压能转化成为位能,还有一部分因摩擦而损失掉了。

又 $u_2^2/2g=u_3^2/2g$,即点 2、3 处的动压头相同,故点 3 处直的细管中的液柱高度 $p_3/\rho g$ 与有弯头的细管内液柱高度 $(p_3/\rho g+u_3^2/2g)$ 相差 $u_3^2/2g$(见图 1-13)。

在 3-3 面和 4-4 面间列机械能衡算方程得

$$z_3+\frac{u_3^2}{2g}+\frac{p_3}{\rho g}=z_4+\frac{u_4^2}{2g}+\frac{p_4}{\rho g}+h_{f3\text{-}4}$$

式中 $z_3=z_4$,故

$$\left(\frac{u_3^2}{2g}+\frac{p_3}{\rho g}\right)-\left(\frac{u_4^2}{2g}+\frac{p_4}{\rho g}\right)=h_{f3\text{-}4} \qquad (3)$$

式(3)表明,点 3、4 处的有弯头细管中的液柱高度之差等于 $h_{f3\text{-}4}$(见图 1-13 所示)。

又因为 $u_3<u_4$,$h_{f3\text{-}4}>0$,故由式(3)得

$$\frac{p_3}{\rho g}>\frac{p_4}{\rho g} \qquad (4)$$

式(4)表明,点 3 处的直的细管内液柱高度 $\frac{p_3}{\rho g}$ 大于点 4 处的直的

流体由 3 流向 4 的过程中,3 处的静压能的一部分转化为动能,使动能增加,还有一部分静压能则因摩擦而损失掉了。

细管内液柱高度 $\dfrac{p_A}{\rho g}$,如图 1-13 所示。

【讨论】对于实际流体,机械能(动能＋位能＋静压能)不守恒,但机械能中各项可以相互转化,且均可转化为摩擦损失。

摩擦损失的计算

【例 1-8】用如图 1-14 所示的输送管路将高位槽中液体(密度 $\rho=900\text{kg/m}^3$、黏度 $\mu=30\text{cP}$)输送到低位贮槽中,两槽液面垂直距离为 1m,管内径均为 $d=53\text{mm}$。已测得 OC 段直管长为 $l_{OC}=20\text{m}$,且知此管段上有一个 90°弯头($\zeta_\text{弯}=0.75$),DE 段直管长为 $l_{DE}=10\text{m}$。CD 段上有一个球心阀,在 C、D 处接一倒 U 形压差计,U 形管上部为空气,现测得压差计读数 $R=20\text{cm}$。试求管内流速为多少?

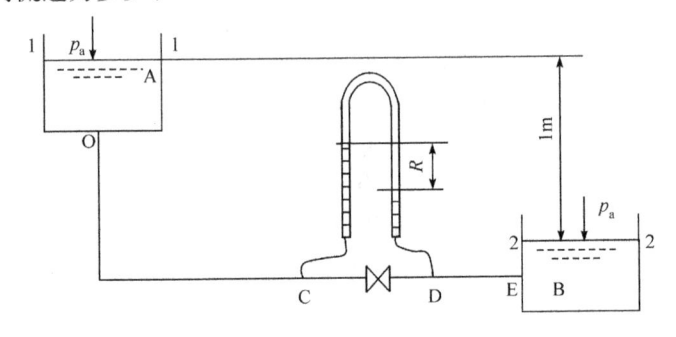

图 1-14 例 1-8 附图

【解】在两槽液面 1-1 与 2-2 间列机械能衡算式:

OC、CD、DE 为串联管路,总阻力损失等于各串联管段阻力相加。

$$gz_1+\dfrac{p_1}{\rho}+\dfrac{u_1^2}{2}=gz_2+\dfrac{p_2}{\rho}+\dfrac{u_2^2}{2}+w_{f1\text{-}C}+w_{fC\text{-}D}+w_{fD\text{-}2} \quad (1)$$

式中,$z_1-z_2=1\text{m}$,$p_1=p_2=0$(表压),$u_1\approx u_2\approx 0$,

各段阻力损失等于直管阻力损失与局部阻力损失之和。

$$w_{f1\text{-}C}=\left(\lambda\dfrac{l_{OC}}{d}+\zeta_\text{弯}+\zeta_\text{入}\right)\dfrac{u^2}{2}=\left(\lambda\dfrac{20}{0.053}+0.75+0.5\right)\dfrac{u^2}{2}$$

$$=(377.36\lambda+1.25)\dfrac{u^2}{2}$$

$$w_{fC\text{-}D}=\dfrac{p_C}{\rho}-\dfrac{p_D}{\rho}=Rg=0.2\times 9.81=1.962$$

$$w_{fD\text{-}2}=\left(\lambda\dfrac{l_{DE}}{d}+\zeta_\text{出}\right)\dfrac{u^2}{2}=\left(\lambda\dfrac{10}{0.053}+1\right)\dfrac{u^2}{2}$$

$$=(188.68\lambda+1)\dfrac{u^2}{2}$$

将以上诸式代入式(1)化简得

$$283.02\lambda u^2 + 1.125u^2 = 7.848 \quad (2)$$

式中，λ 与 u 有关，故由式(2)求解 u 时需用试差法。考虑到流体黏度 μ 较大，可假设流动形态为层流。故

$$\lambda = \frac{64}{Re} = \frac{64\mu}{\rho u d} = \frac{64 \times 30 \times 10^{-3}}{900u \times 0.053} = \frac{0.0403}{u} \quad (3)$$

将式(3)代入式(2)得

$$11.406u + 1.125u^2 = 7.848 \quad (4)$$

解之得 $\qquad u = 0.647 \text{m/s}$

检验 Re：

$$Re = \frac{900 \times 0.647 \times 0.053}{30 \times 10^{-3}} = 1029 < 2000$$

本题计算结果：
$u = 0.647 \text{m/s}$

属层流，以上计算有效。

【讨论】(1) 总阻力损失的大小取决于直管阻力损失与局部阻力损失的大小，只要已知管长、管径、局部阻力系数(或局部当量长度)、摩擦因数、流速(或流量)，均可以计算直管阻力损失和局部阻力损失。

(2) 由式(2)可见，当速度未知时，摩擦因数 λ 也未知，因此，由式(2)求解速度必须用试差法。由于 λ 变化不大，通常以 λ 作为迭代变量，其初始值通常取阻力平方区内的数值。但当流体较黏，流动属于层流时，计算过程相对来说较简单。

【例 1-9】如图 1-15 所示，高位槽内贮有温度为 95℃ 的水，水深 $h_1 = 0.5$m，并保持不变，高位槽底部接一长 L、内径 $d = 100$mm 的垂直管，管内摩擦因数 $\lambda = 0.02$。在距槽底 A 点 0.5m 处装一球心阀，阀门阻力系数为 9.5，试求

(1) 若 $L = 2$m，管内最低压力出现在何处，数值为多少？

(2) 若将管子加长，使 $L = 5$m，则管内流速为多少？最低压力又在何处，数值为多少？

已知 95℃ 水的密度 $\rho = 961.9 \text{kg/m}^3$，饱和蒸汽压 $p_v = 84.5 \text{kPa}$。

机械能衡算方程的应用

【解】流体经过 A 点时，流股突然缩小，故压力将下降，因此，从 1-1 面至 A 点，A 点的压力最小。

流体经过阀门时，压力因局部阻力损失而降低，因此 $p_C < p_B$。

1A 段中 A 点处压力最小。

BC 段中 C 点处压力最小。

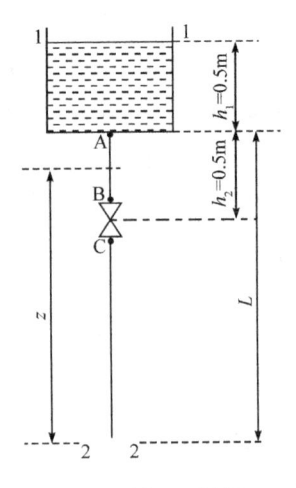

图 1-15 例 1-9 附图

至于流体在 AB、C2 两直管段流动时压力如何变化,则与位能减小、阻力损失有关,需通过机械能衡算才能判断。

取高位槽水面为 1-1 面,管出口截面(内侧)为 2-2 面,并以 2-2 面为位能基准面,在 1-1 面与 2-2 面之间列机械能衡算方程:

$$gz_1+\frac{u_1^2}{2}+\frac{p_1}{\rho}=gz_2+\frac{u_2^2}{2}+\frac{p_2}{\rho}+\lambda\frac{L}{d}\frac{u^2}{2}+\sum\zeta_{1\text{-}2}\frac{u^2}{2}$$

式中,$u_1\approx 0$,$p_1=0$(表压),$\rho=961.9\text{kg/m}^3$,$z_2=0$,$u_2=u$,$p_2=0$(表压),$\lambda=0.02$,$d=0.1\text{m}$,$\sum\zeta_{1\text{-}2}=\zeta_{进口}+\zeta_{阀}=0.5+9.5=10.0$,$z_1=L+0.5$ 代入上式得

$$g(L+0.5)=\frac{u^2}{2}+0.02\times\frac{L}{0.1}\times\frac{u^2}{2}+10.0\times\frac{u^2}{2}$$

化简得

$$u^2=\frac{g(L+0.5)}{0.1L+5.5} \tag{1}$$

在 1-1 面与管道上任一截面(相对于 2-2 面的高度为 z)之间列机械能衡算方程:

$$gz_1+\frac{u_1^2}{2}+\frac{p_1}{\rho}=gz+\frac{u^2}{2}+\frac{p}{\rho}+\lambda\frac{L-z}{d}\frac{u^2}{2}+\sum\zeta\frac{u^2}{2}$$

式中,$u_1\approx 0$,$p_1=1.013\times 10^5$(绝压),$\lambda=0.02$,$d=0.1\text{m}$,$\rho=$

961.9kg/m³, $z_1=L+0.5$,代入上式,整理得

$$\frac{p(绝压)}{961.9}=110.215+gL-(1+\sum\zeta+0.2L)\frac{u^2}{2}$$
$$-(g-0.1u^2)z \qquad (2)$$

若已知 L、$\sum\zeta$,联立式(1)、(2),可解出管内流体速度 u 和压力分布。

(1) 当 $L=2$m 时,代入式(1)得
$$u=2.07\text{m/s}$$

对 AB 段,将 $L=2$m,$\sum\zeta=\zeta_{入口}=0.5$,$u=2.07$m/s 代入式(2)得

$$\frac{p(绝压)}{961.9}=125.76-9.38z$$

上式表明,在 AB 段,沿流动方向,$z\downarrow$,而 $p(绝压)\uparrow$,故 AB 段压力最小点应在点 A 处。

将 $z=z_A=2$m 代入上式得此最小压力
$$p_A(绝压)=961.9\times(125.76-9.38\times2)$$
$$=102923.3\text{Pa}\approx102.9\text{kPa}$$

类似于 AB 段的计算,对 C2 段,将 $L=2$m,$\sum\zeta=\zeta_{入口}+\zeta_{阀}=0.5+9.5=10$,$u=2.07$m/s 代入式(2)得

$$\frac{p(绝压)}{961.9}=105.41-9.38z$$

上式表明,在 C2 段,沿流动方向,$z\downarrow$,而 $p(绝压)\uparrow$,故 C2 段压力最小点应在点 C 处。

将 $z=z_C=1.5$m 代入上式得此最小压力
$$p_C(绝压)=961.9\times(105.41-9.38\times1.5)$$
$$=87859.9\text{Pa}\approx87.86\text{kPa}$$

可见 $p_C(绝压)<p_A(绝压)$
所以,全管段压力最小处在 C 点。即
$$p_{min}(绝压)=p_C(绝压)=87.86\text{kPa}$$

(2) 类似于(1)的计算,将 $L=5$m 代入式(1)得
$$u=3.0\text{m/s}$$

类似于问(1),当 $L=5$m 时,AB 段压力最小点仍在点 A 处,C2 段压力最小点仍在点 C 处。

将 $\sum\zeta=0.5$,$L=5$m,$u=3.0$m/s,$z=z_A=5$m 代入式

当 $L=2$m 时,$u=2.07$m/s。

在 AB 段,最小压力在点 A 处,其大小为 $p_A=102.9$kPa。

在 C2 段,最小压力在点 C 处,其大小为 $p_C=87.86$kPa。

当 $L=2$m 时,在全部管路上,C 点压力最小,p_{min}(绝压)$=p_C$(绝压)$=87.86$kPa。

当 $L=5\text{m}$ 时，AB 段压力最小点仍在点 A 处，C2 段压力最小点仍在点 C 处。

(2) 得 A 点压力为

$$p_A(绝压)=961.9\times\left[110.215+9.81\times5\right.$$
$$\left.-(1+0.5+0.2\times5)\frac{3.0^2}{2}-(9.81-0.1\times3.0^2)\times5\right]$$
$$=99523\text{Pa}\approx99.52\text{kPa}$$

将 $\sum\zeta=10$，$L=5\text{m}$，$u=3.0\text{m/s}$，$z=z_C=4.5\text{m}$ 代入式 (2) 得 C 点压力为

$$p_C(绝压)=961.9\times\left[110.215+9.81\times5-(1+10+0.2\times5)\times\frac{3.0^2}{2}\right.$$
$$\left.-(9.81-0.1\times3.0^2)\times4.5\right]$$
$$=62687\text{Pa}\approx62.69\text{kPa}$$

可见，$p_C(绝压)<p_v$，水将在 C 点处发生部分汽化。故流体在 C-C 面与 2-2 面间将不再连续，以上计算过程无效，需重新计算。

应用机械能衡算方程时，必须注意控制体内流体必须连续、均质，否则机械能衡算式将不能正确应用。

由于流体在 1-1 面与 C 点间依然连续，故在此区间仍可列机械能衡算方程：

$$gz_1+\frac{p_1}{\rho}+\frac{u_1^2}{2}=gz_C+\frac{p_C}{\rho}+\frac{u^2}{2}+\left(\lambda\frac{l}{d}+\sum\zeta\right)\frac{u^2}{2}$$

式中，$z_1=1\text{m}$，$z_C=0$，$p_1=1.013\times10^5\text{Pa}$（绝压），$u_1=0$，$p_C=p_v=84.5\times10^3\text{Pa}$（汽化时压力保持恒定值），$\rho=961.9\text{kg/m}^3$，$\lambda=0.02$，$l=0.5\text{m}$，$d=0.1\text{m}$，$\sum\zeta=0.5+9.5=10$，代入上式计算得

$$u=2.22\text{m/s}$$

将 $\sum\zeta=0.5$，$L=5\text{m}$，$u=2.22\text{m/s}$，$z=z_A=5\text{m}$ 代入式 (2) 得 A 点压力为

$$p_A(绝压)=961.9\times\left[110.215+9.81\times5-(1+0.5+0.2\times5)\times\frac{2.22^2}{2}\right.$$
$$\left.-(9.81-0.1\times2.22^2)\times5\right]$$
$$=102460\text{Pa}\approx102.46\text{kPa}$$

可见 $p_A(绝压)>p_C(绝压)=84.5\text{kPa}$

所以，全管段压力最小处仍在 C 点，即

$$p_{\min}(绝压)=p_C(绝压)=84.5\text{kPa}$$

当 $L=5\text{m}$ 时，全管段压力最小处仍在 C 点，且水将在 C 点处发生部分汽化。

$p_{\min}=p_C=84.5\text{kPa}$，此时，$u=2.22\text{m/s}$

【讨论】本题目的在于让读者注意机械能衡算方程应用中的一个重要问题,即控制体内流体必须连续、均质,否则机械能衡算式将不能正确地应用。

【例 1-10】如图 1-16 所示,一高位槽下面接一水管,以便将水排至大气中。在管中部有一喉径,喉径内径与水管内径之比为 0.8。现在喉径处接一垂直小管与下方 1m 处的另一水槽相通,若忽略水在管中流动时的机械能损失,

(1) 试判断垂直小管中水的流向;

(2) 若将垂直小管改为弯头小管,弯头迎着来流方向,如图 1-17 所示,试判断此时弯头小管中水的流向。

流体流动方向的判断

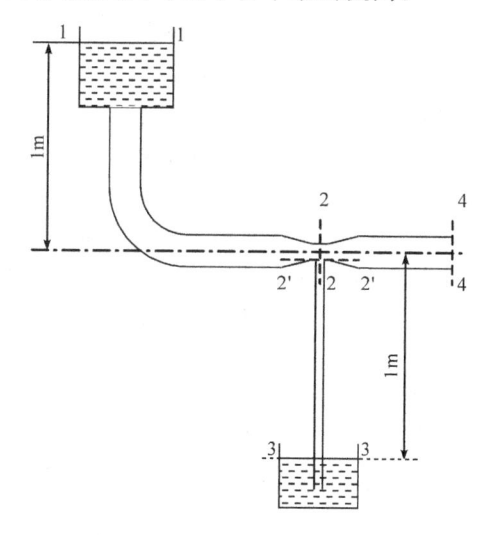

图 1-16　例 1-10 附图 a

【解】(1) 如图 1-16 所示,选取截面 1-1、2-2、3-3、4-4 和 2′-2′,其中 2-2 面与喉径垂直,2′-2′面与小管垂直。

要想判断垂直小管中水的流向,可以先假设小管中的水静止,然后比较 2′-2′面处机械能 Et_2' 与 3-3 面处机械能 Et_3 的相对大小。若 $Et_2' > Et_3$,则水将向下流;若 $Et_2' < Et_3$,则水将向上流。

流向判断方法:假设小管中的水静止,比较 Et_2' 与 Et_3 的相对大小。

3-3 面的机械能 Et_3 为

$$Et_3 = gz_3 + \frac{u_3^2}{2} + \frac{p_3(表压)}{\rho}$$

选取截面 3-3 为基准面,则上式中 $z_3=0$;又 $u_3=0$,$p_3=0$(表压)。代入上式得

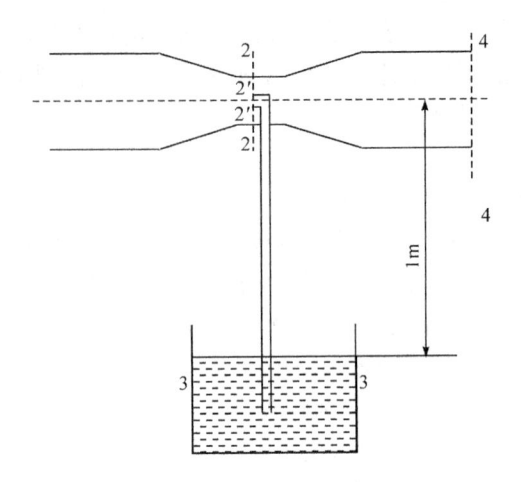

图 1-17　例 1-10 附图 b

$Et_3=0$

而 $2'-2'$ 面处的机械能 Et'_2 为

$$Et'_2=gz'_2+\frac{u'^2_2}{2}+\frac{p'_2(表压)}{\rho}$$

式中，$z'_2=1\text{m}$，$u'_2=0$（注意：此处 u'_2 是指与截面 $2'-2'$ 相垂直的流速，由于假设小管中的水静止，故 u'_2 为 0），$p'_2=p_2$，代入得

$$Et'_2=gz'_2+0+\frac{p_2(表压)}{\rho}=9.81+\frac{p_2(表压)}{\rho} \qquad (1)$$

下面求 p_2（表压）的大小。

在截面 1-1 和 4-4 间列柏努利方程：

$$gz_1+\frac{u_1^2}{2}+\frac{p_1(表压)}{\rho}=gz_4+\frac{u_4^2}{2}+\frac{p_4(表压)}{\rho}$$

式中，$z_1=1\text{m}$，$z_4=0$（基准面），$u_1\approx 0$，p_1（表压）$=p_4$（表压）$=0$（通大气），代入上式解得

$$u_4=\sqrt{2gz_1}=\sqrt{2\times 9.81\times 1}=4.43\text{m/s}$$

再在截面 1-1 与 2-2 间列柏努利方程：

$$gz_1+\frac{u_1^2}{2}+\frac{p_1(表压)}{\rho}=gz_2+\frac{u_2^2}{2}+\frac{p_2(表压)}{\rho}$$

将 $z_1=1\text{m}$，$u_1\approx 0$，p_1（表压）$=0$，$z_2=0$（基准面），$u_2=(d_4/d_2)^2 u_4=(1/0.8)^2\times 4.43=6.92\text{m/s}$ 代入得

$$\frac{p_2(表压)}{\rho}=gz_1-\frac{u_2^2}{2}=9.81\times 1-\frac{6.92^2}{2}=-14.13\text{J/kg}$$

将此结果代入式（1）中，得

$$Et'_2=9.81-14.13=-4.32\text{J/kg}$$

$Et'_2=-4.32\text{J/kg}$ 垂直小管中水将从下往上流，此即为喷射泵工作原理。

可见，$Et_2' < Et_3$，因此，垂直小管中的水将从下往上流。

(2) 将垂直小管改为弯头小管时

选取弯头处横截面仍为 $2'-2'$ 面，这时可认为 $2'-2'$ 面与 $2-2$ 面几近重合，见图 1-17。仍选取截面 3-3 为基准面，并假设小管中的水静止，则同(1)：

$$Et_3 = 0$$

$$Et_2' = g \times 1 + \frac{p_2'(\text{表压})}{\rho}$$

其中 $p_2'(\text{表压})/\rho$ 由两部分构成：一是 $2'-2'$ 面处的静压能 $p_2(\text{表})/\rho$，二是 $2'-2'$ 面处的动能 $u_2^2/2$，即

$$\frac{p_2'(\text{表压})}{\rho} = \frac{p_2(\text{表压})}{\rho} + \frac{u_2^2}{2}$$

于是

$$Et_2' = g + \frac{p_2(\text{表压})}{\rho} + \frac{u_2^2}{2} \qquad (2)$$

由前面的计算可知

$$\frac{p_2(\text{表压})}{\rho} = -14.13 \text{J/kg}$$

$$\frac{u_2^2}{2} = \frac{6.92^2}{2} = 23.94 \text{J/kg}$$

代入式(2)，解得

$$Et_2' = 9.81 - 14.13 + 23.94 = 19.62 \text{J/kg}$$

可见，$Et_2' > Et_3$，因此，小管中的水将从上往下流。

将垂直小管改为弯头小管时，$Et_2' = 19.62\text{J/kg}$，小管中水将从上往下流。

【讨论】本题目的在于说明机械能衡算方程所揭示的一个重要结论：无外加轴功时，流体会自动从高机械能能位流向低机械能能位，据此可判断流体的流向。说明如下。

利用机械能大小判断流体流动方向

当无外加功时，即 $w_e = 0$ 时，

$$Et_1 = Et_2 + w_f \qquad (3)$$

式中，$Et_1 = gz_1 + \frac{1}{2}u_1^2 + \frac{p_1}{\rho}$，代表上游控制面处的总机械能；$Et_2 = gz_2 + \frac{1}{2}u_2^2 + \frac{p_2}{\rho}$，代表下游控制面处的总机械能；$w_f$ 为摩擦损失，永远为正。

式(3)表明，当 $w_e = 0$ 时，$Et_1 > Et_2$，也就是说，无外加轴功时，流体会自动从高机械能能位流向低机械能能位。据此可判断流体的流向。

但如果试图通过比较上、下游两截面处的压力大小来判断

水的流向则会导致错误的结果。例如在本例中,由前面的计算可知,问(1)中 $p_3=0$,而 $p_2'=-14.13\rho=-14.13\text{kPa}$,显然,$p_3>p_2'$。问(2)中 $p_2'=(-14.13+23.94)\rho=9.81\text{kPa}$,显然,$p_3<p_2'$。若根据上述压力大小关系似乎也可以推断出垂直小管时水从下向上流、弯头小管时水从上向下流这一结论。

但如果将与垂直小管连通的水槽位置改为距 2-2 面 $-\dfrac{p_2(\text{表压})}{\rho g}=\dfrac{14.13}{9.81}=1.44\text{m}$ 以上,例如 1.5m 处,则问(1)中仍有 $p_3=0, p_2=-14.13\text{kPa}, p_3>p_2'=p_2$,根据压力大小关系推断出的结果是水流方向从下向上。但是,由机械能方法判断结果则正相反,此时 $Et_2'=9.81\times1.5-14.13=0.59\text{J/kg}$,而 $Et_3=0, Et_2'>Et_3$,水从上往下流动。

不能用压力大小来判断流体的流向

因此,要判断水的流向,必须通过比较上、下游两截面处的机械能大小来判断,而不能通过比较上、下游两截面处的压力大小的方法来判断。

机械能衡算方程在可压缩流体流动中的应用

【例 1-11】将 20℃、$p_1=120.3\text{kPa}$(绝压)的空气等温输送至 $p_2=101.3\text{kPa}$(绝压)的地点,所用的输送管为内径 $d=50\text{mm}$、粗糙度 $\varepsilon=0.3\text{mm}$ 的钢管,质量流量为 0.18kg/s。现将空气温度升高至 60℃,其他条件不变,则空气的质量流量有何变化?

已知常压下空气黏度:20℃时,$\mu=1.81\times10^{-5}\text{Pa·s}$;60℃时,$\mu=2.01\times10^{-5}\text{Pa·s}$。

【解】这是可压缩流体等温输送问题,其机械能衡算方程为

$$p_1^2-p_2^2=\dfrac{2RTG^2}{M}\left(\ln\dfrac{p_1}{p_2}+\dfrac{\lambda l}{2d}\right) \tag{1}$$

这里,$\dfrac{p_1}{p_2}=\dfrac{120.3}{101.3}=1.186$,可见压力变化小于 20%,故可忽略 $\ln(p_1/p_2)$ 项,于是式(1)可简化为

$$p_1^2-p_2^2=\lambda\dfrac{l}{d}\dfrac{RT}{M}G^2 \tag{2}$$

式(2)中,假设流动处在阻力平方区,λ 为常数。又由题意可知,当空气温度升高时,p_1、p_2、l、d、R、M 一定,故 TG^2 为定值,即

$$T_1G_1^2=T_2G_2^2$$

或写成

$$T_1m_1^2=T_2m_2^2$$

式中,$m=\dfrac{1}{4}\pi d^2G$。

将 $T_1=273+20=293\text{K}$，$T_2=273+60=333\text{K}$，$m_1=0.18\text{kg/s}$ 代入上式得

$$m_2=\sqrt{\frac{T_1}{T_2}}m_1=\sqrt{\frac{293}{333}}\times 0.18=0.169\text{kg/s}$$

60℃时,空气质量流量为 0.169kg/s, 比 20℃时的小。

下面验证流动是否处在阻力平方区。

$$Re=\frac{du\rho}{\mu}=\frac{4m}{\pi d\mu}$$

因为压力不大,空气的黏度可按常压下计算。将 $m_1=0.18\text{kg/s}$，$d=0.05\text{m}$，$\mu_1=1.81\times 10^{-5}\text{Pa}\cdot\text{s}$ 代入上式得 20℃时,

$$Re_1=\frac{4\times 0.18}{\pi\times 0.05\times 1.81\times 10^{-5}}=2.53\times 10^5$$

将 $m_2=0.169\text{kg/s}$，$d=0.05\text{m}$，$\mu_2=2.01\times 10^{-5}\text{Pa}\cdot\text{s}$ 代入上式得 60℃时,

$$Re_2=\frac{4\times 0.169}{\pi\times 0.05\times 2.01\times 10^{-5}}=2.14\times 10^5$$

又

$$\frac{\varepsilon}{d}=\frac{0.3}{50}=0.006$$

由 Moody 图可知,流动处在阻力平方区的假设正确,以上计算有效。

【讨论】（1）在可压缩流体等温输送的计算中应注意,当 $(p_1-p_2)/p_1<20\%$ 时,式(2)才成立,否则,就得用式(1)计算。

（2）本例表明,当气体处于阻力平方区时,随着气温升高,气体密度减小,气体输送能力将降低。相比之下,对于液体输送问题,由于温度改变只影响到液体黏度,在阻力平方区,液体输送能力将不发生变化。若未进入阻力平方区,则液体输送能力将随着温度的升高(黏度的减小)而增大。

【例 1-12】 如图 1-18 所示,某厂计划建一水塔,将 20℃水分别送至第一、第二车间的吸收塔中。第一车间的吸收塔为常压,第二车间的吸收塔内压力为 20kPa(表压)。总管为 $\phi 57\text{mm}\times 3.5\text{mm}$ 的钢管,管长为 $(30+z_0)\text{m}$,通向两吸收塔的支管均为 $\phi 25\text{mm}\times 2.5\text{mm}$ 的钢管,管长分别为 28m 和 15m(以上各管长均已包括所有局部阻力当量长度在内)。喷嘴的阻力损失可以忽略。钢管的绝对粗糙度可取为 $\varepsilon=0.2\text{mm}$。现要求向第一车间的吸收塔供应 1800kg/h 的水,向第二车间的吸收塔供应

复杂管路设计型问题

2400kg/h 的水,试确定水塔离地面至少多高才行?

已知 20℃水的黏度 $\mu = 1 \times 10^{-3}$ Pa·s,λ 可用下式计算:

$$\lambda = 0.1 \left(\frac{\varepsilon}{d} + \frac{68}{Re} \right)^{0.23}$$

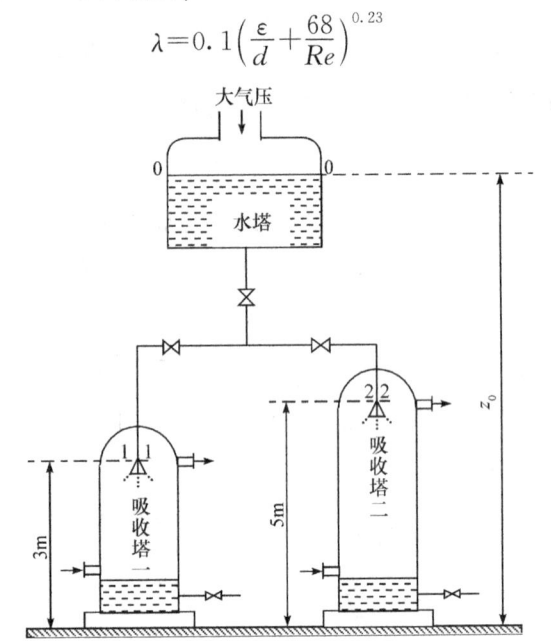

图 1-18 例 1-12 附图

【解】 这是分支管路设计型问题,可沿两分支管路分别计算所需的 z_0,从中选取较大者。

总管:

$$u = \frac{m_1 + m_2}{\frac{1}{4} \pi d^2 \rho} = \frac{(1800 + 2400)/3600}{\frac{1}{4} \pi \times 0.05^2 \times 1000} = 0.59 \text{m/s}$$

$$Re = \frac{du\rho}{\mu} = \frac{4(m_1 + m_2)}{\pi d \mu} = \frac{4 \times (1800 + 2400)/3600}{\pi \times 0.05 \times 1 \times 10^{-3}} = 29724$$

$$\frac{\varepsilon}{d} = \frac{0.2}{50} = 0.004$$

总管:
$u = 0.59$m/s
$\lambda = 0.031$

所以 $\lambda = 0.1 \left(0.004 + \frac{68}{29724} \right)^{0.23} = 0.031$

通向吸收塔一的支路:

$$u_1 = \frac{m_1}{\frac{1}{4} \pi d_1^2 \rho} = \frac{1800/3600}{\frac{1}{4} \pi \times 0.02^2 \times 1000} = 1.59 \text{m/s}$$

$$Re_1 = \frac{4m_1}{\pi d_1 \mu} = \frac{4 \times 1800/3600}{\pi \times 0.02 \times 1 \times 10^{-3}} = 31847$$

$$\frac{\varepsilon}{d_1}=\frac{0.2}{20}=0.01$$

$$\lambda_1=0.1\left(0.01+\frac{68}{31847}\right)^{0.23}=0.036$$

通向塔一的支路：
$u_1=1.59\text{m/s}$
$\lambda_1=0.036$

通向吸收塔二的支路：

$$u_2=\frac{m_2}{\frac{1}{4}\pi d_2^2\rho}=\frac{2400/3600}{\frac{1}{4}\pi\times 0.02^2\times 1000}=2.12\text{m/s}$$

$$Re_2=\frac{4m_2}{\pi d_2\mu}=\frac{4\times 2400/3600}{\pi\times 0.02\times 1\times 10^{-3}}=42463$$

$$\frac{\varepsilon}{d_2}=\frac{0.2}{20}=0.01$$

$$\lambda_2=0.1\left(0.01+\frac{68}{42463}\right)^{0.23}=0.036$$

通向塔二的支路：
$u_2=2.12\text{m/s}$
$\lambda_2=0.036$

为计算满足吸收塔一的供水量，水塔应处的高度，为此在 0-0 面和 1-1 面间列机械能衡算方程：

$$gz_0+\frac{u_0^2}{2}+\frac{p_0}{\rho}=gz_1+\frac{u_1^2}{2}+\frac{p_1}{\rho}+\lambda\frac{\sum l}{d}\frac{u^2}{2}+\lambda_1\frac{\sum l_1}{d_1}\frac{u_1^2}{2}$$

将有关数据代入得

$$gz_0+0+0=3g+\frac{1.59^2}{2}+0+0.031\times\frac{30+z_0}{0.05}\times\frac{0.59^2}{2}$$
$$+0.036\times\frac{28}{0.02}\frac{1.59^2}{2}$$

解之得 $z_0=10.1\text{m}$

即向第一车间的吸收塔供应 1800kg/h 的水时，水塔离地面至少 10.1m 才行。

根据题意，喷嘴阻力损失可忽略，则 p_1 等于塔内压力。这里，压力均取表压。

再计算为满足吸收塔二的供水量，水塔应处的高度，为此在 0-0 面和 2-2 面间列机械能衡算方程：

$$gz_0'+\frac{u_0^2}{2}+\frac{p_0}{\rho}=gz_2+\frac{u_2^2}{2}+\frac{p_2}{\rho}+\lambda\frac{\sum l}{d}\frac{u^2}{2}+\lambda_2\frac{\sum l_2}{d_2}\frac{u_2^2}{2}$$

将有关数据代入得

$$gz_0'+0+0=5g+\frac{2.12^2}{2}+\frac{20\times 1000}{1000}+0.031\times\frac{30+z_0'}{0.05}\times\frac{0.59^2}{2}$$
$$+0.036\times\frac{15}{0.02}\times\frac{2.12^2}{2}$$

解之得 $z_0'=13.9\text{m}$

即向第二车间的吸收塔供应 2400kg/h 的水时，水塔离地面至少

为满足吸收塔一的供水量，水塔离地面至少为
$z_0=10.1\text{m}$

为满足吸收塔二的供水量,水塔离地面至少为
$z_0' = 13.9\text{m}$

13.9m 才行。

为了同时满足第一、二车间的供水要求,应取 z_0、z_0' 中较大者,即水塔离地面至少 13.9m 才行。实际操作时,第一车间供水量可通过关小阀门来调节。

【讨论】(1) 复杂管路计算原则:应沿着流体流动方向来应用机械能衡算方程。

(2) 对于复杂管路的设计,应按所需机械能最大的那一条支路进行设计,如本例中,通向塔二的支路所需的机械能大于通向塔一支路所需的机械能,故应以通向塔二支路来设计水塔高度。

简单管路及分支管路的操作型问题定性分析

【例 1-13】如图 1-19 实线所示,流体沿管线 AOB 从高位槽 A 流向槽 B,两槽液面均维持不变。若将阀门 k_1 开大,则管内流量及阀门前后压力表读数 p_M、p_N 如何变化?

若在点 O 处接一支路 OC,以便将流体引向槽 C(如图 1-19 虚线所示),则总管 AO 及支路 OB 的流量将如何变化?压力表读数 p_M、p_N、p_R 又将如何变化?

设 AO 段、OB 段和 OC 段管径各不相同。

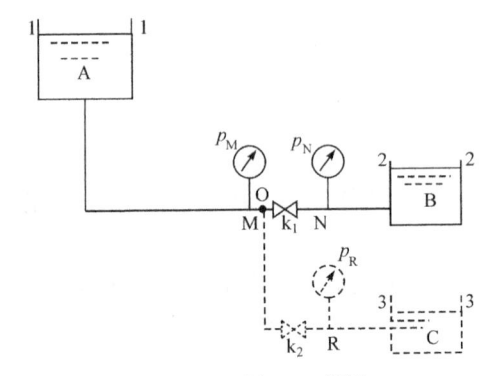

图 1-19 例 1-13 附图

【解】第一种情形:属于简单管路。

阀门 k_1 开大后,管内流量将变大,阀门前压力表读数将变小,阀门后压力表读数将变大,下面加以证明。

记 $Et = gz + \dfrac{u^2}{2} + \dfrac{p}{\rho}$,代表某截面上的机械能。

在两槽液面 1-1 与 2-2 间列机械能衡算式得

$$Et_1 = Et_2 + \left(\lambda \frac{l}{d} + \sum \zeta\right)_{AO} \frac{u_{AO}^2}{2} + \left(\lambda \frac{l}{d} + \sum \zeta\right)_{OB} \frac{u_{OB}^2}{2}$$

或写成

$$Et_1 = Et_2 + \frac{8}{\pi^2 d_{AO}^4}\left(\lambda \frac{l}{d} + \sum \zeta\right)_{AO} V^2$$
$$+ \frac{8}{\pi^2 d_{OB}^4}\left(\lambda \frac{l}{d} + \sum \zeta\right)_{OB} V^2 \quad (1)$$

记 $B = \frac{8}{\pi^2 d^4}\left(\lambda \frac{l}{d} + \sum \zeta\right)$,则式(1)可写成

$$Et_1 = Et_2 + B_{AO} V^2 + B_{OB} V^2$$

当阀门 k_1 开大时,上式中的 Et_1、Et_2、B_{AO} 不变,摩擦因数 λ 变化不大,可视为常数。而 B_{OB} 因 $\zeta_\text{阀}$ 变小而变小,故由上式可推知,流量 V 将变大。 阀门 k_1 开大,流量将变大。

下面分析压力表读数的变化趋势。

由液面 1-1 至点 M 间的机械能衡算可知

$$z_1 g + \frac{p_1}{\rho} + \frac{u_1^2}{2}$$
$$= z_M g + \frac{p_M}{\rho} + \frac{u_{AO}^2}{2} + \left(\lambda \frac{l}{d} + \sum \zeta\right)_{AM} \frac{u_{AO}^2}{2}$$

当阀门 k_1 开大时,上式中除 u_{AO}、p_M 外,其他量均不变。现 u_{AO} 变大,则 p_M 将变小。 阀门 k_1 开大后,阀门前压力表读数 p_M 将变小。

由点 N 至液面 2-2 间的机械能衡算可知

$$z_N g + \frac{p_N}{\rho} + \frac{u_{OB}^2}{2} = z_2 g + \frac{p_2}{\rho} + \left(\lambda \frac{l}{d} + \sum \zeta + 1\right)_{NB} \frac{u_{OB}^2}{2}$$

即 $$z_N g + \frac{p_N}{\rho} = z_2 g + \frac{p_2}{\rho} + \left(\lambda \frac{l}{d} + \sum \zeta\right)_{NB} \frac{u_{OB}^2}{2}$$

式中,$\sum \zeta$ 不包括管出口阻力系数在内。

当阀门 k_1 开大时,上式中除 u_{OB} 及 p_N 外,其他量均不变,现 u_{OB} 变大,则 p_N 将变大。 阀门 k_1 开大后,阀门后压力表读数 p_N 将变大。

第二种情形:属于分支管路。

在点 O 处接一支路 OC 将流体引向槽 C,则相当于将支路 OC 上的阀门由关闭状态变为开启状态,此时,总管流量将增大,支路 OB 的流量将变小,压力表读数 p_M、p_N 将变小、p_R 将变大。下面加以证明。

分别在液面 1-1、2-2 间和液面 1-1、3-3 间列机械能衡算式,则

$$Et_1 = Et_2 + B_{AO}V_{AO}^2 + B_{OB}V_{OB}^2$$

$$Et_1 = Et_3 + B_{AO}V_{AO}^2 + B_{OC}V_{OC}^2$$

由以上二式得

$$V_{OB} = \sqrt{\frac{Et_1 - Et_2 - B_{AO}V_{AO}^2}{B_{OB}}} \quad (2)$$

$$V_{OC} = \sqrt{\frac{Et_1 - Et_3 - B_{AO}V_{AO}^2}{B_{OC}}} \quad (3)$$

再根据分支点 O 处的质量衡算可知

$$V_{OB} + V_{OC} = V_{AO} \quad (4)$$

将式(2)、(3)代入式(4),得

$$\sqrt{\frac{Et_1 - Et_2 - B_{AO}V_{AO}^2}{B_{OB}}} + \sqrt{\frac{Et_1 - Et_3 - B_{AO}V_{AO}^2}{B_{OC}}} = V_{AO} \quad (5)$$

在点 O 处接一支路 OC 时,总管内流量 V_{AO} 将变大,支路 OB 流量变小,支路 OC 流量变大。

当在点 O 处接一支路 OC 时,相当于将支路 OC 的阀门 k_2 由关闭状态变为开启状态,故式(5)中的 B_{OC} 将变小。此外,式(5)中除流量 V_{AO} 外,其余量均不变。因此,由式(5)可判知,若 V_{AO} 不变或变小时,式(5)等号两边变化将不一致,故 V_{AO} 只能变大。

再由式(2)可判知,V_{OB} 将变小;由式(4)可得 V_{OC} 将变大。

下面分析压力表读数的变化趋势。

由液面 1-1 与点 M 间的机械能衡算可知

$$z_1 g + \frac{p_1}{\rho} + \frac{u_1^2}{2} = z_M g + \frac{p_M}{\rho} + \frac{u_{AO}^2}{2} + \left(\lambda \frac{l}{d} + \sum \zeta\right)_{AM} \frac{u_{AO}^2}{2}$$

由于 V_{AO} 即 u_{AO} 变大,故 p_M 将变小(其他量均不变)。

由点 N 与液面 2-2 间的机械能衡算可知

$$z_N g + \frac{p_N}{\rho} + \frac{u_{OB}^2}{2} = z_2 g + \frac{p_2}{\rho} + \left(\lambda \frac{l}{d} + \sum \zeta + 1\right)_{NB} \frac{u_{OB}^2}{2}$$

式中,$\sum \zeta$ 不包括管出口阻力系数在内。

由于 V_{OB} 即 u_{OB} 变小,故 p_N 将变小(其他量不变)。

由点 R 至液面 3-3 间的机械能衡算可知

在点 O 处接一支路 OC 时,p_M、p_N 将变小,p_R 将变大。

$$z_R g + \frac{p_R}{\rho} + \frac{u_{OC}^2}{2} = z_3 g + \frac{p_3}{\rho} + \left(\lambda \frac{l}{d} + \sum \zeta + 1\right)_{RC} \frac{u_{OC}^2}{2}$$

式中,$\sum \zeta$ 不包括管出口阻力系数在内。

由于 V_{OC} 即 u_{OC} 变大,故 p_R 将变大(其他量不变)。

【讨论】本题属简单管路(见第 1 问)和复杂管路(见第 2 问)的操作型问题定性分析。由本题分析结果可知:

(1) 无论是简单管路还是复杂管路,任何局部部位的阻力变化都将影响到整个流动系统。

(2) 无论是简单管路还是复杂管路,若某一局部阻力变小(如阀门开大或增加一支路),则其上、下游流量均增大,上游压力变小,下游压力增大。

反之,若阀门关小,则其上、下游流量变小,上游压力变大、下游压力变小。

可以证明,以上这一规律同样适用于汇合管路和并联管路系统,即此规律具有普遍性。

需指出的是,支路 OB 不是阀 k_2 的上游,故不可套用以上规律来判断该支路的流量和压力的变化趋势。

【例 1-14】如图 1-20 所示,通过一并联管路将高位槽中的流体输送至低位槽,两槽液面维持恒定。现支路 ACB 上 C 处有泄漏,试分析各管段内的流量及 A、B 两处压力如何变化。

复杂管路的操作型问题定性分析

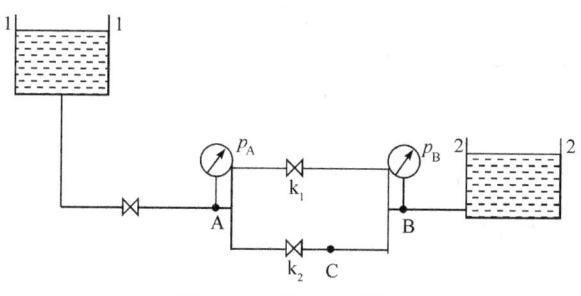

图 1-20 例 1-14 附图

【解】C 处无泄漏时,属于并联管路。当 C 处有泄漏时,相当于 C 处连接了一条支路(参见图 1-21 中虚线所示),且该支路上的阀门由关闭变为开启。

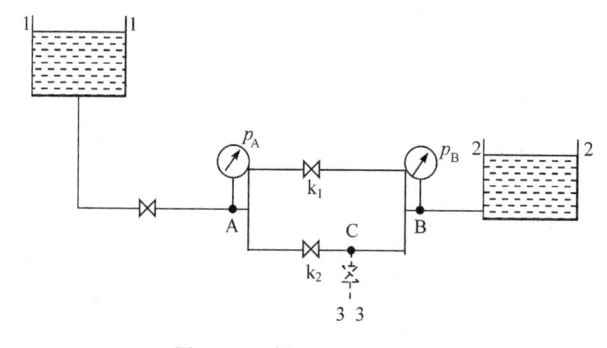

图 1-21 例 1-14 题解附图

(1) 各管段流量变化分析

本题若采用例 1-13 的分析方法（机械能衡算方法），分析过程将会很复杂，下面用另外一种分析方法——排除法。具体分析过程如下。

首先分析 C 点上游 AC 段的流量 V_{AC} 的变化。

排除法
第一步：假设 V_{AC} 不变。

第一步：假设 C 处有泄漏时（此时 V_{C3} 变大），V_{AC} 不变。由此可推知 w_{fAC} 不变，而由 $V_{AC}=V_{CB}+V_{C3}$ 可推知，$V_{CB}\downarrow$，$w_{fCB}\downarrow$。

沿 1ACB2 列机械能衡算方程：

$$Et_1=Et_2+w_{f1A}+w_{fAC}+w_{fCB}+w_{fB2} \qquad (1)$$

推论 1：
$(w_{f1A}+w_{fB2})\uparrow$

式(1)中 Et_1、Et_2 不变，由前面分析结果知，w_{fAC} 不变，$w_{fCB}\downarrow$，于是，$(w_{f1A}+w_{fB2})\uparrow$。

另一方面，沿 $1Ak_1B2$ 列机械能衡算方程：

$$Et_1=Et_2+w_{f1A}+w_{fAk_1B}+w_{fB2} \qquad (2)$$

将$(w_{f1A}+w_{fB2})\uparrow$代入式(2)可推知 $w_{fAk_1B}\downarrow$，而管路 Ak_1B 状况（管长、管径、摩擦因数、局部阻力系数等）均不变，故 $V_{Ak_1B}\downarrow$。

推论 2：
$(w_{f1A}+w_{fB2})\downarrow$
推论 1 与推论 2 矛盾，故 V_{AC} 不变的假设不成立。

由 $V_{Ak_1B}\downarrow$、$V_{CB}\downarrow$ 可知 $V_{B2}\downarrow$，故 $w_{fB2}\downarrow$。

由 $V_{Ak_1B}\downarrow$、V_{AC} 不变可推知 $V_{1A}\downarrow$，故 $w_{f1A}\downarrow$。

由 $w_{fB2}\downarrow$ 和 $w_{f1A}\downarrow$ 得 $(w_{f1A}+w_{fB2})\downarrow$，这与前面的分析结果$(w_{f1A}+w_{fB2})\uparrow$相矛盾，这说明 V_{AC} 不变的假设不成立。

第二步：假设 V_{AC} 变小，可证假设不成立。

第二步：假设 C 处有泄漏时 V_{AC} 变小。与第一步类似可证，此假设不成立。

结论：V_{AC} 变大。

因此，V_{AC} 只能变大。

再分析 C 点下游 CB 段的流量 V_{CB} 的变化。

类似于 V_{AC} 的变化分析，假设 V_{CB} 不变或变大均有$(w_{f1A}+w_{fB2})\downarrow$，且有 $w_{fAk_1B}\uparrow$，即 $V_{Ak_1B}\uparrow$，于是，$V_{B2}\uparrow$，$V_{1A}\uparrow$，则$(w_{f1A}+w_{fB2})\uparrow$，出现相互矛盾结果，故假设不成立，$V_{CB}$ 只能变小。

结论：V_{CB} 变小。

再分析总管流量 V_{1A} 的变化。

类似于 V_{AC} 的变化分析，假设 V_{1A} 不变或变小均有 $V_{Ak_1B}\downarrow$，由此可知 $V_{B2}\downarrow$，于是$(w_{f1A}+w_{fAk_1B}+w_{fB2})\downarrow$，这与式(2)相矛盾，故 V_{1A} 只能变大。

结论：V_{1A} 变大。

再分析 V_{B2} 的变化。

假设 V_{B2} 不变或变大均有 $V_{Ak_1B}\uparrow$（$V_{Ak_1B}=V_{B2}-V_{CB}$），于是，$w_{fAk_1B}\uparrow$，$(w_{f1A}+w_{fAk_1B}+w_{fB2})\uparrow$，这与式(2)相矛盾，故 V_{B2} 只能变小。

结论：V_{B2} 变小。

再分析 V_{Ak_1B} 的变化。

由前述分析结果 V_{1A} 变大、V_{AC} 变大无法判知 V_{Ak_1B} 的变化趋势。由 V_{CB} 变小、V_{B2} 变小也无法判知 V_{Ak_1B} 的变化趋势。

故 V_{Ak_1B} 的变化不确定。

结论：V_{Ak_1B} 变化不确定。

（2）A、B 两处压力变化分析

在 1-1 面与点 A 间列机械能衡算方程：

$$Et_1 = z_A g + \frac{p_A}{\rho} + \frac{u_{1A}^2}{2} + \left(\lambda \frac{l}{d} + \sum \zeta\right)_{1A} \frac{u_{1A}^2}{2}$$

式中，$V_{1A} \uparrow$ 即 $u_{1A} \uparrow$，故 p_A 将变小（其余量不变）。

结论：p_A 将变小。

在点 B 与 2-2 面间列机械能衡算方程：

$$z_B g + \frac{p_B}{\rho} + \frac{u_{B2}^2}{2} = Et_2 + \left(\lambda \frac{l}{d} + \sum \zeta + 1\right)_{B2} \frac{u_{B2}^2}{2}$$

式中，由 $V_{B2} \downarrow$ 即 $u_{B2} \downarrow$ 可知，p_B 必变小（其余量不变）。

结论：p_B 将变小。

【讨论】由本题分析结果可知，例 1-13 的结论在复杂管路系统同样成立。

若本例直接利用例 1-13 的结论，则可知，当点 C 有泄漏时，即相当于在 C 点有一支路 C3，其上的阀门开大，则点 C 上游即 1A 段、AC 段流量将变大，上游 A 点压力将变小。这与本例的分析结果相一致。注意，CB、B2 不是 C 点的下游。

附例 1-13 结论：若某一局部阻力变小（如阀门开大或增加一支路），则其上、下游流量均增大，上游压力变小、下游压力增大。

【例 1-15】如图 1-22 所示，一高位槽下接 $\phi 33.5mm \times 3.25mm$ 的水管，将水引向一楼和高于一楼 6m 的三楼用户。已知从水槽到一楼管出口处的总长度为 20m，从水槽到三楼管出口处的总长度为 28m，以上长度中包括除球心阀和管出口损失以外的所有局部阻力损失的当量长度在内。水槽水面距一楼垂

分支管路的操作型问题定量计算

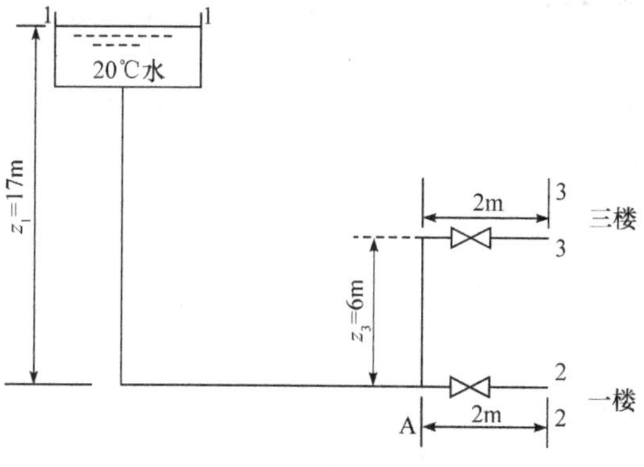

图 1-22　例 1-15 附图

直高度为17m,估计摩擦因数 λ 为0.027,球心阀半开和全开时的阻力系数分别为9.5和6.4。试求当一楼阀半开、三楼阀全开时,三楼的水流速度为多少米/秒?核算当一楼阀全开时,三楼是否有水流出?

【解】当一楼阀半开时,在截面1-1与2-2间列机械能衡算方程,得

$$z_1 g = \lambda \frac{l_{1\text{-}A}}{d} \frac{u^2}{2} + \left(\lambda \frac{l_{A\text{-}2}}{d} + \zeta_{阀半开} + 1\right) \frac{u_2^2}{2}$$

将有关已知量代入得

$$17g = 0.027 \times \frac{20-2}{0.027} \frac{u^2}{2} + \left(0.027 \times \frac{2}{0.027} + 9.5 + 1\right) \frac{u_2^2}{2}$$

化简上式,得

$$9u^2 + 6.25u_2^2 = 166.77 \qquad (1)$$

在截面1-1与3-3间列机械能衡算方程,得

$$z_1 g = z_3 g + \lambda \frac{l_{1\text{-}A}}{d} \frac{u^2}{2} + \left(\lambda \frac{l_{A\text{-}3}}{d} + \zeta_{阀全开} + 1\right) \frac{u_3^2}{2}$$

将有关已知量代入得

$$17g = 6g + 0.027 \times \frac{20-2}{0.027} \frac{u^2}{2}$$

$$+ \left[0.027 \times \frac{28-(20-2)}{0.027} + 6.4 + 1\right] \frac{u_3^2}{2}$$

化简上式得

$$9u^2 + 8.7u_3^2 = 107.91 \qquad (2)$$

再对分支点A作质量衡算,对等径管有

$$u = u_2 + u_3 \qquad (3)$$

试差法解式(1)、(2)、(3)得

$$u = 3.45 \text{m/s} \qquad u_2 = 3.10 \text{m/s} \qquad u_3 = 0.35 \text{m/s}$$

基于上述计算结果(u_3很小),可假设当一楼阀全开时,三楼没水,此时输水系统为简单管路。

在截面1-1与2-2间列机械能衡算方程,得

$$z_1 g = \lambda \frac{l_{1\text{-}A}}{d} \frac{u^2}{2} + \left(\lambda \frac{l_{A\text{-}2}}{d} + \zeta_{阀全开} + 1\right) \frac{u^2}{2}$$

将有关已知量代入得

$$17g = 0.027 \times \frac{20-2}{0.027} \frac{u^2}{2} + \left(0.027 \times \frac{2}{0.027} + 6.4 + 1\right) \frac{u^2}{2}$$

当一楼阀半开时,
$u = 3.45 \text{m/s}$
$u_2 = 3.10 \text{m/s}$
$u_3 = 0.35 \text{m/s}$

当一楼阀全开时,也可类似于一楼阀半开时的求解过程解出 u、u_2、u_3,解得的 u_3 将是负值,从而可知必有 $u_3 = 0$。

解之得 $u = 3.49\text{m/s}$

再校核假设是否正确。

在分支点 A 与截面 2-2 间列机械能衡算方程：

$$Et_A = z_2 g + \frac{u^2}{2} + \frac{p_2(\text{表压})}{\rho} + \left(\lambda \frac{l_{A-2}}{d} + \zeta_{\text{阀全开}}\right)\frac{u^2}{2}$$

$$= 0 + \frac{3.49^2}{2} + 0 + \left(0.027 \times \frac{2}{0.027} + 6.4\right) \times \frac{3.49^2}{2}$$

$$= 57.25 \text{J/kg}$$

而 $Et_3 = z_3 g + \frac{p_3(\text{表压})}{\rho} + \frac{u_3^2}{2} = z_3 g = 6 \times 9.81 = 58.86 \text{J/kg}$

可见，$Et_3 > Et_A$。因此，三楼没水流出的假设是正确的。

【讨论】本题目的在于让读者从定量上理解例 1-13 的结论。

从本题计算结果可以看出，一楼阀门由半开到全开时，总管流速由 3.45m/s 增大为 3.49m/s，三楼流速由 0.35m/s 降为 0，这与例 1-13 的定性分析结果相吻合。

当一楼阀全开时，
$u = 3.49\text{m/s}$
$u_3 = 0$

附例 1-13 结论：若某一局部阻力变小（如阀门开大或增加一支路），则其上、下游流量均增大，上游压力变小，下游压力增大。

【例 1-16】如图 1-23 所示，用管路 a（内径 d_1、长 l）、管路 b（内径 d_1、长 l）和管路 c（内径 d_2、长 l）串联，将常压容器 A 中的水输送到常压容器 B 内。两容器间的液位差为 H，并可视为不变。$d_1 = 1.58 d_2$，所有管路的摩擦因数均相同。现由于生产急需，管路输送能力要求增加 50%，已知库存仅有内径 d_2、长 l 的管子，有人建议，在管路 b 上并联一管线，另一些人建议应在管路 c 上并联一管线。试通过计算论述这两种方案的可行性。假设所有局部阻力损失可忽略不计。

复杂管路的操作型问题分析计算

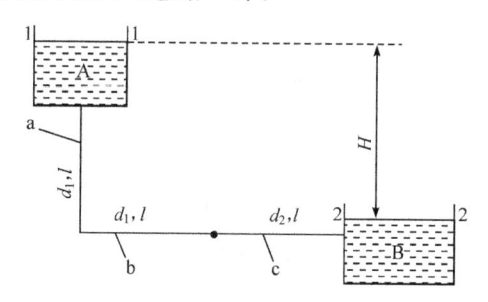

图 1-23 例 1-16 附图

【解】首先计算原串联管路的输送能力，为此在容器 A、B 的液面 1-1 与 2-2 间列机械能衡算式：

$$Hg = \lambda \frac{2l}{d_1}\frac{u_a^2}{2} + \lambda \frac{l}{d_2}\frac{u_c^2}{2} \tag{1}$$

式中，
$$u_a = \frac{4V}{\pi d_1^2} \qquad u_c = \frac{4V}{\pi d_2^2}$$

代入式(1)得
$$Hg = \frac{16\lambda l}{\pi^2 d_1^5}V^2 + \frac{8\lambda l}{\pi^2 d_2^5}V^2 \tag{2}$$

将 $d_2 = \dfrac{d_1}{1.58}$ 代入上式得

$$Hg = \frac{94.77\lambda l}{\pi^2 d_1^5}V^2$$

原管线的输送能力为

$$V = 1.01 d_1^2 \sqrt{\frac{Hd_1}{\lambda l}}$$

由此可得

$$V = \sqrt{\frac{g\pi^2 Hd_1^5}{94.77\lambda l}} = 1.01 d_1^2 \sqrt{\frac{Hd_1}{\lambda l}} \tag{3}$$

(1) 方案一：在管路 b 上并联内径 d_2、长 l 的管子 e，如图 1-24 所示。

假设在原管线 b 上并联一管线 e 后，总管 a、c 的流量变为 V'，支路 b 的流量变为 V_b'。

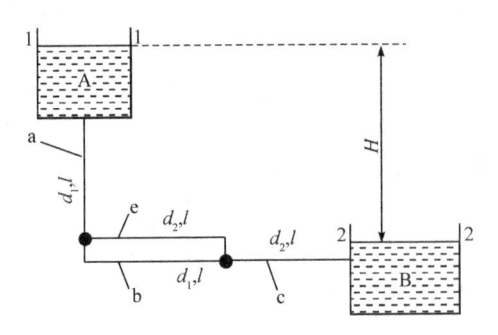

图 1-24　例 1-16 题解附图 a

注意：计算并联管路的总阻力时不可将两并联管路的阻力相加。

沿管路 a、b、c，在面 1-1 与 2-2 间列机械能衡算方程式：

$$Hg = \lambda \frac{l}{d_1}\frac{u_a^2}{2} + \lambda \frac{l}{d_1}\frac{u_b^2}{2} + \lambda \frac{l}{d_2}\frac{u_c^2}{2}$$

将 $u_a = \dfrac{4V'}{\pi d_1^2}, u_b = \dfrac{4V_b'}{\pi d_1^2}, u_c = \dfrac{4V'}{\pi d_2^2}$ 代入上式得

$$Hg = \frac{8\lambda l}{\pi^2 d_1^5}(V')^2 + \frac{8\lambda l}{\pi^2 d_1^5}(V_b')^2 + \frac{8\lambda l}{\pi^2 d_2^5}(V')^2$$

将 $d_2 = \dfrac{d_1}{1.58}$ 代入上式得

$$Hg = \frac{86.77\lambda l}{\pi^2 d_1^5}(V')^2 + \frac{8\lambda l}{\pi^2 d_1^5}(V_b')^2 \qquad (4)$$

由并联管路的特点可知

$$\lambda \frac{l}{d_1} \frac{u_b^2}{2} = \lambda \frac{l}{d_2} \frac{u_e^2}{2}$$

即

$$\frac{8\lambda l}{\pi^2 d_1^5}(V_b')^2 = \frac{8\lambda l}{\pi^2 d_2^5} V_e^2$$

于是

$$V_e = \sqrt{\left(\frac{d_2}{d_1}\right)^5} V_b'$$

将 $d_1 = 1.58 d_2$ 代入上式得

$$V_e = 0.319 V_b' \qquad (5)$$

又由汇合点处的质量衡算,得

$$V' = V_b' + V_e \qquad (6)$$

将式(5)代入式(6),得

$$V_b' = 0.758 V' \qquad (7)$$

将式(7)代入式(4)得此系统新的输送能力

$$V' = 1.03 d_1^2 \sqrt{\frac{H d_1}{\lambda l}} \qquad (8)$$

比原管线的输送能力增加了

$$\frac{V' - V}{V} = \frac{1.03 - 1.01}{1.01} = 2\%$$

在管路 b 上并联内径 d_2、长 l 的管子 e 后,管线的输送能力仅增加了 2%。

可见,方案一达不到新的输送要求。

(2) 方案二:在管路 c 上并联内径 d_2、长 l 的管子 e,如图 1-25 所示。

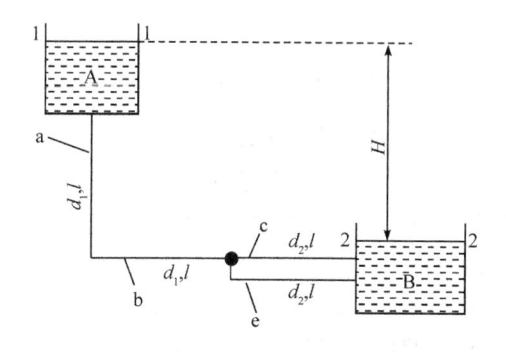

图 1-25 例 1-16 题解附图 b

假设在原管线 c 上并联一管线 e 后,总管 a、b 的流量变为 V'',支路 c 的流量变为 V_c'。

沿管路 a、b、c，在面 1-1 与 2-2 间列机械能衡算方程式：

$$Hg = \lambda \frac{2l}{d_1} \frac{u_a^2}{2} + \lambda \frac{l}{d_2} \frac{u_c^2}{2}$$

将 $u_a = \dfrac{4V''}{\pi d_1^2}, u_c = \dfrac{4V_c'}{\pi d_2^2}$ 代入上式得

$$Hg = \frac{16\lambda l}{\pi^2 d_1^5}(V'')^2 + \frac{8\lambda l}{\pi^2 d_2^5}(V_c')^2$$

将 $d_2 = \dfrac{d_1}{1.58}$ 代入上式得

$$Hg = \frac{16\lambda l}{\pi^2 d_1^5}(V'')^2 + \frac{78.77\lambda l}{\pi^2 d_1^5}(V_c')^2 \tag{9}$$

对并联管路有

$$\lambda \frac{l}{d_2} \frac{u_c^2}{2} = \lambda \frac{l}{d_2} \frac{u_e^2}{2}$$

由上式得 $\qquad u_c = u_e$

即 $\qquad V_c' = V_e \tag{10}$

对分叉点作质量衡算，得

$$V'' = V_c' + V_e$$

将式（10）代入上式得

$$V_c' = 0.5V'' \tag{11}$$

将式（11）代入式（9）得此系统的输送能力

$$V'' = 1.65 d_1^2 \sqrt{\frac{Hd_1}{\lambda l}}$$

在管路 c 上并联内径 d_2、长 l 的管子 e 后，管线的输送能力增加了 63%。

比原管线的输送能力增加了

$$\frac{V'' - V}{V} = \frac{1.65 - 1.01}{1.01} = 63\%$$

可见，方案二能达到新的输送要求。

附例 1-13 结论：若某一局部阻力变小（如阀门开大或增加一支路），则其上、下游流量均增大，上游压力变小，下游压力增大。

整个管路系统的输送能力由阻力最大的管段所控制。

【讨论】(1) 本题目的在于让读者从定量上理解例 1-13 的结论，在原管线局部处并联一管线后，将使该局部阻力下降，于是总管流量必增大。

(2) 为什么两种方案的效果相差如此悬殊？这是因为，由式(2)可见，原管路中 c 段比 a、b 段阻力之和大得多，即管路 c 的阻力在整个管路阻力中占主导地位，因此若在 c 上并联一支管，则会大大降低整个管路的阻力，从而可以显著地提高整个管路系统的输送能力，而在 b 段上并联一支管则效果就不大。

【例 1-17】如图 1-26 所示为马利奥特容器，内盛常温水，内径 D 为 1m，上端封闭。在容器侧面有一通大气的小管 b，水从容器下方的短管 c（内径 d 为 10mm）中流出并排放到大气，短管阻力系数为 3。因水流出时在容器上方形成真空，外界的空气就从管 b 鼓入，以补充容器上方的真空区。

非稳态流动

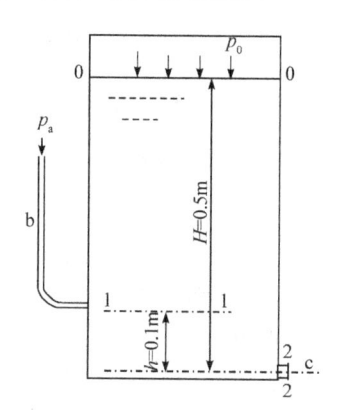

图 1-26 例 1-17 附图

开始时液位高度和小管 b 的标高见图 1-26，求

(1) 初始时刻容器上方的真空度；

(2) 当液位下降至距 c 管 0.05m 时所需时间。

【解】(1) 如图 1-26 所示，取截面 0-0、1-1、2-2，可以证明，1-1 面的压力 p_1 恒为大气压。

p_1 恒为大气压

这是因为，若某一时刻 $p_1 > p_a$（大气压），则水将从容器内流入小管 b，使气泡无法鼓入，而此时 0-0 面却随时间而下降，容器上方真空度也随之增大。根据静力学原理可知，p_1 也将随之减小，当 p_1 小到 p_a 时，气泡开始鼓入，直至 $p_1 = p_a$ 为止。

反之，若某一时刻 $p_1 < p_a$（大气压），则气泡将快速而连续地从小管 b 鼓入，使容器上方压力 p_0 增大。根据静力学原理可知，p_1 也将随之增大，当 p_1 大到 p_a 时，气泡停止鼓入，水则从容器进入小管 b。

由静力学方程得

$$p_1 = p_0 + \rho g(H-h)$$

将 $p_1 = p_a$（大气压）代入上式得

$$p_a = p_0 + \rho g(H-h)$$

初始时刻容器上方真空度

$$p_0' = p_a - p_0 = \rho g(H-h)$$
$$= 1000 \times 9.81 \times (0.5-0.1) = 3924 \text{Pa}$$

（2）液面从 0-0 面降至 1-1 面的过程中，因 p_1 恒定为大气压，故属稳态过程。于是，可在 1-1 面与 2-2 面之间列机械能衡算方程：

$$z_1 g + \frac{p_1}{\rho} + \frac{u_1^2}{2} = z_2 g + \frac{p_2}{\rho} + \frac{u_2^2}{2} + w_{f1\text{-}2} \tag{1}$$

将 $z_1 = 0.1\text{m}$, $p_1 = 0$（表压）, $u_1 \approx 0$, $z_2 = 0$, $p_2 = 0$（表压）, $w_{f1\text{-}2} = \zeta \frac{u_2^2}{2} = 3 \times \frac{u_2^2}{2} = 1.5 u_2^2$ 代入式(1)得

$$0.1 \times 9.81 + 0 + 0 = 0 + 0 + \frac{u_2^2}{2} + 1.5 u_2^2$$

解之得 $\quad u_2 = 0.7 \text{m/s}$

液面降至 1-1 面所需时间

$$\tau_1 = \frac{\pi D^2 (H-h)/4}{\pi d^2 u_2/4} = \frac{D^2 (H-h)}{d^2 u_2}$$

$$= \frac{1^2 \times (0.5-0.1)}{0.01^2 \times 0.7} = 5714 \text{s} \approx 1.59 \text{h}$$

在液面从 1-1 面降至距 c 管 0.05m 的过程中，虽然 p_1 恒定为大气压，但因液面不断下降，故流动属非稳态过程。

假设液面下降缓慢。取很小时间间隔 $d\tau$，则可将时间 $d\tau$ 内的非稳态流动视为稳态流动(此法称为拟稳态方法)，这样，机械能衡算方程仍然可以使用。

设某一时刻 τ，液面降至面 $1'\text{-}1'$，如图 1-27 所示，则 $1'\text{-}1'$ 面与 2-2 面之间的机械能衡算方程仍为式(1)。

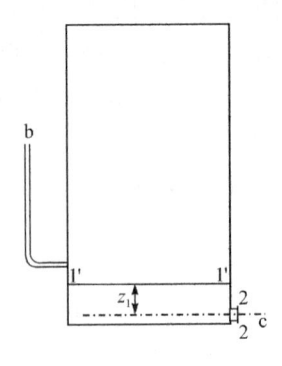

图 1-27 例 1-17 题解附图

将 $p_1=0$(表压),$u_1\approx 0$,$z_2=0$,$p_2=0$(表压),$w_{f1\text{-}2}=1.5u_2^2$ 代入式(1)得

$$z_1 g = 2u_2^2$$

于是
$$u_2 = \sqrt{\frac{z_1 g}{2}} \tag{2}$$

设 $d\tau$ 时间内,1-1 面下降了 dz_1(单位为 m),由质量守恒定律可得

$$d\tau = -\frac{\pi D^2 dz_1/4}{\pi d^2 u_2/4} = -\frac{D^2}{d^2 u_2} dz_1$$

将式(2)代入,得

$$d\tau = -\frac{D^2}{d^2 \sqrt{z_1 g/2}} dz_1$$

将 $D=1\text{m}$,$d=0.01\text{m}$ 代入上式,得

$$d\tau = -4515.2 \frac{dz_1}{\sqrt{z_1}}$$

将上式在 $z_1=0.1\text{m}$ 和 $z_1=0.05\text{m}$ 之间积分得

$$\tau_2 = \int_0^{\tau_2} d\tau = -\int_{0.1}^{0.05} 4515.2 \frac{dz_1}{\sqrt{z_1}} = 836\text{s} = 0.23\text{h}$$

于是,液位从 0-0 面下降至距 c 管 0.05m 时所需时间共计
$$\tau = \tau_1 + \tau_2 = 1.59 + 0.23 = 1.82\text{h}$$

液面从 1-1 面降至距 c 管 0.05m 处时所需的时间为 0.23h。

液面从 0-0 面降至距 c 管 0.05m 处时所需的时间共计 1.82h。

【讨论】本题目的在于介绍质量衡算和机械能衡算方程在非稳态问题中的应用。

本题中,液面在 1-1 以上时的流动属稳态流动,以下则属非稳态流动。

(1) 非稳态流动与稳态相比,共同点是都遵循质量守恒定律。

(2) 当液面下降速度较慢时,可用稳态的机械能衡算式近似计算非稳态流动问题,此法称为拟稳态法。本题采用的就是这种方法。

本章主要符号说明

符号	意义	单位
A	流通截面积	m^2
d	管内径	m
Et	以单位质量流体计的总机械能	J/kg
g	重力加速度	m/s^2
G	平均质量流速	$kg/m^2 \cdot s$
h_f	压头损失	m
l	长度	m
m	质量流量	kg/s
M	摩尔质量	$kg/kmol$
N_e	有效功率	W
p	压力	Pa
p_a	大气压力	Pa
p_v	饱和蒸气(汽)压	Pa
Re	雷诺数	—
t	时间	s
T	温度	K
u	平均速度	m/s
V	体积流量	m^3/s
w_e	单位质量流体的有效轴功率	J/kg
w_f	单位质量流体的阻力损失	J/kg
z	位头	m
ε	绝对粗糙度	m
λ	摩擦因数	—
μ	黏度	$Pa \cdot s$
ρ	密度	kg/m^3
ρ_0	指示剂密度	kg/m^3
τ	时间	s
ζ	阻力系数	—
Γ	广义压力	Pa

参 考 文 献

1. 何潮洪等. 化工原理操作性问题的分析. 北京:化学工业出版社,1998
2. 陈维枢. 传递过程与单元操作(上册). 杭州:浙江大学出版社,1993
3. 谭天恩等. 化工原理（上册）. 第二版. 北京:化学工业出版社,1990
4. 陈敏恒等. 化工原理（上册）. 第二版. 北京:化学工业出版社,1999
5. 大连理工大学化工原理教研室. 化工原理(上册). 大连:大连理工大学出版社,1993
6. 蒋维钧等. 化工原理(上册). 北京:清华大学出版社,1992

习　　题

1. 理想流体是指_____的流体。
2. 雷诺准数的物理意义是_____。
3. 当不可压缩理想流体在水平放置的变径管路中作稳定的连续流动时,在管子直径缩小的地方,其静压力_____。
   (A) 不变　　　　(B) 增大　　　　(C) 减小　　　　(D) 不确定
4. 在外筒内径为 d_1、内筒外径为 d_2、长为 L 的同心圆筒组成的空隙中充满液体。现外筒不动,内筒绕轴线旋转,若忽略端效应,则水力当量直径为_____。
   (A) d_1-d_2　　(B) d_1+d_2　　(C) $\dfrac{d_1-d_2}{2}$　　(D) $\dfrac{d_1+d_2}{2}$
5. 水在内径一定的圆管中稳定流动,若水的质量流量保持恒定,当水温度升高时,Re 值将_____。
   (A) 变大　　　　(B) 变小　　　　(C) 不变　　　　(D) 不确定
6. 层流与湍流的本质区别是_____。
   (A) 湍流流速大于层流流速
   (B) 流动阻力大的为湍流,流动阻力小的为层流
   (C) 层流的雷诺数小于湍流的雷诺数
   (D) 层流无径向脉动,而湍流有径向脉动
7. 在流体阻力实验中,以水作工质所测得的直管摩擦阻力系数与雷诺数的关系不适用于_____在直管中的流动。
   (A) 牛顿型流体　　(B) 非牛顿型流体　　(C) 酒精　　(D) 空气
8. 如图 1-28 所示,水流过一段等径水平管子,在 A、B 两处放置如图所示的压差测量装置。两 U 形管中的指示剂相同,所指示的读数分别为 R_1、R_2,则_____。
   (A) $R_1>R_2$　　(B) $R_1=R_2$　　(C) $R_1<R_2$　　(D) $R_2=R_1+2r_1$

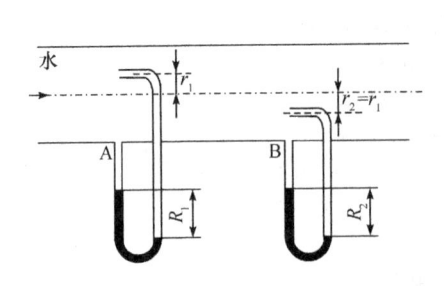

图 1-28 习题 8 附图

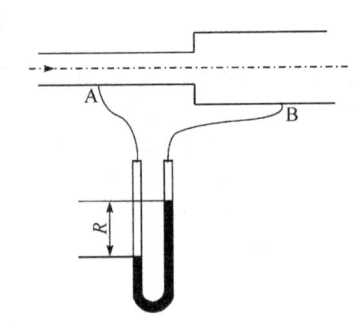

图 1-29 习题 9 附图

9. 图 1-29 为一水平放置的异径管段,在 A、B 两处间接一 U 形压差计。流体从小管流向大管,测得 U 形压差计的读数为 R,R 值大小反映_____。
   (A) A、B 两截面间压差值
   (B) A 到 B 截面间流动压降损失
   (C) A、B 两截面间动压头变化
   (D) 突然扩大或突然缩小流动损失

10. 局部阻力损失计算式 $h_f = \zeta \dfrac{u^2}{2}$ 中的 u 是指_____。
    (A) 小管中流速 u_1
    (B) 大管中流速 u_2
    (C) 小管中流速 u_1 与大管中流速 u_2 的平均值 $(u_1+u_2)/2$
    (D) 与流向有关

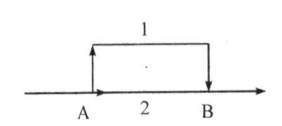

图 1-30 习题 11 附图

11. 对于图 1-30 所示的并联管路,各支管及其总管阻力间的关系应是_____。
    (A) $(\sum h_f)_{\text{A-1-B}} > (\sum h_f)_{\text{A-2-B}}$
    (B) $(\sum h_f)_{\text{A-B}} > (\sum h_f)_{\text{A-1-B}} = (\sum h_f)_{\text{A-2-B}}$
    (C) $(\sum h_f)_{\text{A-B}} = (\sum h_f)_{\text{A-1-B}} + (\sum h_f)_{\text{A-2-B}}$
    (D) $(\sum h_f)_{\text{A-B}} = (\sum h_f)_{\text{A-1-B}} = (\sum h_f)_{\text{A-2-B}}$

12. 在图 1-31 所示的输水系统中,阀 A、B 和 C 半开时,各管路的流速分别为 u_A、u_B 和 u_C,现将 A 阀全开,则各管路流速的变化应为_____。
    (A) u_A 变大,u_B 变大,u_C 变大
    (B) u_A 变大,u_B 变小,u_C 不变
    (C) u_A 变大,u_B 变小,u_C 变大

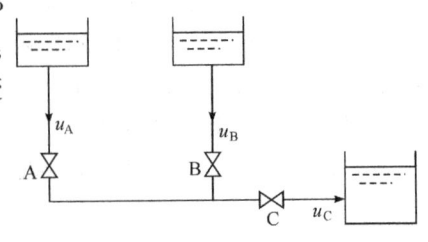

图 1-31 习题 12 附图

(D) u_A 变大,u_B 不变,u_C 变大

13. 在测速管工作时,测压孔迎对流体流动方向时所测压力代表该处的_____,此时测速管侧壁小孔所测压力代表该处的_____。
    (A) 动压,静压   (B) 动压,动压与静压之和
    (C) 动压与静压之和,静压   (D) 静压,动压与静压之和

14. 当喉径与孔径相同时,文丘里流量计的孔流系数 C_v 比孔板流量计的孔流系数 C_0 _____,文丘里流量计的能量损失比孔板流量计的_____。
    (A) 大   (B) 小   (C) 相等   (D) 不确定

15. 测速管测量管道中流体的_____,而孔板流量计则用于测量管道中流体的_____。

16. 如图 1-32 所示,高位槽液面保持恒定,液体以一定流量流经管路,ab 与 cd 两管段长度、管径及粗糙度均相同,则两 U 形压差计读数 R_1、R_2 大小关系如何?由此题可得出什么结论?请与例 1-1 讨论 5 对照。

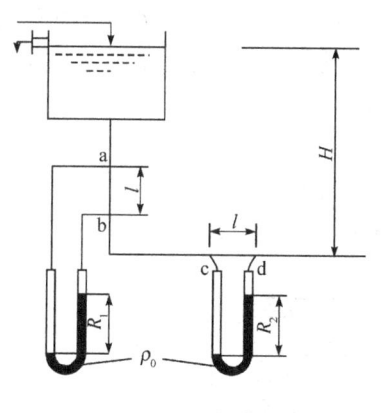

图 1-32 习题 16 附图   图 1-33 习题 17 附图

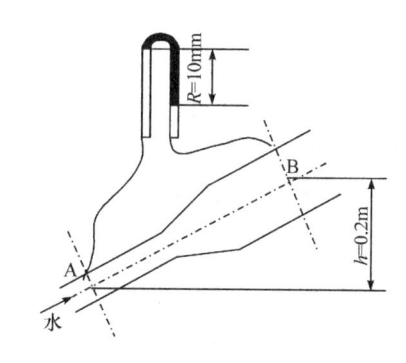

17. 如图 1-33 所示,20℃ 水通过倾斜变径管段 AB。在截面 A 与 B 之间接一倒 U 型空气压差计,空气密度为 1.2kg/m³,其读数 $R=10$mm。两测压点间的垂直距离 $h=0.2$m。若将空气用密度为 800kg/m³ 的煤油替换,则压差计读数又为多少?由此题可得出什么结论?请与例 1-2 讨论 2 对照。

18. 油水混合液以很小的流量流过敞口容器,从下方导管排出到大气中,排出导管形状分别如图 1-34(a)、(b) 所示。流体在管中流动阻力可以忽略。因为油水互不相溶,故两者在容器内将分层。已知油的密度 $\rho_1=830$kg/m³,水的密度 $\rho_2=1000$kg/m³,求要使油水界面维持在顶部液面以下 1m 处,导管口应放在多高位置?

19. 如图 1-35 所示,利用虹吸管将 90℃ 热水从水池 A 中吸出,排放到大气。水

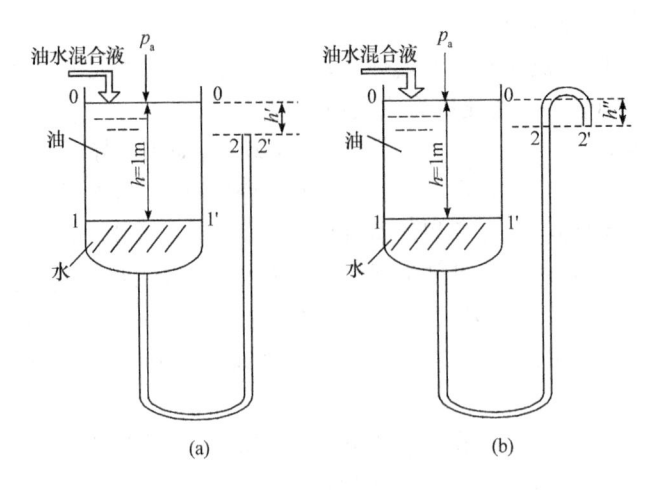

图 1-34　习题 18 附图

池水面与管出口间的垂直距离为 1m。虹吸管最高处距 A 池水面的垂直距离也为 1m。假设管中流动可以按理想流体流动处理，流动时水池液面保持恒定。已知 90℃ 热水的密度 $\rho=965 \text{kg/m}^3$，饱和蒸汽压 $p_v=70.1\text{kPa}$，试求

(1) 管中何处压力最低？

(2) 虹吸管中水流速度及最高点 C 点的绝压 p_C；

(3) 要使水不汽化，则 h 最大为多少米？

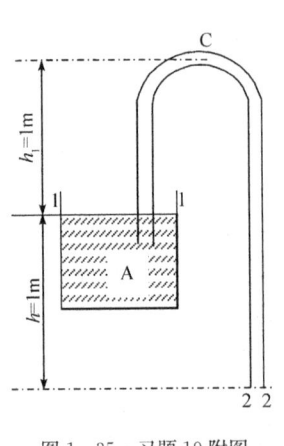

图 1-35　习题 19 附图

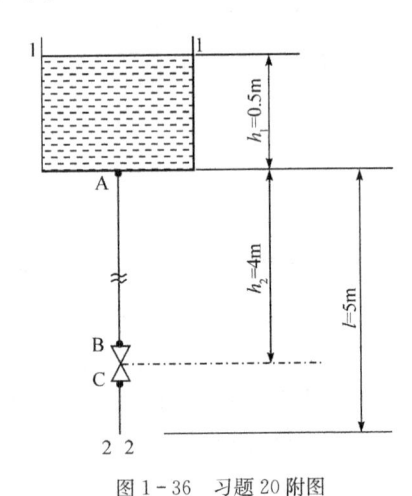

图 1-36　习题 20 附图

20. 如图 1-36 所示，高位槽内贮有温度为 95℃ 的水，水深 $h_1=0.5\text{m}$，并保持不变，高位槽底部接一长 $l=5\text{m}$、内径 $d=100\text{mm}$ 的垂直管，管内摩擦因数 $\lambda=0.02$。在距槽底 A 点下方 4m 处装一球心阀，阀门阻力系数为 9.5，已知 95℃

水密度 $\rho=961.9\text{kg/m}^3$,饱和蒸汽压 $p_v=84.5\text{kPa}$。则管内最低压力出现在何处？数值为多少？管内流速为多大？并与例 1-9 对照,分析其原因。

21. 如图 1-37 所示,拟用泵将水池中的 20℃水(黏度 $\mu=1\times10^{-3}\text{Pa·s}$)分别送至反应器和吸收塔中,反应器内压力为 50kPa(表压),吸收塔内压力为常压。要求流向反应器的最大水量为 35m³/h,流向吸收塔的最大水量为 40m³/h。有关部位的高度见图 1-37。已知泵的吸入管线长为 4m,AB 段管线长 2m,BC 段长 20m,BD 段长 15m,以上管长均包括所有局部阻力的当量长度在内。管子均为 $\phi114\text{mm}\times4\text{mm}$ 的钢管,管壁的绝对粗糙度为 0.2mm,$\lambda=0.1\left(\dfrac{\varepsilon}{d}+\dfrac{68}{Re}\right)^{0.23}$。求所需泵的有效功率 N_e。

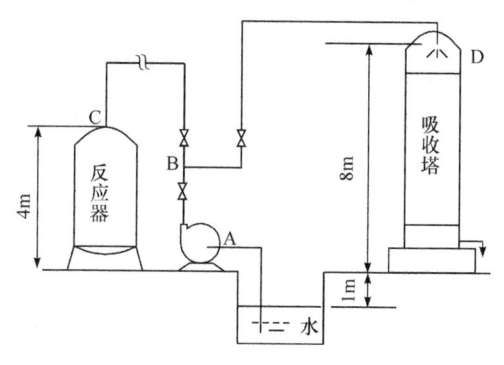

图 1-37 习题 21 附图

22. 如图 1-38 所示,用汇合管路将高位槽 A、B 中的液体引向低位槽 C 中。设三槽液面均维持恒定。试分析,当将阀门 k_A 关小时,各支路及总管流量,压力表读数 p_1、p_2 将如何变化？并将此题结果与例 1-13 结论相对比。

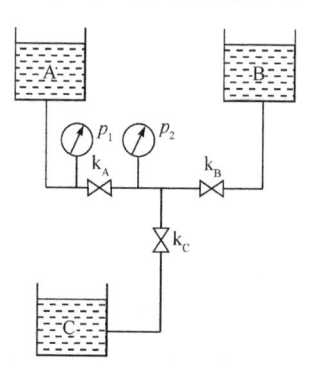

图 1-38 习题 22 附图

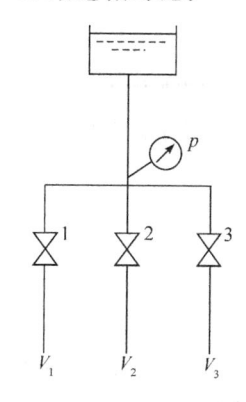

图 1-39 习题 23 附图

23. 如图 1-39 所示,一高位水槽下面接有三根水管 1、2、3,开始时压力表读数为 p,三个支管的流量分别为 V_1、V_2、V_3,且 $V_2 > V_1 > V_3$。现将水管 2 中阀门开大,这时压力表读数变为 p',水管 1、3 的流量变为 V_1'、V_3'。假设所有水管中流动均处于完全湍流区,并且水在同一高度流入大气。试分析比较:

    (1) p 与 p' 的大小;

    (2) $(V_1 - V_1')$ 与 $(V_3 - V_3')$ 的大小。

    请将此题结果与例 1-13 的结论相对比。

24. 如图 1-40 所示,从总管引一支路,并在端点 B 处分成两路分别向一楼和二楼供水(20℃)。已知阀门 k_1、k_2 全开时,管段 AB、BC、BD 的长度各为 20m、8m 和 13m(包括所有局部阻力当量长度在内),管径皆为 $\phi 32mm \times 2.5mm$,摩擦因数皆为 0.03,假设总管压力恒定,数值大小为 $0.8 \times 10^5 Pa$(表压)。试求

    (1) 当一楼阀门全开时,二楼是否有水?

    (2) 将一楼阀门关小,使其流量减半,二楼的最大流量(单位为 m^3/h)。

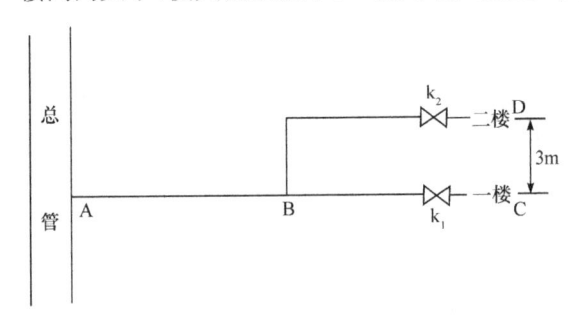

图 1-40 习题 24 附图

25. 从高位水塔引水至车间。水塔的水位可视为不变,水管内径为 d,管路总长为 l,现要求送水量增加 50%,故需对管路进行改装。已知库存有直径为 d、$1.25d$ 的两种管子,于是有人提出下面两种方案:

    (1) 将原管换成内径为 $1.25d$ 的管子;

    (2) 如图 1-41 所示,从水塔开始,在原管的一半处并联一长为 $\dfrac{l}{2}$、内径为 $1.25d$ 的管子。

    试分析这两种方案是否可行?假设摩擦因数变化不大,局部阻力可以忽略。

26. 如图 1-42 所示的输液瓶,内径 $D = 80mm$,其上端封闭。瓶口处有一通大气的小管 a,药液从另一直径 $d = 4mm$ 的小管 b 流出。出口处 2 的压力为 111.1kPa(绝压)。流体流出后容器上端造成真空,外界的空气可以从 a 管吸入以补充容器内的真空区。设药液的密度为 1000kg/m³,流体由小管 b 流出时的局部阻力系数为 82。

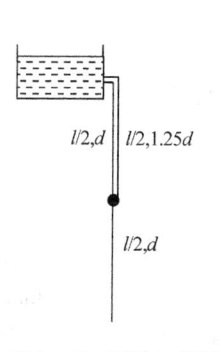

图 1-41 习题 25 附图

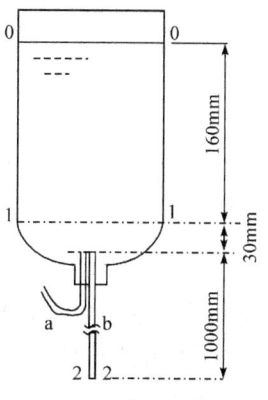

图 1-42 习题 26 附图

(1) 1-1 截面上绝压为多少千帕？当液面下降了 80mm 后，容器上方压力为多少千帕？

(2) 求从液面 0-0 降到 1-1 面所需时间。

第 2 章 流体输送机械[1~6]

基本内容

本章与第一章在内容上关系十分密切,第一章的流体流动基本规律是本章的基础,例如管路特性和泵的安装高度等都是以机械能衡算方程为工具而导出的。

流体输送设备在化工生产中应用十分广泛。流体输送设备分为两大类:输送液体的称为泵;输送或压缩气体的称为风机和压缩机。在每类中又有许多类型,例如液体输送机械有离心泵、往复泵、齿轮泵、旋涡泵等。

2.1 离心泵

1. 主要性能参数和特性曲线

离心泵的主要性能参数包括流量 Q、扬程 H、轴功率 N、效率 η 等。

离心泵的特性曲线主要包括 H-Q 曲线、N-Q 曲线和 η-Q 曲线。

对于离心泵这样的定型设备,在主要性能参数和特性曲线方面应当着重掌握。

(1) 泵铭牌上标注的流量、扬程、功率和效率均是最大效率时的数值,即泵的设计点时的数值。

(2) 泵厂提供的特性曲线均是以 20℃清水、一定转速下测得的,若使用条件与此不符,特性曲线应酌情考虑进行校正,具体如下。

①若密度 ρ 发生变化,则 H-Q 曲线和 η-Q 曲线基本不变,而 N-Q 曲线则因 $N \propto \rho$ 而改变。

②若黏度 μ 发生变化,H-Q 曲线、N-Q 曲线和 η-Q 曲线的变化情况则分为以下两种情况:

当运动黏度 $\nu < 20\text{cSt}$ [cSt(厘斯)为非法定单位,$1\text{cSt} = 10^{-6}\,\text{m}^2/\text{s}$]时,离心泵性能曲线基本不变;

当运动黏度 $\nu > 20\text{cSt}$ 时,Q、H、η 需按有关的图表进行校正。

③若转速 n 发生变化,且变化小于 20% 时,Q、H、N 可按比例定律进行校正,即

$$\frac{Q'}{Q} = \frac{n'}{n} \qquad \frac{H'}{H} = \left(\frac{n'}{n}\right)^2 \qquad \frac{N'}{N} = \left(\frac{n'}{n}\right)^3 \qquad (2-1)$$

假设转速为 n 时的泵特性曲线方程为 $H = A + B_0 Q^2$,则由比例定律可得转速为 n' 时的泵特性曲线方程为

$$H' = A\left(\frac{n'}{n}\right)^2 + B_0(Q')^2 \qquad (2-2)$$

④若叶轮直径 D 发生变化,且变化小于 20% 时,Q、H、N 可按切割定律进行校正,即

$$\frac{Q'}{Q} = \frac{D'}{D} \qquad \frac{H'}{H} = \left(\frac{D'}{D}\right)^2 \qquad \frac{N'}{N} = \left(\frac{D'}{D}\right)^3 \qquad (2-3)$$

假设叶轮直径为 D 时的泵特性曲线方程为 $H = A + B_0 Q^2$,则由切割定律可得叶轮直径为 D' 时的泵特性曲线方程为

$$H' = A\left(\frac{D'}{D}\right)^2 + B_0(Q')^2 \qquad (2-4)$$

⑤若泵串、并联组合操作,则泵组的 H-Q 特性曲线与单台泵不同。

假设单台泵的特性曲线方程为 $H_\text{单} = A + B_0 Q_\text{单}^2$,根据串联泵组的特点:某一流量下所对应的每台泵的扬程相加等于串联泵组在该流量下的扬程,则两台相同泵串联时的特性曲线方程为

$$H_\text{串} = 2A + 2B_0 Q_\text{串}^2 \qquad (2-5)$$

根据并联泵组的特点:某一扬程下所对应的每台泵的流量相加等于并联泵组在该扬程下的流量,则两台相同泵并联时的特性曲线方程为

$$H_\text{并} = A + B_0 \left(\frac{Q_\text{并}}{2}\right)^2 \qquad (2-6)$$

2. 离心泵的计算

离心泵的计算主要包括设计型计算和操作型计算。

(1) 泵的设计型计算

泵的设计型计算是指选择合适的泵(包括泵的类型和型号)以完成指定的输送任务,此时,应记住以下两个要点:

①根据被输送流体的性质确定泵的类型,如清水泵、油泵、杂质泵、耐腐蚀泵等。

②再计算输送任务所需的流量和扬程,并根据这两个量的数值大小在泵的样本中选择合适的泵型号。考虑到泵的使用须备有一定的潜力,一般所选的泵提供的流量和压头应比输送任务所需的流量和压头大一些,且在高效区内。如果同时有几种型号的泵在流量和扬程上都满足输送要求,则必须选择其中价格最低、并且在操作时效率最高、功率最小的。

(2) 泵的操作型计算

泵的操作型计算是指含泵的输送系统给定,当某一操作条件改变时,核算该系统的输送能力、分析某流动参数的变化情况,或为达到某一输送能力应采取何种措施等。

在操作型计算中,离不开工作点的确定,因为工作点体现了泵和管路的匹配关系。对任一含泵的输送系统,其工作点都是由泵的特性和管路特性共同决定的。泵的特性是指泵的压头 H、轴功率 N、效率 η 与流量 Q 之间的关系。管路特性则指流体通过某一管路系统所需的压头与流量之间的关系,这一关系可通过该管路系统的机械能衡算求出。

对任一稳定输送系统,根据机械能衡算有

$$h_e = \Delta z + \frac{\Delta p}{\rho g} + \frac{\Delta u^2}{2g} + \sum h_f \tag{2-7}$$

令 $A = \Delta z + \dfrac{\Delta p}{\rho g}$,则对于指定管路,$A$ 为定值,与 Q 无关;又

$$\frac{\Delta u^2}{2g} + \sum h_f = \frac{\Delta u^2}{2g} + \sum \left(\lambda \frac{l + \sum l_e}{d} \frac{u^2}{2g} \right)$$

$$= \frac{\Delta u^2}{2g} + \frac{8}{\pi^2 g} \sum \left(\lambda \frac{l + \sum l_e}{d^5} \right) Q^2 = F(Q)$$

于是式(2-7)变为

$$h_e = A + F(Q) \tag{2-8}$$

式(2-8)即为管路特性方程的一般式。

工业上常见的情形为管内完全湍流流动,此时 λ 与 Q 无关,为常数,从而 $F(Q) \propto Q^2$。于是式(2-8)变为

$$h_e = A + BQ^2 \tag{2-9}$$

式中,$B = \dfrac{8}{\pi^2 g} \sum \left(\lambda \dfrac{l + \sum l_e}{d^5} \right)$,$B$ 代表管路系统的阻力特性。

3. 离心泵的安装高度

由于离心泵是靠吸入管路的内外压差吸上液体的,故其安装高度有一定限制。当安装高度超过限定值时,泵内将发生汽蚀而损坏泵,使泵无法正常工作。

泵的安装高度计算式为

$$[Z] = \frac{p_a}{\rho g} - \frac{p_v}{\rho g} - \sum h_{f(0\text{-}1)} - [\Delta h] \tag{2-10}$$

式中,$[Z]$——允许安装高度,m;

$[\Delta h]$——允许汽蚀余量,m,又称为净正吸上压头,用 NPSH(net positive suction head)表示。此值列入泵的样本,由离心泵厂向用户提供;

p_a、p_v——分别代表当地大气压、被输送流体操作温度下的饱和蒸气压,Pa;

$\sum h_{f(0\text{-}1)}$——吸入管路的总阻力。

泵样本中给出的 $[\Delta h]$ 是用 20℃清水测得的,若实际操作条件与上述不符,一

般也不必校正,因为当流量一定且进入阻力平方区(通常情况下此条件可基本得到满足)时,最小汽蚀余量 Δh_{min} 只与泵的结构尺寸有关。

2.2 往复泵

往复泵是依靠活塞的往复运动直接对液体做功,能量直接以静压能形式传给液体。只要泵缸材料耐压允许,泵的扬程可达到很大,故其 H-Q 特性曲线与离心泵有很大的不同,几近为一垂直线,如图 2-1 所示。

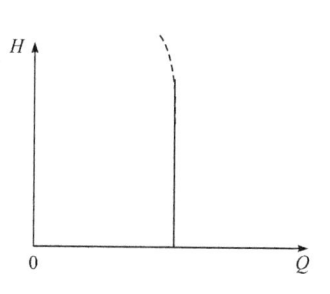

图 2-1 往复泵的特性曲线

2.3 离心通风机

气体输送机械的结构和工作原理与液体输送机械的大体相同,但由于气体具有可压缩性和密度比液体小得多的特性,使得二者又有些差异。其中,需特别注意以下几点差异:

风量 Q:一般以进口状态计(泵就没有这种要求)。对同一台风机,在同一转速下,无论气体的进口状态如何,风机的风量不变。

风压 p_t:是指单位体积气体通过风机后获得的有效功率,单位为 Pa。而离心泵则用扬程(单位为 m)来表示单位质量流体通过泵后获得的有效功率。风压通常用 20℃、1atm 空气(密度 $\rho=1.2\text{kg/m}^3$)测定,称为标准风压,用 p_{t0} 表示。若实际操作条件与上述测定条件不同,必须根据式(2-11)将实际风压 p_t 换算成标准风压 p_{t0},然后按 p_{t0} 的数值选择离心风机。

$$p_{t0}=\frac{1.2}{\rho}p_t \qquad (2-11)$$

重点与难点

在本章的学习中,重点应围绕以下几个方面来进行:
(1) 离心泵的选型设计;
(2) 离心泵工作点的确定;
(3) 当某一操作条件改变时,能核算该系统的输送能力、分析各流动参数的变化情况,或为达到某一输送能力应采取何种措施等;
(4) 离心泵的安装高度计算;
(5) 离心通风机的风量、风压的计算。

精选题及解答

泵的选型

【例2-1】如图2-2所示,要求将20℃水(黏度为1cP)从一贮水池打入水塔中,每小时送水量不低于75t,贮水池和水塔的水位设为恒定,且与大气相通,水塔水面与贮水池水面的垂直距离为13m,输水管为 $\phi140\text{mm} \times 4.5\text{mm}$ 的钢管,所需铺设的管长为50m,管线中的所有局部阻力当量长度为20m,摩擦因数 $\lambda = 0.3164Re^{-0.25}$。现库存有两台不同型号的清水泵A、B,它们的性能如表2-1所示,试从中选一台合适的泵。

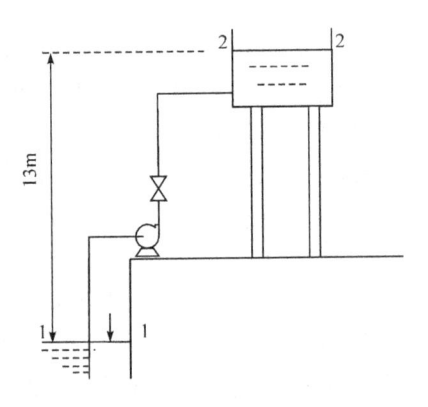

图2-2 例2-1附图

表2-1 清水泵的主要性能表

泵	流量/(m³/h)	扬程/m	轴功率/kW	效率/%
A	80	15.2	4.35	76
B	79	14.8	4.10	78

【解】首先应计算输送系统所需的流量和扬程,然后根据二者的数值大小,并本着效率最高、功率最小的原则从两种型号的泵中选出较为合适的。

管路所需的流量 $Q = \dfrac{m}{\rho} = \dfrac{75 \times 10^3}{1000} = 75 \text{m}^3/\text{h}$

管径 $d = 140 - 2 \times 4.5 = 131\text{mm} = 0.131\text{m}$

故 $u = \dfrac{Q}{\frac{1}{4}\pi d^2} = \dfrac{75/3600}{\frac{1}{4}\pi \times 0.131^2} = 1.55\text{m/s}$

$$Re=\frac{du\rho}{\mu}=\frac{0.131\times1.55\times1000}{1\times10^{-3}}=2.031\times10^5$$

$$\lambda=0.3164Re^{-0.25}=0.015$$

在 1-1 面与 2-2 面之间列机械能衡算方程：

$$z_1+\frac{p_1}{\rho g}+\frac{u_1^2}{2g}+h_e=z_2+\frac{p_2}{\rho g}+\frac{u_2^2}{2g}+\lambda\frac{l+l_e}{d}\frac{u^2}{2g}$$

式中，$z_1=0$（取为基准面），$p_1=p_2=0$（表压），$u_1\approx u_2\approx 0$，$z_2=13\text{m}$，$\lambda=0.015$，$l+l_e=50+20=70\text{m}$，$d=0.131\text{m}$，$u=1.55\text{m/s}$，代入上式得

$$0+0+0+h_e=13+0+0+0.015\times\frac{70}{0.131}\times\frac{1.55^2}{2g}$$

$$h_e=14.0\text{m}$$

这就是管路所需的扬程。 完成输送任务，管路所需扬程为 14.0m。

可见，表 2-1 中所列的两台清水泵的流量和扬程均大于管路所需的流量和扬程，故两台泵均可使用，但考虑到 B 泵轴功率较小，效率较高，且其流量、扬程与管路所需值更为接近，故应选 B 泵。 应选 B 泵

【讨论】本题属于泵的选型计算问题，这是泵的基本计算之一。选型计算中，应记住以下两个要点：

（1）首先应根据被输送流体的性质确定泵的类型。如本题中输送的是水，故应选清水泵。

（2）计算输送所需的流量和扬程，并根据这两个数据在泵的样本中选择合适的泵的型号。如果同时有几种型号的泵在流量和扬程上都满足输送要求，则必须选择其中价格最低并且在操作时效率最高、功率最小的。

【例 2-2】如图 2-3 所示，用离心泵将池中常温水送至一敞口高位槽中。泵的特性曲线方程为 $H=25.7-7.36\times10^{-4}Q^2$（$H$ 的单位为 m，Q 的单位为 m³/h），管出口距池中水面高度为 13m，直管长 90m，管路上有 2 个 $\zeta_1=0.75$ 的 90°弯头，1 个 $\zeta_2=0.17$ 的全开闸阀，1 个 $\zeta_3=8$ 的底阀，管子采用 $\phi114\text{mm}\times4\text{mm}$ 的钢管，估计摩擦因数为 0.03。 离心泵的操作型问题的计算及定性分析

（1）闸阀全开时，求管路中实际流量（单位为 m³/s）？

（2）为使流量达到 60 m³/h，现采用调节闸阀开度方法，如何调节才行？此时，闸阀的阻力系数、泵的有效功率为多少？并定性分析闸阀前后压力表读数 p_A、p_B 如何变化。 泵的有效功率是指达到输送要求时管路所需的功率。

(3) 假如不采用调节闸阀开度的方法,而是换上另外一台合适的泵使流量变为 60 m³/h,则新泵的有效功率为多少 kW?

注:多消耗在阀门上的功率称为节流损失。

(4) 调节闸阀开度的方法与换上另一台合适泵的方法相比,多消耗在阀门上的功率为多少 kW?

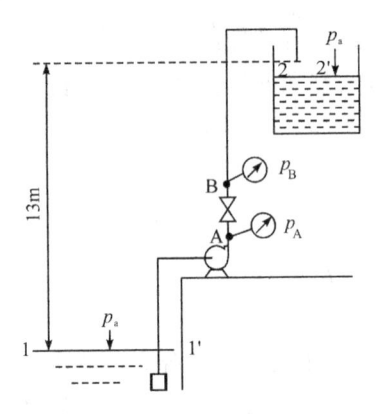

图 2-3 例 2-2 附图

【解】(1) 水池液面 1-1′与管出口截面 2-2′间的管路特性方程为

$$h_e = \left(\Delta z + \frac{\Delta p}{\rho g}\right) + \frac{\Delta u^2}{2g} + h_{f(1\text{-}2)}$$

式中,$\Delta z = z_2$,$\frac{\Delta u^2}{2g} = \frac{u_2^2}{2g} = \frac{u^2}{2g}$,$h_{f(1\text{-}2)} = \left(\lambda \frac{l}{d} + \sum \zeta\right)_{1\text{-}2} \frac{u^2}{2g}$,$\Delta p = 0$,$u = \frac{4}{\pi d^2} \frac{Q}{3600}$($Q$ 单位为 m³/h)。代入上式得

$$h_e = z_2 + \left(\lambda \frac{l}{d} + \sum \zeta + 1\right)_{1\text{-}2} \frac{8}{\pi^2 d^4 g} \left(\frac{Q}{3600}\right)^2 \tag{1}$$

将 $z_2 = 13\text{m}$, $\lambda = 0.03$, $l = 90\text{m}$, $d = 0.106\text{m}$, $\sum \zeta = 2\zeta_1 + \zeta_2 + \zeta_3 = 2 \times 0.75 + 0.17 + 8 = 9.67$ 代入式(1)得

$$h_e = 13 + \left(0.03 \times \frac{90}{0.106} + 9.67 + 1\right)$$

$$\times \frac{8}{\pi^2 \times 0.106^4 \times 9.81} \times \left(\frac{Q}{3600}\right)^2$$

$$= 13 + 1.827 \times 10^{-3} Q^2 \tag{2}$$

而泵的特性曲线方程为

$$H = 25.7 - 7.36 \times 10^{-4} Q^2 \quad (3)$$

泵工作时，$h_e = H$。联立求解式(2)、(3)得

$$Q = 70.4 \text{m}^3/\text{h}$$
$$h_e = H = 22.05 \text{m}$$

工作点为 $M(70.4 \text{m}^3/\text{h}, 22.05\text{m})$。

(2) 为使流量由 $Q = 70.4\text{m}^3/\text{h}$ 变为 $60 \text{m}^3/\text{h}$，需关小闸阀。

闸阀关小后，泵特性曲线方程式(3)不变，由此可以求出新的工作点。将 $Q' = 60\text{m}^3/\text{h}$ 代入式(3)得

$$H' = 25.7 - 7.36 \times 10^{-4} \times 60^2 = 23.05\text{m}$$

$Q' = 60\text{m}^3/\text{h}, H' = 23.05\text{m}$ 就是闸阀关小后新的工作点的横、纵坐标(见图2-4中点 M')。Q'、H' 也应满足阀门关小后的管路特性方程，该方程仍可用式(1)表示。

关小闸阀后新的工作点为 $M'(60\text{m}^3/\text{h}, 23.05\text{m})$。可见，流量减小，扬程增大。

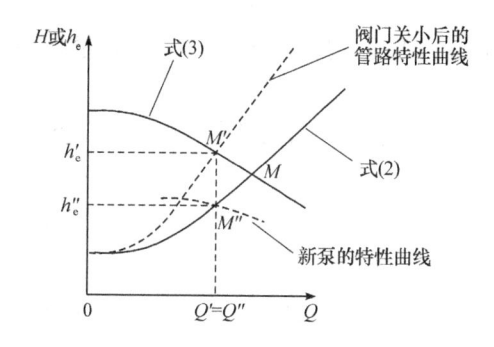

图 2-4 例 2-2 题解附图

将 $Q' = 60\text{m}^3/\text{h}, h'_e = H' = 23.05\text{m}, z_2 = 13\text{m}, \lambda = 0.03, l = 90\text{m}, d = 0.106\text{m}, \sum \zeta = 2 \times 0.75 + \zeta'_2 + 8 = 9.5 + \zeta'_2$ 代入式(1)：

$$23.05 = 13 + \left(0.03 \times \frac{90}{0.106} + 9.5 + \zeta'_2 + 1\right) \times \frac{8}{\pi^2 \times 0.106^4 \times 9.81} \times \left(\frac{60}{3600}\right)^2$$

解之得

$$\zeta'_2 = 19.25$$

闸阀的阻力系数增大为 19.25。

泵的有效功率为

$$N'_e = H' \rho Q' g = \frac{23.05 \times 1000 \times 60 \times 9.81}{3600}$$
$$= 3769\text{W} \approx 3.77\text{kW}$$

关小闸阀后泵的有效功率为 3.77kW。

闸阀前压力表读数 p_A 的变化分析如下。

利用工作点的变化来分析。当闸阀关小时,泵的特性曲线方程不变,管路特性方程[见式(1)]中截距不变,曲率 B 因闸阀的阻力系数增大而变大,曲线变陡,如图 2-4 中的虚线所示,工作点由点 M 移至点 M',故 $Q\downarrow$,$h_e\uparrow$。

再在水面 1-1' 与点 A 间列机械能衡算方程:

$$h_e = \left(z_A + \frac{p_A}{\rho g}\right) + \left(\lambda\frac{l}{d} + \sum\zeta + 1\right)_{1A} \frac{8Q^2}{\pi^2 d^4 g} \qquad (4)$$

式(4)中,因为 $Q\downarrow$,$h_e\uparrow$,其余量不变,故 p_A 将变大。

> 关小闸阀后,闸阀前压力表读数 p_A 将变大,闸阀后压力表读数 p_B 将变小。

闸阀后压力表读数 p_B 的变化分析如下。

在点 B 与面 2-2' 间列机械能衡算方程:

$$z_B + \frac{p_B}{\rho g} + \frac{u^2}{2g} = z_2 + \frac{u^2_2}{2g} + \left(\lambda\frac{l}{d} + \sum\zeta\right)_{B2}\frac{u^2}{2g}$$

当闸阀关小时,上式中除 u、p_B 外,其余量均不变,而 u 变小,故 p_B 变小。

(3) 换新泵后,管路特性方程[见式(2)]不变。

将 $Q''=60\text{m}^3/\text{h}$ 代入式(2)得

$$h''_e = 13 + 1.827\times 10^{-3}\times 60^2 = 19.58\text{m}$$

> 换新的泵后,工作点为 $M''(60\text{m}^3/\text{h},19.58\text{m})$,有效功率减小为 3.20kW。

于是,新泵的有效功率

$$N''_e = h''_e \rho Q'' g = \frac{19.58\times 1000\times 60\times 9.81}{3600} = 3201\text{W} \approx 3.20\text{kW}$$

(4) 换上另一台合适泵时的工作点如图 2-4 中 $M''(60\text{m}^3/\text{h},19.58\text{m})$ 所示,M' 与 M'' 的纵坐标之差即为由于闸阀关小而多消耗在闸阀上的能头,故调节闸阀与换上另一台合适泵相比,多消耗在闸阀上的有效功率为

$$N_e - N''_e = 3.77 - 3.20 = 0.57\text{kW}$$

【讨论】本题属于泵的操作型计算问题,这是泵的基本计算之一。

(1) 在计算或分析带有泵的输送系统时,应首先计算或分析管路及泵的特性曲线,找出工作点,其他问题就迎刃而解了。

(2) 用阀门调节流量很方便,但在关小阀门时,将造成泵的有效功率增加。

> 离心泵的操作型计算

【例 2-3】如图 2-5 所示的循环管路系统,管内径均为 40mm,管路摩擦因数 $\lambda=0.02$,吸入管路长 $l_1=10\text{m}$(包括所有局部阻

力当量长度在内),阀门全开时泵入口处真空表读数为 40kPa,泵出口处压力表读数为 107.5kPa,泵的特性曲线方程为 $H=22-B_0Q^2$,式中,H 单位为 m;Q 单位为 m³/h;B_0 为待定常数。试求

(1) 阀门全开时泵的输水量和扬程;

(2) 现需将流量减小到阀门全开时的 90%,

① 采用关小阀门的方法,则泵的有效功率为多少千瓦?

② 采用降低离心泵转速的方法,则泵的有效功率为多少千瓦?泵的转速应为原来的百分之几?

③ 采用切削叶轮直径的方法,则泵的有效功率为多少千瓦?叶轮直径应切削为原来的百分之几?

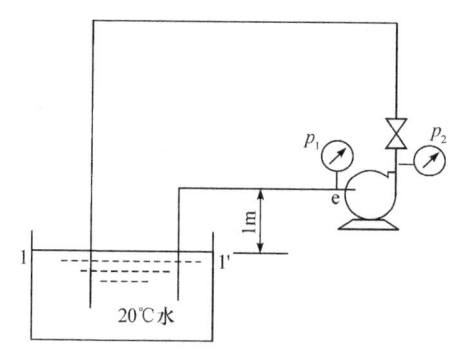

图 2-5 例 2-3 附图

【解】(1)阀门全开时泵的输水量和扬程

忽略泵进、出口高度差,在泵的进、出口间列机械能衡算方程,则阀门全开时泵的扬程为

$$H=\frac{p_2-p_1}{\rho g}=\frac{p_2(表压)+p_1(真空度)}{\rho g}$$

$$=\frac{107.5\times10^3+40\times10^3}{1000\times9.81}=15.04\text{m}$$

在 1-1′面与 e 间列机械能衡算方程:

$$0=z_e+\frac{p_1}{\rho g}+\frac{u^2}{2g}+\lambda\frac{l_1}{d}\frac{u^2}{2g}$$

或写成

$$0=z_e+\frac{p_1}{\rho g}+\frac{8}{\pi^2 d^4 g}\left(\frac{Q}{3600}\right)^2+\frac{8\lambda l_1}{\pi^2 d^5 g}\left(\frac{Q}{3600}\right)^2$$

式中,Q 单位为 m³/h。

阀门全开时，
$H=15.04\text{m}$，
$Q=14.34\text{m}^3/\text{h}$。

将 $z_e=1\text{m}$, $p_1=-40\times10^3\text{Pa}$, $\rho=1000\text{kg/m}^3$, $d=0.04\text{m}$, $l_1=10\text{m}$, $\lambda=0.02$ 代入上式，得阀门全开时泵的输水量

$$Q=14.34\text{m}^3/\text{h}$$

(2) 要想求取关小阀门、降低转速和切削叶轮直径时泵的有效功率，首先必须求得新的工作点。为此，应先确定泵特性曲线方程和管路特性方程。

将阀门全开时的 Q、H 代入泵的特性曲线方程 $H=22-B_0Q^2$ 中，得

$$15.04=22-B_0\times14.34^2$$

解之得

$$B_0=0.034$$

于是，泵的特性曲线方程为

$$H=22-0.034Q^2 \qquad (1)$$

式中，Q 单位为 m^3/h。

从水槽液面开始，沿整个循环管路即从面 $1-1'$ 到 $1-1'$ 列机械能衡算方程，得管路特性方程为

$$h_e=w_f=BQ^2$$

将工作点 $Q=14.34\text{m}^3/\text{h}$, $h_e=H=15.04\text{m}$ 代入上式得阀门全开时，

$$B=0.073$$

于是，阀门全开时管路特性曲线方程为

$$h_e=0.073Q^2 \qquad (2)$$

式中，Q 单位为 m^3/h。

① 关小阀门使 $Q'=90\%Q=90\%\times14.34=12.91\text{m}^3/\text{h}$，此时，泵特性曲线方程式(1)不变，因此，将 Q' 代入式(1)得阀门关小时的新工作点的纵坐标。

$$H'=22-0.034\times12.91^2=16.33\text{m}$$

关小阀门时，
$H'=16.33\text{m}$，
$Q'=12.91\text{m}^3/\text{h}$，
$N_e'=0.57\text{kW}$。

于是，关小阀门时泵的有效功率

$$N_e'=H'\rho Q'g=\frac{16.33\times1000\times12.91\times9.81}{3600}$$

$$=574.5\text{W}\approx0.57\text{kW}$$

② 降低泵的转速时，管路特性方程式(2)不变，故将 $Q'=12.91\text{m}^3/\text{h}$ 代入式(2)得降低转速时的新工作点的纵坐标。

$$h_e''=0.073\times12.91^2=12.17\text{m}$$

于是，降低转速时泵的有效功率

$$N_e'' = h_e'' \rho Q' g = \frac{12.17 \times 1000 \times 12.91 \times 9.81}{3600}$$

$$= 428.1\text{W} \approx 0.43\text{kW}$$

新转速下泵的特性曲线方程推导如下。

根据比例定律,有

$$Q = \frac{n'}{n} Q'' \qquad H = \left(\frac{n'}{n}\right)^2 H'' \qquad (3)$$

降低泵的转速后,$H'' = 12.17\text{m}$,$Q' = 12.91\text{m}^3/\text{h}$,$N_e'' = 0.43\text{kW}$。

将式(3)代入原转速下泵的特性曲线方程式(1)中,化简得

$$H'' = 22\left(\frac{n'}{n}\right)^2 - 0.034(Q')^2 \qquad (4)$$

这就是新的转速下的泵特性曲线方程。将 $Q' = 12.91\text{m}^3/\text{h}$,$H'' = h_e'' = 12.17\text{m}$ 代入上式得

$$\frac{n'}{n} = 90.0\%$$

要使 $Q' = 90\% Q$,则泵的转速需变为原来的 90.0%。

③ 切削叶轮直径时,管路特性曲线方程式(2)不变,此时,新的工作点同ⓑ,仍为 $Q''' = 12.91\text{m}^3/\text{h}$,$H''' = h_e''' = 12.17\text{m}$,故泵的有效功率仍为 0.43kW。

新叶轮直径下泵的特性曲线方程推导如下。

根据切割定律,有

$$Q = Q'''\left(\frac{D}{D'}\right) \qquad H = H'''\left(\frac{D}{D'}\right)^2 \qquad (5)$$

将式(5)代入原转速下泵的特性曲线方程式(1)中得

$$H''' = 22\left(\frac{D'}{D}\right)^2 - 0.034(Q''')^2 \qquad (6)$$

这就是新的叶轮直径下泵特性曲线方程。将 $Q''' = 12.91\text{m}^3/\text{h}$,$H''' = h_e''' = 12.17\text{m}$ 代入上式得

$$\frac{D'}{D} = 90.0\%$$

要使 $Q''' = 90\% Q$,则叶轮直径需变为原来的 90.0%。

将本题计算结果列于表 2-2。

表 2-2 将流量降为原来的 90%时所需泵的有效功率

措施	关小阀门	降低转速	切削叶轮
有效功率/kW	0.57	0.43	0.43

【讨论】本题属于泵的操作型计算问题。

(1) 在计算过程中须注意,无论管路状况还是泵的状况发生了变化,都应确定或求出新的工作点,然后再分析或计算其他量。

(2) 从本题计算结果表 2-2 可见,采用关小出口阀门的方法调节流量需消耗较多的能量,因此,对于需长期改变流量的情形宜采用降低电机转速或切削叶轮直径的方法,或换一台新泵。

(3) 由本题计算结果可知,流量减小为原来的 90%,转速或叶轮直径也减小为原来的 90%。即 $\dfrac{Q'}{Q}=\dfrac{n'}{n}=\dfrac{D'}{D}=90.0\%$,这似乎表明,新旧工作点的流量之比与转速或叶轮直径之比满足比例定律。但须指出的是,这一结论只有在本题情形下(即循环管路系统)才成立,对非循环管路系统,上述结论不成立。证明如下。

一般地,循环管路特性方程可写成
$$h_e = BQ^2$$
设转速 n、n' 下的工作点分别为 (Q, h_e)、(Q', h_e'),由上式可得
$$\frac{h_e}{h_e'} = \left(\frac{Q}{Q'}\right)^2$$

此式恰为比例定律。

若管路系统为非循环系统,则管路特性方程形式为
$$h_e = A + BQ^2$$
显然 $\dfrac{h_e}{h_e'} \neq \left(\dfrac{Q}{Q'}\right)^2$

离心泵的操作型问题定性分析及计算:江面升高对原输送管路的影响。

【例 2-4】如图 2-6 所示,用离心泵将江水送往敞口高位槽,高位槽水面距江面垂直高度为 10m。离心泵的特性曲线方程为 $H = 66 - 4.44 \times 10^{-3} Q^2$($H$ 单位为 m;Q 单位为 m³/h)。当阀门 k 处于 1/4 开度时,$p_A = 34.3$ kPa(表压),送液量 $Q = 36$ m³/h。现将阀门 k 调大到 3/4 开度,测得 $p_A' = 40.7$ kPa(表压)。λ 为定值。

(1) 求阀门 k 处于 3/4 开度时泵的有效功率;
(2) 若江面上涨,试定性分析管路流量变化趋势;
(3) 若江面上涨 2m,求阀门 k 处于 3/4 开度时泵的有效功率。

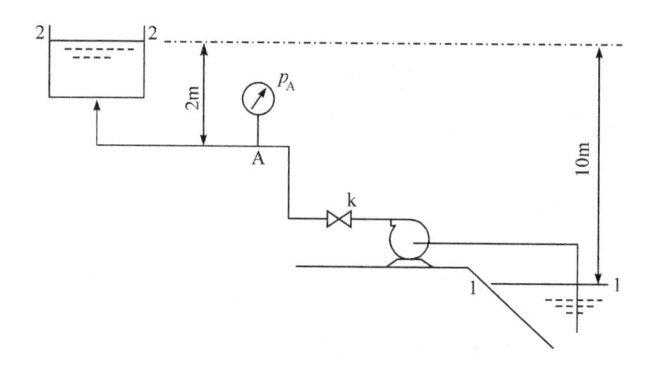

图 2-6 例 2-4 附图

【解】(1) 在点 A 与 2-2 面间列机械能衡算方程：

$$z_A g + \frac{p_A}{\rho} + \frac{u^2}{2} = z_2 g + \frac{p_2}{\rho} + \frac{u_2^2}{2} + \left(\lambda \frac{l+l_e}{d}\right)_{A2} \frac{u^2}{2}$$

将 $u = \dfrac{Q/3600}{\pi d^2/4}$ 代入上式整理得

$$z_A g + \frac{p_A}{\rho} = z_2 g + \frac{p_2}{\rho} + \frac{u_2^2}{2} + \frac{8}{\pi^2 d^4}\left[\left(\lambda \frac{l+l_e}{d}\right)_{A2} - 1\right]\left(\frac{Q}{3600}\right)^2$$

式中，Q 单位为 m^3/h。

记 $B = \dfrac{8}{\pi^2 d^4}\left[\left(\lambda \dfrac{l+l_e}{d}\right)_{A2} - 1\right]\dfrac{1}{3600^2}$，则上式可写成

$$z_A g + \frac{p_A}{\rho} = z_2 g + \frac{p_2}{\rho} + \frac{u_2^2}{2} + BQ^2$$

将 $z_A = 0, z_2 = 2m, p_2 = 0$(表压)，$u_2 \approx 0$ 代入得

$$\frac{p_A}{\rho} = 2g + BQ^2 \tag{1}$$

当阀门 k 处于 1/4 开度时，$p_A = 34.3 \text{kPa} = 3.43 \times 10^4 \text{Pa}$(表压)，$\rho = 1000 \text{kg/m}^3$，$Q = 36 \text{m}^3/\text{h}$，代入式(1)得

$$B = 0.0113$$

于是，式(1)变为

$$\frac{p_A}{\rho} = 2g + 0.0113 Q^2 \tag{2}$$

式中，Q 单位为 m^3/h。

当阀门 k 处于 3/4 开度时，$p_A = 40.7 \text{kPa} = 4.07 \times 10^4 \text{Pa}$

(表压),代入式(2)得
$$Q' = 43.2 \text{m}^3/\text{h}$$

将 Q' 代入泵的特性曲线方程中,得
$$H' = 66 - 4.44 \times 10^{-3} \times 43.2^2 = 57.7 \text{m}$$

于是,有效功率
$$N'_e = H'\rho Q' g = \frac{57.7 \times 1000 \times 43.2 \times 9.81}{3600}$$
$$= 6792 \text{W} \approx 6.79 \text{kW}$$

当阀门 k 处于 3/4 开度时,
$Q' = 43.2 \text{m}^3/\text{h}$,
$H' = 57.7 \text{m}$,
$N'_e = 6.79 \text{kW}$。

(2) 江面上涨时,泵的特性曲线方程不变,而管路特性曲线方程将发生变化。

1-1 面与 2-2 面间的管路特性曲线方程为
$$h_e = \left(\Delta z + \frac{\Delta p}{\rho g}\right) + B'Q^2 \tag{3}$$

江面上涨时,流量变大,扬程变小。

江面上涨时,B' 不变,Δp 不变,而 Δz 将变小,故管路特性曲线将向下平移(见图 2-7),工作点由 M 点移至 M' 点,可见,流量将变大。

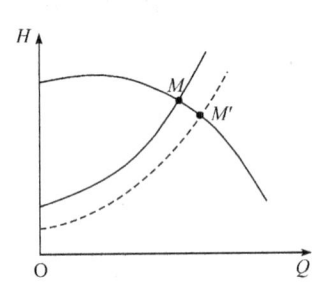

图 2-7 例 2-4 题解附图

(3) 在前面问(1)中已经求得:江面未上涨、阀门 k 处于 3/4 开度时,管路流量为 $43.2 \text{m}^3/\text{h}$,扬程为 57.7m。将 $\Delta z = z_2 - z_1 = 10 \text{m}$,$\Delta p = 0$,以及 $Q = 43.2 \text{m}^3/\text{h}$,$h_e = 57.7 \text{m}$ 代入式(3):
$$57.7 = (10 + 0) + B' \times 43.2^2$$

解之得
$$B' = 0.0256$$

江面上涨 2m 后,仍有 $B' = 0.0256$,此外,$\Delta z = 8 \text{m}$,$\Delta p = 0$,将它们代入式(3)得此时管路特性方程为
$$h''_e = 8 + 0.0256(Q'')^2$$

令 $H'' = h_e''$，将上式与泵的特性曲线方程 $H'' = 66 - 4.44 \times 10^{-3}(Q'')^2$ 联立求解得

$$Q'' = 43.9 \text{ m}^3/\text{h}$$
$$H'' = 66 - 4.44 \times 10^{-3} \times 43.9^2 = 57.4 \text{ m}$$

于是，

$$N_e'' = H'' \rho Q'' g = \frac{57.4 \times 1000 \times 43.9 \times 9.81}{3600}$$
$$= 6867 \text{ W} \approx 6.87 \text{ kW}$$

江面上涨 2m 后，流量由 43.2 m³/h 增大为 43.9 m³/h，扬程由 57.7m 减小为 57.4m，有效功率由 6.79 kW 增大为 6.87kW。与问(2)的定性分析结果一致。

【讨论】本题属于泵的操作型问题。

本题目的在于讨论液位变化对泵的工作点的影响。液位变化，将使管路特性方程改变，而泵特性曲线方程不变。

【例 2-5】如图 2-8 所示，用一离心泵将敞口水池中的常温水送至远处的敞口贮池中。两池水面高度差可不计，输送管道为内径 100mm 的钢管。调节阀全开时，管路总长为 100m(包括所有局部阻力的当量长度在内)，估计管路摩擦因数 $\lambda = 0.03$。离心泵的特性曲线方程为 $H = 20 - 5.5 \times 10^{-4} Q^2$ (H 单位为 m；Q 单位为 m³/h)。当调节阀全开时，求

离心泵操作型问题定性分析及计算：相同型号的泵的串、并联操作

(1) 单独使用此泵，管路中的流量(单位为 m³/h)；
(2) 将两台这样的泵串联，管路中的流量增加的百分数。
(3) 将两台这样的泵并联，管路中的流量增加的百分数。

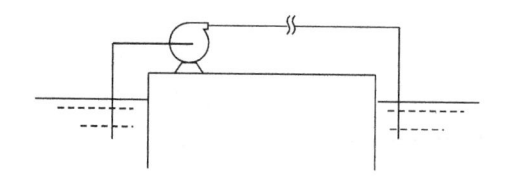

图 2-8 例 2-5 附图

【解】在两池水面间列机械能衡算方程得管路特性方程为

$$h_e = \Delta z + \frac{\Delta p}{\rho g} + \frac{8\lambda \sum l}{\pi^2 d^5 g}\left(\frac{Q}{3600}\right)^2 \quad (Q \text{ 单位为 m}^3/\text{h})$$

将 $\Delta z = 0$，$\Delta p = 0$，$\lambda = 0.03$，$\sum l = 100\text{m}$，$d = 0.1\text{m}$ 代入上式并整理得

$$h_e = 1.91 \times 10^{-3} Q^2 \tag{1}$$

使用单台泵时,管路流量 $Q_{单} = 90.2\text{m}^3/\text{h}$。

(1) 用单台泵时

令 $H=h_e$,联立式(1)及泵的特性曲线方程 $H=20-5.5\times10^{-4}Q^2$ 求解,可得此时管路流量

$$Q_{单}=90.2\text{m}^3/\text{h}$$

(2) 两台泵串联工作时

两台相同型号的泵串联后,泵组的特性曲线方程可通过单台泵的特性曲线方程求得,即将 $Q=Q_{串}$,$H=H_{串}/2$ 代入单台泵的特性曲线方程中,得

$$\frac{H_{串}}{2}=20-5.5\times10^{-4}Q_{串}^2$$

即

$$H_{串}=40-1.1\times10^{-3}Q_{串}^2 \quad (2)$$

两台相同型号泵串联时,管路流量 $Q_{串}=115.3\text{m}^3/\text{h}$,比单台泵时增加了 27.8%。

令 $H_{串}=h_e$,联立式(1)、(2)求得此时管路中的流量

$$Q_{串}=115.3\text{m}^3/\text{h}$$

与单台泵相比,流量增加的百分数为

$$\frac{Q_{串}-Q_{单}}{Q_{单}}=\frac{115.3-90.2}{90.2}\times100\%=27.8\%$$

(3) 两台泵并联工作时

两台相同型号的泵并联后,泵组的特性曲线方程可通过单台泵的特性曲线方程求得,即将 $H=H_{并}$,$Q=Q_{并}/2$ 代入单台泵的特性曲线方程中,得

$$H_{并}=20-5.5\times10^{-4}\left(\frac{Q_{并}}{2}\right)^2=20-1.375\times10^{-4}Q_{并}^2 \quad (3)$$

两台相同型号泵并联时,管路流量 $Q_{并}=98.8\text{m}^3/\text{h}$,比单台泵时增加了 9.5%。

令 $H_{并}=h_e$,联立式(1)、(3)求得此时管路中的流量

$$Q_{并}=98.8\text{m}^3/\text{h}$$

与单台泵相比,流量增加的百分数为

$$\frac{Q_{并}-Q_{单}}{Q_{单}}=\frac{98.8-90.2}{90.2}\times100\%=9.5\%$$

【讨论】从计算结果可以看出:

(1) 两台相同型号的泵并联操作时,管路中的流量并不是单台泵操作时的两倍。

(2) 泵串联与泵并联相比,前者流量增加的程度大,这说明,在本题情况下,泵串联工作比并联工作能较大地提高管路中的流量。这是为什么呢?

一般地,对于高阻力管路,串联操作时的流量大于并联操

作;对于低阻力管路,并联操作时的流量大于串联操作。

具体地说,设串联泵组与并联泵组特性曲线的交点为 R(如图 2-9 所示),管路特性曲线与纵轴的交点为 A。在供、需液处的势能差恒定的情况下(即点 A 不变),如果以 AR 线为分界线,位于 AR 之上的管路特性曲线为高阻力管路。由图可见,此时采用泵串联操作比并联操作可获得较大的流量,本题即属于这种情况。反之,管路特性曲线位于 AR 之下的属于低阻力管路,则采用泵并联操作可获得较大的流量。

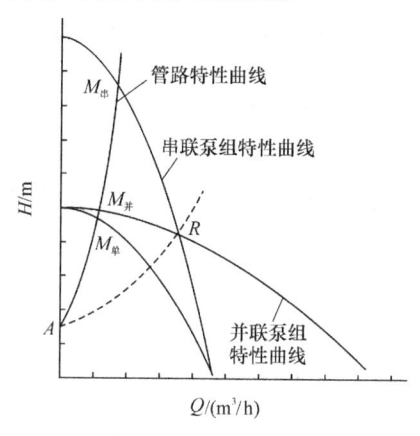

图 2-9 例 2-5 题解附图

（3）必须指出,对于要求高扬程或大流量的场合,通常选用一台高扬程的泵或一台大型泵,而不是采用泵的串、并联,这是因为泵组的效率常常低于单台泵的效率,因而采用泵的串、并联操作是不经济的。只有在流量与扬程经常变化且变化幅度较大的场合可考虑采用泵的串、并联。

【例 2-6】有两台不同型号的离心泵,其特性曲线方程分别为 $H_1 = 37.2 - 0.0083Q^2$ 和 $H_2 = 40 - 0.07Q^2$（H 单位为 m;Q 单位为 m^3/h）。在出口调节阀半开和全开时,管路特性曲线方程分别为 $h_{e1} = 10 + 0.0897Q^2$ 和 $h_{e2} = 10 + 0.035Q^2$。（h_e 单位为 m;Q 单位为 m^3/h）

（1）将两泵串联后在管路系统中输水。试求出口调节阀半开和全开时管内的流量。

（2）若将出口调节阀逐渐开大至全开,试分析会发生什么现象。

离心泵操作型问题定性分析及计算:不同型号泵的串、并联操作。

【解】(1) 两台不同型号的泵串联后，泵组的特性曲线方程为

$$H = H_1 + H_2$$
$$= (37.2 - 0.0083Q^2) + (40 - 0.07Q^2)$$
$$= 77.2 - 0.0783Q^2 \tag{1}$$

出口调节阀半开时，管路特性曲线方程为

$$h_{e1} = 10 + 0.0897Q^2 \tag{2}$$

令 $H = h_{e1}$，联立式(1)、(2)可求得此时管路中的流量

$$Q = 20 \text{m}^3/\text{h}$$

出口调节阀全开时，管路特性曲线方程为

$$h_{e2} = 10 + 0.035Q^2 \tag{3}$$

令 $H = h_{e2}$，联立式(1)、(3)可求得此时管路中的流量

$$Q = 24.4 \text{m}^3/\text{h}$$

（旁注）出口调节阀半开时，管路中的流量 $Q=20\text{m}^3/\text{h}$。

出口调节阀全开时，管路中的流量 $Q=24.4\text{m}^3/\text{h}$。

(2) 为便于分析，将每台泵以及串联泵组 $H\text{-}Q$ 曲线绘于图 2-10 中。

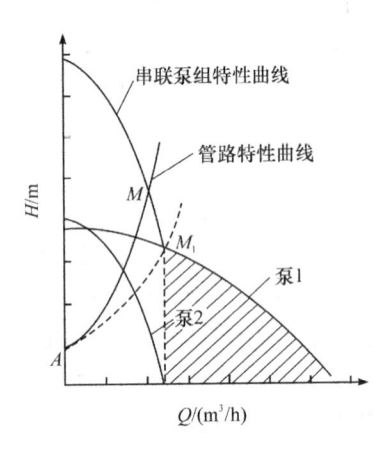

图 2-10 例 2-6 题解附图

将出口调节阀逐渐开大，管路特性曲线在纵轴上的截距不变，但曲线逐渐变平坦。当出口阀开大到某一程度时，管路特性曲线通过泵组特性曲线与泵 1 特性曲线的交点为 M_1，如图 2-10 中虚线所示。此时，泵 2 的扬程减为零，表明泵 2 提供的能量全部用于克服泵 2 内流体的各种阻力损失，而泵 2 内的流体未获得任何有效能量。如果出口阀继续开大直至全开，管路特性曲线将通过图 2-10 中的阴影部分，这时泵 2 向流体提供的能量不足以克服流体经过泵 2 时的各种阻力损失，尚需外界

（旁注）将两台不同型号的泵串联，当逐渐开大出口调节阀时，可能会出现其中一台泵失去增能作用，而变成管路中的一个阻力管件。

向泵 2 供能,此时表明泵 2 在管路中不是能量的提供者而是能量的消耗者,若泵 2 作为串联泵组的第一级而安装在泵 1 的前面则会增大泵 1 的吸入管路阻力,严重时可能导致泵 1 产生汽蚀。

【讨论】 由于不同型号的泵串、并联操作时很难同时使两台泵都处在高效区内工作,因此,当需要泵组操作时,通常采用相同型号规格的泵。

【例 2-7】 如图 2-11 所示,用离心泵将贮水池中 20℃ 水经总管及 A、B 两支管送至敞口槽中。贮水池与敞口槽水面高度差可不计。吸入管路总长 3m(包括所有局部阻力的当量长度在内,下同),出口管线总管段长为 7m,A 支路管长为 20m,B 支路管长为 25m,管子均为 $\phi88.5\text{mm} \times 4\text{mm}$,估计摩擦因数为 0.03,泵的特性曲线方程为 $H=58-0.00444Q^2$,H 单位为 m,Q 单位为 m^3/h。

离心泵操作型问题计算及定性分析:阀门开度对复杂管路的影响。

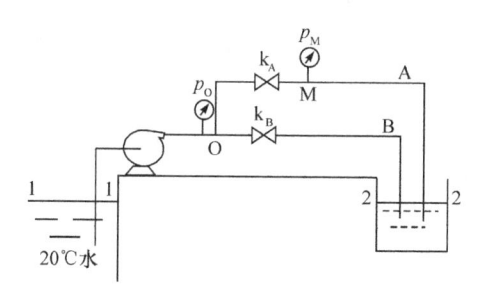

图 2-11 例 2-7 附图

(1) 试求总管、两支管中的流量;
(2) 现将阀门 k_A 关小,其他条件不变,试分析总管、A、B 两支管流量、压力表读数 p_O、p_M 的变化情况。

【解】(1) 若求总管、两支管中的流量,须求解工作点,为此,首先应找到管路特性方程。

复杂管路的管路特性方程的求法

沿支路 A,在贮水池液面 1-1 与敞口槽液面 2-2 间列机械能衡算方程得

$$h_{e1} = \Delta z + \frac{\Delta p}{\rho g} + \frac{8\lambda (\sum l)_{1\text{-}O}}{\pi^2 d^5 g}\left(\frac{Q_{1\text{-}O}}{3600}\right)^2 + \frac{8\lambda (\sum l)_{O\text{-}A\text{-}2}}{\pi^2 d^5 g}\left(\frac{Q_A}{3600}\right)^2$$

由题意可知，$\Delta z=0$，$\Delta p=0$，故上式变为

$$h_{e1} = \frac{8\lambda(\sum l)_{1\text{-}O}}{\pi^2 d^5 g}\left(\frac{Q_{1\text{-}O}}{3600}\right)^2 + \frac{8\lambda(\sum l)_{O\text{-}A\text{-}2}}{\pi^2 d^5 g}\left(\frac{Q_A}{3600}\right)^2 \quad (1)$$

这就是沿支路 A 的管路特性方程。

将 $\lambda=0.03$，$(\sum l)_{1\text{-}O}=3+7=10\text{m}$，$d=0.0805\text{m}$，$(\sum l)_{O\text{-}A\text{-}2}=20\text{m}$ 代入式(1)并整理得

$$h_{e1}=5.66\times10^{-4}Q_{1\text{-}O}^2+1.13\times10^{-3}Q_A^2 \quad (2)$$

式中，流量的单位均为 m^3/h。

沿支路 B，在贮水池液面 1－1 与敞口槽液面 2－2 间列机械能衡算式，并注意 $\Delta z=0$，$\Delta p=0$，得

$$h_{e2} = \frac{8\lambda(\sum l)_{1\text{-}O}}{\pi^2 d^5 g}\left(\frac{Q_{1\text{-}O}}{3600}\right)^2 + \frac{8\lambda(\sum l)_{O\text{-}B\text{-}2}}{\pi^2 d^5 g}\left(\frac{Q_B}{3600}\right)^2 \quad (3)$$

这就是沿支路 B 的管路特性方程。

将 $\lambda=0.03$，$(\sum l)_{1\text{-}O}=10\text{m}$，$d=0.0805$，$(\sum l)_{O\text{-}3}=25\text{m}$ 代入上式并整理得

$$h_{e2}=5.66\times10^{-4}Q_{1\text{-}O}^2+1.42\times10^{-3}Q_B^2 \quad (4)$$

在工作点处，有 $h_{e1}=h_{e2}$。联立解式(2)、(4)，得

$$Q_A=1.12Q_B \quad (5)$$

又由质量衡算可知

$$Q_{1\text{-}O}=Q_A+Q_B \quad (6)$$

将式(5)代入式(6)得

$$Q_B=0.47Q_{1\text{-}O} \quad (7)$$

将式(7)代入式(4)得

$$h_{e2}=8.80\times10^{-4}Q_{1\text{-}O}^2 \quad (8)$$

式(8)是沿支路 B 的管路特性方程，与泵特性曲线方程 $H=58-0.00444Q^2$ 联立求解，并令 $h_{e2}=H$，$Q_{1\text{-}O}=Q$，得

$$Q_{1\text{-}O}=104.4\text{m}^3/\text{h}$$

$Q_{1\text{-}O}=104.4\text{m}^3/\text{h}$

$Q_B=49.1\text{m}^3/\text{h}$

$Q_A=55.3\text{m}^3/\text{h}$

代入式(7)得

$$Q_B=0.47\times104.4=49.1\text{m}^3/\text{h}$$

代入式(6)得

$$Q_A=Q_{1\text{-}O}-Q_B=55.3\text{m}^3/\text{h}$$

(2) 要分析阀门 k_A 关小后，总管、两支管上流量、压力表读

数 p_O、p_M 的变化情况,应首先判断工作点的变化情况。

令

$$B_{1\text{-}O} = \frac{8\lambda(\sum l)_{1\text{-}O}}{\pi^2 d^5 g}\left(\frac{1}{3600}\right)^2$$

$$B_A = \frac{8\lambda(\sum l)_{O\text{-}A\text{-}2}}{\pi^2 d^5 g}\left(\frac{1}{3600}\right)^2$$

$$B_B = \frac{8\lambda(\sum l)_{O\text{-}B\text{-}2}}{\pi^2 d^5 g}\left(\frac{1}{3600}\right)^2$$

则可将式(1)、(3)记作如下形式:

$$h_{e1} = B_{1\text{-}O} Q_{1\text{-}O}^2 + B_A Q_A^2 \tag{9}$$

$$h_{e2} = B_{1\text{-}O} Q_{1\text{-}O}^2 + B_B Q_B^2 \tag{10}$$

式中,$B_{1\text{-}O}$、B_A、B_B 与管长、管径、摩擦因数、阻力系数有关,称作管路阻力特性系数。

在工作点处,有 $h_{e1} = h_{e2}$。联立求解式(9)、(10)得

$$Q_A = \sqrt{\frac{B_B}{B_A}} Q_B \equiv a Q_B$$

式中,$a = \sqrt{\dfrac{B_B}{B_A}}$。

代入质量衡算式 $Q_{1\text{-}O} = Q_A + Q_B$ 中,得

$$Q_B = \frac{1}{a+1} Q_{1\text{-}O} \tag{11}$$

$$Q_A = \frac{a}{a+1} Q_{1\text{-}O} \tag{12}$$

将式(11)代入式(10)中,得

$$h_{e2} = \left[B_{1\text{-}O} + \left(\frac{1}{a+1}\right)^2 B_B\right] Q_{1\text{-}O}^2 \tag{13}$$

当阀门 k_A 关小时,泵的特性曲线不变,B_B 不变,而 $(\sum l)_{O\text{-}A\text{-}2} \uparrow$,即 $B_A \uparrow$,于是 $a = \sqrt{\dfrac{B_B}{B_A}} \downarrow$,式(13)中的 $\left[B_{1\text{-}O} + \left(\dfrac{1}{a+1}\right)^2 B_B\right]$ 随 a 的减小而增大,故管路特性曲线变陡,工作点由点 D 左移至点 D'(见图 2-12),所以总管流量 $Q_{1\text{-}O}$ 将变小,扬程 $H = h_e$ 将变大。又由式(12)可知,Q_A 将变小。

当阀门 k_A 关小时,总管流量 $Q_{1\text{-}O}$、支路 A 流量 Q_A 将变小。

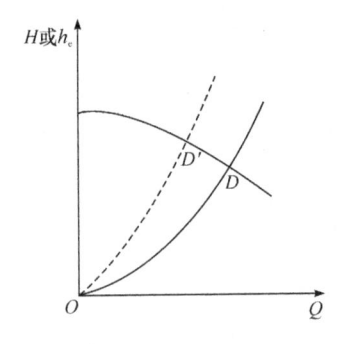

图 2-12 例 2-7 题解附图

下面先分析 p_O 的变化,然后再分析 Q_B 的变化。

在 1-1 面至分叉点 O 间列机械能衡算方程得 1-O 段的管路特性方程如下。

$$h_e = z_O + \frac{p_O}{\rho g} + B_{1\text{-}O} Q_{1\text{-}O}^2$$

由前面的分析可知,当阀门 k_A 关小时,$Q_{1\text{-}O}$ 变小、h_e 变大,而 $B_{1\text{-}O}$ 不变,故 p_O 将变大。

沿 B 支路,在点 O 与 2-2 面间列机械能衡算得

$$z_O + \frac{p_O}{\rho g} + \frac{u_O^2}{2g} = z_2 + \frac{p_2}{\rho g} + \frac{u_{\text{出}}^2}{2g} + B'_B Q_B^2$$

式中,$\frac{u_{\text{出}}^2}{2g}$ 为管出口阻力损失;$B'_B Q_B^2$ 中不包括出口阻力损失在内。

当阀门 k_A 关小时,上式中 p_2、B'_B 不变,$u_O = u_{\text{出}}$,而 p_O 变大,故 Q_B 变大。

由点 M 至面 2-2 间的机械能衡算得

当阀门 k_A 关小时,p_O 将变大;Q_B 将变大;p_M 将变小。

$$z_M + \frac{p_M}{\rho g} + \frac{u_M^2}{2g} = z_2 + \frac{p_2}{\rho g} + \frac{u_{\text{出}}^2}{2g} + B_{M2} Q_A^2$$

当阀门 k_A 关小时,式中,z_O、z_2、z_M、p_2、B_{M2} 不变,$u_M = u_{\text{出}}$,而 Q_A 变小,故 p_M 变小。

附例 1-13 结论:若某一局部阻力变小(如阀门开大或增加一支路),则其上、下游流量均增大,上游压力变小,下游压力增大。

【讨论】本题属离心泵操作型问题。

由本题分析结果可见,当 A 支路上的阀门 k_A 关小后,该支路的流量 $Q_A \downarrow$、总管流量 $Q_{1\text{-}O} \downarrow$、阀门前压力 $p_O \uparrow$、阀门后压力 $p_M \downarrow$,即阀门 k_A 的上游流量减小、压力增大,这与第一章例 1-13 的结论相一致。这一规律具有普遍性。

【例 2-8】 用一台离心泵将某有机液体由罐送至敞口高位槽。泵安装在地面上,罐与高位槽的相对位置如图 2-13 所示。吸入管道中全部压头损失为 1.5m 水柱,泵的输出管道的全部压头损失为 17m 水柱,要求输送量为 55m³/h。泵的铭牌上标有:流量 60m³/h,扬程 33m,允许汽蚀余量 4m,试问该泵能否完成输送任务?

已知罐中液体的密度为 850 kg/m³,饱和蒸气压为 72.12kPa。

> 离心泵的安装高度

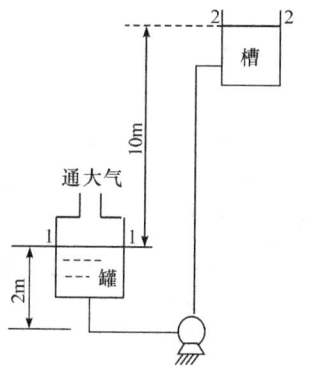

图 2-13 例 2-8 附图

【解】 在 1-1 面与 2-2 面间列机械能衡算方程,可得为完成输送任务管路所需的压头

$$h_e = (z_2 - z_1) + \frac{p_2 - p_1}{\rho g} + \frac{\Delta u^2}{2g} + h_{f吸入} + h_{f压出}$$

式中,$z_2 - z_1 = 10$m,$p_2 - p_1 = 0$,$\Delta u^2 = 0$,$h_{f吸入} + h_{f压出} = (1.5 + 17)$m 水柱 $= (1.5 + 17)\frac{\rho_水}{\rho} = (1.5 + 17) \times \frac{1000}{850}$m 液柱 $= 21.76$m 液柱,代入上式得

$$h_e = 10 + 21.76 = 31.76\text{m} < 33\text{m}$$

> 管路所需压头为 31.76m。

由此可见,泵的铭牌上标的流量、扬程大于管路所需流量、扬程,故该泵能满足输送要求。

下面校核安装高度。

允许安装高度

$$[Z] = \frac{p_1 - p_v}{\rho g} - [\Delta h] - h_{f吸入}$$

$$= \frac{1.013 \times 10^5 - 72.12 \times 10^3}{850 \times 9.81} - 4 - 1.5 \times \frac{1000}{850}$$

$$= -2.27\text{m}$$

> 允许安装高度为 −2.27m。

而实际安装高度 $Z_{实际} = -2.0$m,可见,$Z_{实际} > [Z]$,故该泵将发生汽蚀现象而无法完成输送任务。

> 该泵因发生汽蚀而无法完成输送任务。

【讨论】 本题讨论的是离心泵安装高度问题。这是泵的使用过程中一个非常重要的问题。

离心泵允许汽蚀余量是生产厂家用 20℃清水作为工作介质测定出来的,将它用于其他液体时,一般也不必校正,因为当流量一定且进入阻力平方区(通常情况下此条件可基本得到满

往复泵的有关计算

【例 2-9】现采用一台柱塞式往复泵,由敞口水池向塔内输送 30℃水(见图 2-14),水池水面维持恒定,且比泵的入口低 3m。塔内压强 $p=100\text{kPa}$(表压),点 2 处压力比塔内压力高 1kPa。管径为 $\phi 48\text{mm}\times 3.5\text{mm}$,在泵的进出口之间设有旁路,吸入管路压头损失为 4m 水柱,当旁路阀门 k 全关时压出管路主管线 O-2 段的总压头损失为 50m 水柱,BO 段压头损失不计,摩擦因数可视为常数。

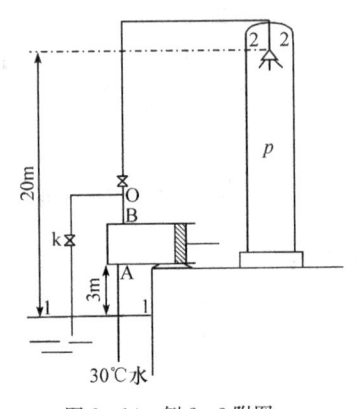

图 2-14 例 2-9 附图

(1) 已知往复泵排水量为 10m³/h,试核算往复泵的安装高度是否合适,若合适则求旁路阀门 k 全关时往复泵的有效功率。

(2) 现调节旁路阀门 k,使 O-2 段流量与旁路流量相等,试求此时往复泵的有效功率和旁路的阻力特性系数(阻力特性系数含义参见例 2-7 中的系数 B 的定义)。

已知 30℃水的密度为 995.7kg/m³,饱和蒸汽压 $p_v=4242\text{Pa}$。

【解】(1) 吸入管路流速

$$u=\frac{10/3600}{\frac{1}{4}\pi\times 0.041^2}=2.1\text{m/s}$$

当泵内刚好发生汽蚀时,在面 1-1 与点 A 间列机械能衡算方程可得往复泵的最大安装高度

$$Z_{\max}=z_1+\frac{p_1}{\rho g}+\frac{u_1^2}{2g}-\left(\frac{p_A}{\rho g}+\frac{u_A^2}{2g}+h_{f\text{1-A}}\right)$$

将 $z_1=0$, $p_1=101300\text{Pa}$, $u_1=0$, $\rho=995.7\text{kg/m}^3$, $p_A=p_v=4242\text{Pa}$, $u_A=u=2.1\text{m/s}$, $h_{f1\text{-}A}=4\text{m}$ 代入上式计算得

$$Z_{\max}=5.71\text{m}$$

而实际安装高度为 3m，可见不会发生汽蚀，安装高度合适。

最大安装高度为 5.71m，大于实际安装高度，故安装高度合适。

当旁路阀门 k 全关时，在 1—1 面与 2—2 面间列机械能衡算方程：

$$z_1+\frac{p_1}{\rho g}+\frac{u_1^2}{2g}+h_e=z_2+\frac{p_2}{\rho g}+\frac{u_2^2}{2g}+h_{f1\text{-}A}+h_{fO\text{-}2}$$

将 $z_1=0$, $p_1=0$(表压), $u_1\approx 0$, $\rho=995.7\text{kg/m}^3$, $z_2=20\text{m}$, $p_2=(100+1)\times 10^3=101000\text{Pa}$, $u_2=u=2.1\text{m/s}$, $h_{f1\text{-}A}+h_{fO\text{-}2}=4+50=54\text{m}$，代入上式得

$$0+0+0+h_e=20+\frac{101000}{995.7\times 9.81}+\frac{2.1^2}{2\times 9.81}+54$$

解之得

$$h_e=84.6\text{m}$$

故有效功率

$$N_e=h_e\rho Qg=\frac{84.6\times 995.7\times 10\times 9.81}{3600}$$

$$=2295.4\text{W}\approx 2.30\text{kW}$$

这就是旁路阀门 k 全关时泵的有效功率。

旁路阀门 k 全关时 $h_e=84.6\text{m}$ $N_e=2.30\text{kW}$

(2) 调节旁路阀门 k

由往复泵特性可知，调节旁路阀门时，往复泵的特性曲线方程不变，而管路特性曲线方程将发生变化，工作点也将随之发生变化，但泵的排水量不变(见图 2-15)，即

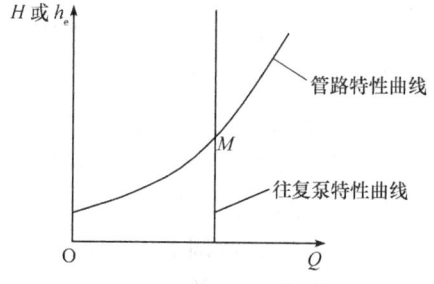

图 2-15 例 2-9 题解附图

$$Q'=Q=Q'_{O\text{-}2}+Q'_{Ok\text{-}1}=10\text{m}^3/\text{h}$$

根据已知条件可知，$Q'_{O\text{-}2}=Q'_{Ok\text{-}1}$，代入上式得

$$Q'_{O-2} = Q'_{O-k-1} = 5 \text{m}^3/\text{h}$$

因此,O-2 段流速

$$u' = \frac{u}{2} = 1.05 \text{m/s}$$

在 1-1 面与 2-2 面间列机械能衡算方程:

$$h'_e = z_2 + \frac{p_2}{\rho g} + \frac{u'^2_2}{2g} + h'_{f1-A} + h'_{fO-2}$$

将 $z_2 = 20\text{m}$, $p_2 = 101000\text{Pa}$, $\rho = 995.7\text{kg/m}^3$, $u'_2 = u' = 1.05\text{m/s}$, $h'_{f1-A} = h_{f1-A} = 4\text{m}$, $h'_{fO-2} = h_{fO-2}\left(\frac{Q'_{O-2}}{Q_{O-2}}\right)^2 = h_{fO-2}\left(\frac{Q/2}{Q}\right)^2 = 50 \times \left(\frac{1}{2}\right)^2 = 12.5\text{m}$, 代入上式得

$$h'_e = 20 + \frac{101000}{995.7 \times 9.81} + \frac{1.05^2}{2 \times 9.81} + 4 + 12.5$$

解之得

$$h'_e = 46.9\text{m}$$

> 旁路阀门打开后,扬程减小为 $h'_e = 46.9\text{m}$, 有效功率减小为 $N'_e = 1.27\text{kW}$。

故有效功率

$$N'_e = h'_e \rho Q' g = \frac{46.9 \times 995.7 \times 10 \times 9.81}{3600}$$

$$= 1272.5\text{W} \approx 1.27\text{kW}$$

从 1-1 面开始沿旁路至 1-1 面列机械能衡算方程得

$$h'_e = h'_{f1-A} + h'_{fO-k-1} = h'_{f1-A} + BQ'^2_{O-k-1}$$

> 旁路阻力特性系数 $B = 1.716$。

将 $h'_{f1-A} = h_{f1-A} = 4\text{m}$, $h'_e = 46.9\text{m}$, $Q'_{O-k-1} = 5\text{m}^3/\text{h}$ 代入得

$$B = 1.716$$

这就是旁路的阻力特性系数。

【讨论】本题讨论的是往复泵的有关计算。

(1) 往复泵与离心泵一样,也有安装高度的限制。

(2) 往复泵的有效功率的计算与离心泵相同。

(3) 往复泵的流量调节方法与离心泵有异有同。

相同之处:都可以通过改变泵的特性曲线的方法来调节流量,如改变活塞的行程、往复次数等;

不同之处:往复泵不能通过调节出口阀门的方法来改变管路特性曲线,从而达到调节流量的目的,而是必须安装旁路,通过调节旁路阀门来调节流量。

> 离心风机的选型

【例 2-10】如图 2-16 所示,离心式通风机须将 $16500\text{m}^3/\text{h}$ 常

压、20℃空气(密度为 1.205kg/m³)送入加热器加热到 40℃后，再送入一流化床反应器中，然后由反应器上部气体出口处 2 排入气体回收装置。已测得反应器气体出口处 2 压力为 500Pa（表压），温度也为 40℃，加热器阻力损失为 $50Q^2$，单位 Pa；管道和反应器总阻力损失为 $97.5Q^2$，单位为 Pa；其中，Q 为常压、20℃状态下的风量；管内径 $d=0.55$m。

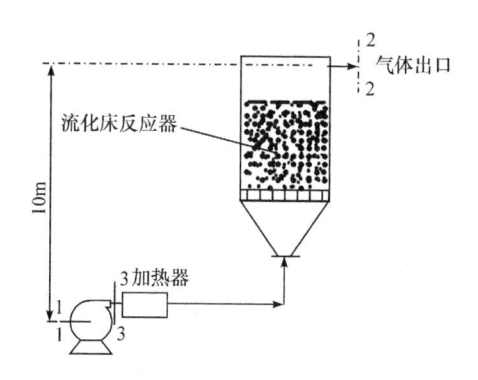

图 2-16 例 2-10 附图

（1）试在下表中选择一适宜的风机。

表 2-3

风机	风量/(m³/h)	风压/Pa	效率%
A	17100	4023	91
B	16900	3805	92

（2）设所选定风机在输送范围内的特性曲线方程为
$$p_{t0}=1136.0+1137.9Q-111.6Q^2$$
式中，Q 为风量，单位为 m³/s；p_{t0} 为标准风压，单位为 Pa。求风机实际风量、风压及有效功率。

（3）已选定的风机在转速不变的情况下，能否置于加热器之后？

【解】（1）要选择风机，必须根据风机进口处风量和标准风压（20℃、常压下）值来选定。

风机进口处空气密度为 $\rho_1=1.205$kg/m³，反应器上部气体出口处 2 的空气密度为

$$\rho_2=\frac{p_2 M}{RT_2}=\frac{(101300+500)\times 29}{8314\times 313}=1.134 \text{kg/m}^3$$

可见，空气密度变化不大，系统平均密度可取为

$$\rho = \frac{\rho_1 + \rho_2}{2} = \frac{1.205 + 1.134}{2} = 1.17 \text{kg/m}^3$$

将空气近似视为不可压缩流体，在风机进口 1-1 面与反应器出口 2-2 面间列机械能衡算方程得

$$\rho g z_1 + p_1 + \frac{u_1^2}{2}\rho + p_t = \rho g z_2 + p_2 + \frac{u_2^2}{2}\rho + 50Q^2 + 97.5Q^2$$

将 $p_1 = 0$（表压），$z_1 = 0$（基准面），$u_1 \approx 0$，$z_2 = 10$m，$p_2 = 500$Pa（表压），$u_2 = \dfrac{4Q_2}{\pi d^2}$，$\rho = 1.17$ kg/m^3，$d = 0.55$m 代入上式得

$$p_t = 1.17 \times 9.81 \times 10 + 500 + \frac{8Q_2^2 \times 1.17}{\pi^2 \times 0.55^4} + 147.5Q^2$$

$$= 614.8 + 10.37Q_2^2 + 147.5Q^2$$

将 $Q_2 = \dfrac{T_2 p_1(绝压)}{T_1 p_2(绝压)}Q = \dfrac{313 \times 101300}{293 \times (101300 + 500)}Q = 1.063Q$ 代入上式得

$$p_t = 614.8 + 159.2Q^2 \tag{1}$$

式中，Q 为 20℃、常压下的值，单位为 m^3/s。

式(1)即为管路特性曲线方程。

因为此时风机进口状态为 20℃、常压，故式(1)中的 p_t 就是 p_{t0}，于是将式(1)改写为

$$p_{t0} = 614.8 + 159.2Q^2 \tag{2}$$

将 $Q = 16500$ m^3/h $= 4.58$ m^3/s 代入式(2)得

$$p_{t0} = 3954 \text{Pa}$$

当风量为 16500 m³/h 时，管路所需风压为 3954Pa。

由风量 16500 m^3/h 和标准风压 3954Pa，对照表 2-3 可见，风机 A 合用，风机 B 因风压过小而不能用。

风机 A 适用

(2) 要求取风机实际风量、风压及有效功率，需求解风机工作点。

风机特性曲线方程为

$$p_{t0} = 1136.0 + 1137.9Q - 111.6Q^2 \tag{3}$$

联立求解式(2)、(3)得实际风量和风压为

实际风量为 16632 m³/h，实际风压为 4013Pa，有效功率为 18.5kW。

$$Q = 4.62 \text{m}^3/\text{s} = 16632 \text{m}^3/\text{h}$$

$$p_t = p_{t0} = 4013 \text{Pa}$$

于是 $N_e = p_t Q = 4013 \times 4.62 = 18540$ W ≈ 18.5 kW

(3) 风机 A 在转速不变的情况下能否置于加热器之后(见图 2-17)，要视风机提供的风量、风压能否满足管路所需。

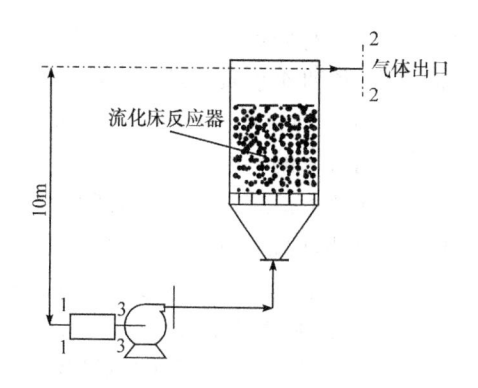

图 2-17 例 2-10 题解附图

风机置于加热器后,管路特性曲线方程仍为式(1)。将常压、20℃下的 $Q=16500\ m^3/h=4.58m^3/s$ 代入式(1),仍有 $p_t=3954Pa$。这就是将风机 A 置于加热器后面时,管路所需的风压。

但须指出的是,将风机 A 置于加热器后面时,风机实际进口状态变为 40℃、压力 p_3,故应将常压、20℃下的 $Q=16500\ m^3/h=4.58m^3/s$ 换算为风机实际进口状态(40℃、压力 p_3)下的值。此外,管路所需的风压 $p_t=3954Pa$ 中的 p_t 是实际风压,也需将其校正为标准风压。

换算公式为

$$Q'=\frac{T_3 p_1}{T_1 p_3}Q \qquad p_{t0}=\frac{1.2}{\rho_3}p_t \qquad (4)$$

其中, $p_1=101300Pa$(绝压)

$p_3=p_1+50Q^2=101300+50\times 4.58^2=102349Pa$(绝压)

$T_3=313K, T_1=293K$

$$\rho_3=\frac{p_3 M}{RT_3}=\frac{102349\times 29}{8314\times(40+273)}=1.14kg/m^3$$

代入式(4)得

$$Q'=\frac{313\times 101300}{293\times 102349}\times 16500=17446m^3/h$$

$$p_{t0}=\frac{1.2}{1.14}\times 3954=4162Pa$$

这就是风机 A 置于加热器后面时,风机入口处的风量和管

> 风机的风量是指进口处风量;风机风压分为标准风压和实际风压;选风机时应根据标准风压。

> 风机置于加热器后面时,风机进口处风量为 17446m³/h,管路所需的标准风压为 4162Pa。

风机 A 不能置于加热器后。

路所需的标准风压。对照表 2-3 可见,风机 A 无法满足管路风量、风压的需求,故风机不可置于加热器后。

【讨论】本题是关于气体输送机械的选型计算。

离心风机与离心泵的异同如下:

(1) 风机的风量是指进口处风量;风机风压分为标准风压和实际风压,选风机时应根据标准风压而不是实际风压值。

(2) 风机输送气体问题的分析与计算方法与离心泵的完全相同,即首先确定管路特性方程 p_{t0}-Q 及风机特性方程 p_{t0}-Q,然后联立两方程求解得到工作点处的风量和标准全风压。值得注意的是,管路特性方程(曲线)中的 Q 应为风机进口状态下的值。

(3) 风机置于加热器前与置于加热器后相比,风机特性曲线方程不变,而管路特性方程因风机进口状态变化而变化。

相比之下,离心泵置于加热器前后时,若不考虑液体黏度的变化,管路特性方程则不变。

不稳态输送

【例 2-11】用一离心泵将敞口贮罐 A 中的常温水送至远处的敞口贮罐 B 中,两贮罐初始液面高度标于图 2-18 中,输送管道 $\phi 48mm \times 3.5mm$。调节阀全开时,管路总长为 20m(包括所有局部阻力的当量长度在内),估计管路摩擦因数 $\lambda=0.03$;离心泵的特性方程为 $H=8.1-0.06Q^2$(H 单位为 m;Q 单位为 m^3/h)。当调节阀全开时,求贮罐 A 液面下降 1m 所需的时间。

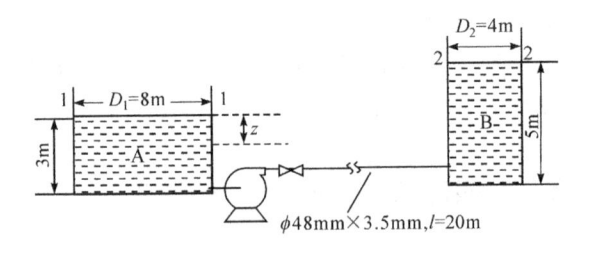

图 2-18 例 2-11 附图

【解】设经过时间 t 后,贮罐 A 中的液面下降高度为 z(单位为 m),根据质量守恒定律,有

$$\text{贮罐 B 中液面上升的高度} = \frac{\pi D_1^2 z/4}{\pi D_2^2/4}$$

$$= \left(\frac{D_1}{D_2}\right)^2 z = \left(\frac{8}{4}\right)^2 z = 4z$$

于是,两贮罐液高度差为

$$z_2 - z_1 = (5+4z) - (3-z) = 2+5z \quad (1)$$

在贮罐 A 液面下降过程中,输送管路内的流动属非稳态流动。假设贮罐液位变化很缓慢,上述非稳态流动就可近视当作稳态流动来处理。故可在某一时刻 t 对两贮罐应用机械能衡算方程:

$$z_1 + \frac{p_1}{\rho g} + \frac{u_1^2}{2g} + h_e = z_2 + \frac{p_2}{\rho g} + \frac{u_2^2}{2g} + \frac{8\lambda l}{\pi^2 d^5 g}\left(\frac{Q}{3600}\right)^2$$

式中,Q 单位为 m³/h。

将 $p_1 \approx p_2 = 0$(表压),$u_1 \approx u_2 \approx 0$,$\lambda = 0.03$,$l = 20\text{m}$,$d = 0.041\text{m}$ 代入上式得

$$h_e = (z_2 - z_1) + \frac{8 \times 0.03 \times 20}{\pi^2 \times 0.041^5 \times 9.81}\left(\frac{Q}{3600}\right)^2$$

将式(1)代入上式得

$$h_e = 2 + 5z + 0.033Q^2 \quad (2)$$

这就是瞬时管路特性曲线方程。令 $H = h_e$,联立求解式(2)与泵特性曲线方程 $H = 8.1 - 0.06Q^2$,可得某一时刻 t 的管内流量

$$Q = 7.33\sqrt{1.22 - z} \quad (3)$$

设从 t 时刻开始,经过时间 $\mathrm{d}t$(单位为 h),A 贮罐液面下降了 $\mathrm{d}z$(单位为 m),由质量守恒定律,有

$$\mathrm{d}z \cdot \frac{1}{4}\pi D_1^2 = Q \cdot \mathrm{d}t$$

将式(3)及 $D_1 = 8\text{m}$ 代入上式,并在 $z=0$ 到 $z=1\text{m}$ 范围内积分,得

$$t = \int_0^t \mathrm{d}t = \frac{\pi D_1^2}{4}\int_0^1 \frac{1}{7.33\sqrt{1.22-z}}\mathrm{d}z$$

$$= \frac{\pi \times 8^2}{4}\int_0^1 \frac{1}{7.33\sqrt{1.22-z}}\mathrm{d}z$$

$$= -6.85 \times 2 \times \sqrt{1.22-z}\Big|_0^1$$

$$= 8.7\text{h}$$

由计算结果可知,前面关于液面下降很缓慢的假设是合理的。

某一时刻 t 两贮罐高度差为

$z_2 - z_1 = 2 + 5z$

某一时刻 t,管内流量

$Q = 7.33\sqrt{1.22-z}$

贮罐 A 液面下降 1m 所需的时间为 8.7h。

【讨论】（1）非稳态流动与稳态相比，共同点是都遵循着质量守恒定律。

（2）当液面下降速度较慢时，可用稳态的机械能衡算方程近似计算非稳态流动问题，此法称为拟稳态法。本题采用的就是这种方法。

本章主要符号说明

符 号	意 义	单 位
D	叶轮直径	m
g	重力加速度	m/s²
h_e	管路所需压头	m
h_f	阻力损失	m
$[\Delta h]$	允许汽蚀余量	m
H	扬程	m
l	长度	m
m	质量流量	kg/s
N_e	有效功率	W
p	压力	Pa
p_a	大气压力	Pa
p_t	风压	Pa
p_{t0}	标准风压	Pa
Q	体积流量	m³/s
Z	安装高度	m
λ	摩擦因数	—
ρ	密度	kg/m³
ζ	阻力系数	—

参 考 文 献

1 何潮洪等．化工原理操作性问题的分析．北京：化学工业出版社，1998
2 陈维炟．传递过程与单元操作（上册）．杭州：浙江大学出版社，1993
3 谭天恩等．化工原理（上册）．第二版．北京：化学工业出版社，1990
4 陈敏恒等．化工原理（上册）．第二版．北京：化学工业出版社，1999
5 大连理工大学化工原理教研室．化工原理（上册）．大连：大连理工大学出版社，1993
6 蒋维均等．化工原理（上册）．北京：清华大学出版社，1992

习 题

1. 在离心泵工作时,用于将动能转变为压能的部件是_____。
2. 在下面几种叶轮中,_____的效率最高。
   （A）开式叶轮　　　（B）半开式叶轮　　　（C）闭式叶轮
3. 在离心泵工作时,调节流量的最方便方法是_____。
4. 某一离心泵在运行一段时期后,发现吸入口真空表读数不断下降,管路中的流量也不断减少直至断流。经检查,电机、轴、叶轮都处在正常运转后,可以断定泵内发生_____现象;应检查进口管路有否_____。
5. 用离心泵将水池的水抽吸到水塔中,设水池和水塔水面维持恒定,若离心泵在正常操作范围内工作,开大出口阀门将导致_____。
   （A）送水量增加,泵的压头下降　　　（B）送水量增加,泵的压头增大
   （C）送水量增加,泵的轴功率不变　　　（D）送水量增加,泵的轴功率下降
6. 离心泵性能曲线中的 H-Q 线是在_____的情况下测定的。
   （A）效率一定　　（B）功率一定　　（C）转速一定　　（D）管路布置一定
7. 图 2-19 为离心泵性能参数测定装置。其他条件不变,现若水池液面下降,则_____。
   （A）泵的流量增加,扬程减小
   （B）泵的流量减小,扬程增加
   （C）流量和扬程都不变,p_1 和 p_2（均为绝压）增加
   （D）流量和扬程都不变,p_1 和 p_2（均为绝压）减小

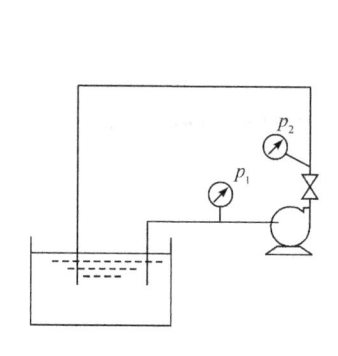

图 2-19　习题 7 附图　　　　图 2-20　习题 9 附图

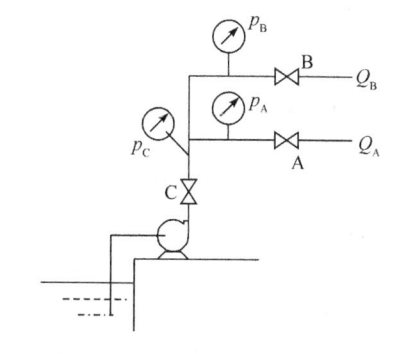

8. 离心泵铭牌上标明的扬程是指_____。
9. 对如图 2-20 所示的输水系统,当阀门 A 关小时,Q_A_____,Q_B_____,

Q_C_____,p_A_____,p_B_____,p_C_____。

(A) 变大　　　(B) 变小　　　(C) 不变　　　(D) 不确定

10. 输送系统的管路特性方程可表示为 $H=A+BQ^2$,则_____。

(A) A 只包括单位质量流体需增加的位能

(B) A 包括单位质量流体需增加的位能和静压能

(C) BQ^2 代表管路系统的局部阻力损失

(D) BQ^2 代表单位质量流体需增加的动能

11. 由离心泵和某一管路组成的输送系统,其工作点_____。

(A) 由泵铭牌上的流量和扬程所决定

(B) 即泵的最大效率所对应的点

(C) 由泵的特性曲线所决定

(D) 是泵的特性曲线与管路特性曲线的交点

12. 在一输送系统中,改变离心泵出口阀门开度,不会影响_____。

(A) 管路特性曲线　　　(B) 管路所需压头

(C) 泵的特性曲线　　　(D) 泵的工作点

13. 某同学进行离心泵特性曲线测定实验,启动泵后,出水管不出水,泵进口处真空计指示真空度很高。他对故障原因作出了正确判断,排除了故障。你认为以下可能的原因中,真正的原因是_____。

(A) 水温太高　　　(B) 真空计坏了

(C) 吸入管路堵塞　　　(D) 排出管路堵塞

14. 离心泵的安装高度超过允许安装高度时,离心泵会发生_____现象。

15. 用一台离心泵从低位液槽向常压吸收塔输送吸收液,设泵在高效区工作。若输送管路较长,且输送管路布置不变的情况下,再并联一台同型号的离心泵,则_____。

(A) 两泵均在高效区工作　　　(B) 仅新装泵在高效区工作

(C) 仅原泵在高效区工作　　　(D) 两泵均不在高效区工作

16. 往复泵的理论压头随流量的增大而_____。

17. 往复泵适用于_____。

(A) 大流量且流量要求特别均匀的场合

(B) 流量较小,扬程较高的场合

(C) 介质腐蚀性特别强的场合

(D) 投资较小的场合

18. 如图 2-21 所示,将 20℃水从一水池打入常压塔设备中,水池与大气相通,管路特性曲线方程为 $h_e=10+1.15Q^2$,式中,Q 单位为 m^3/h;h_e 单位为 m。在泵操作时测得泵进口处的真空表读数为 $p_1=55.4$ kPa,出口处压力表读数

$p_2=240\text{kPa}$，两表间的垂直距离为 $h_0=20\text{cm}$。现因生产扩建要求，需建一套完全相同的管路系统，流量要求也相同，但库存中已无相同型号的离心泵，而另有特性曲线如图 2-22 所示的 A、B 两种型号的离心泵。试从中选一台合适的泵并计算其轴功率。

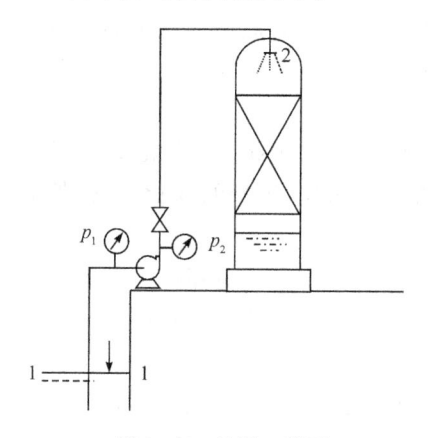

图 2-21 习题 18 附图

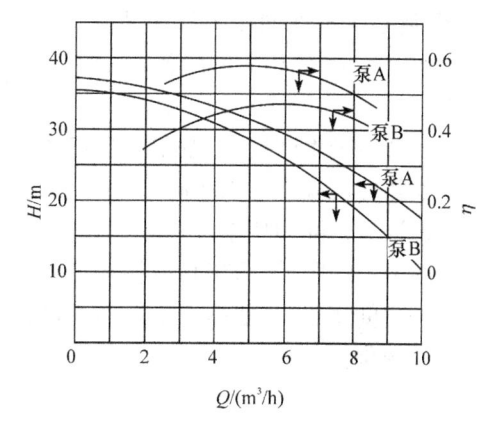

图 2-22 习题 18 附图

19. 如图 2-23 所示，用离心泵向常压凉水塔供应水，管路总长为 100m（包括所有局部损失当量长度在内），直径为 100mm。管内流动已进入阻力平方区，摩擦因数为 0.025。冷却水入塔截面与塔底水面相差 5m。所用离心泵特性曲线方程为 $H=22.2-4.63\times10^{-4}Q^2$，式中，$Q$ 单位为 m^3/h；H 单位为 m。

（1）求冷却水输送量及泵的有效功率。

（2）现水温下降，故所需冷却水量将减少 20%，拟用阀门调节的方法实现，则离心泵有效功率有何变化？

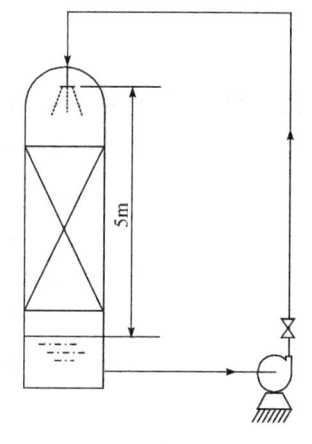

图 2-23 习题 19 附图

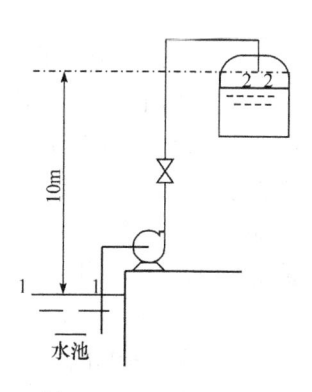

图 2-24 习题 20 附图

(3) 若通过切削叶轮进行上述流量调节，叶轮切削量应为多少？此时离心泵的有效功率为多少？

20. 用如图 2-24 所示的管路系统将 20℃ 清水由常压水池送至密闭贮罐中，贮罐内压力为 50.65kPa（表压），已知供水量为 100m³/h，管内流动处于阻力平方区，离心泵特性曲线方程为 $H=30-0.000556Q^2$，泵的效率曲线方程为 $\eta=0.26+0.014Q-0.0001Q^2$。式中，$Q$ 单位为 m³/h；H 单位为 m。求泵的轴功率。

现由于生产要求，改用此管路系统输送密度为 1230kg/m³ 的碱液（碱液的其他物性可视为与水相同）。试先定性分析泵的扬程、流量的变化趋势，然后定量计算泵的轴功率。

21. 如图 2-25 所示，用离心泵将池中液体送入负压操作的反应器中。现反应器内真空度变小，其他操作条件不变，则管路流量、泵扬程及管路总压头损失将如何变化？

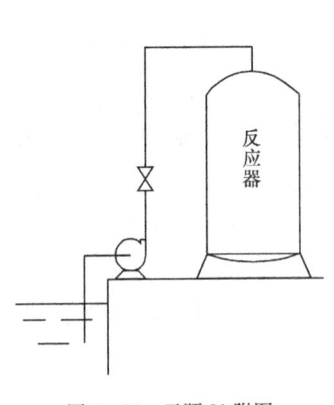

图 2-25　习题 21 附图　　　　　图 2-26　习题 22 附图

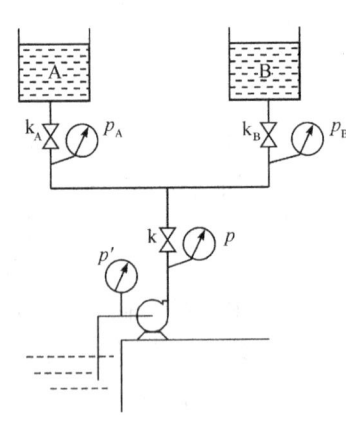

22. 用一离心泵将贮液池中的液体分送到两敞口高位槽中，管路系统如图 2-26 所示。现将阀门 k_A 关小，其他条件不变，试分析总管、两支管中流量及压力表读数 p_A、p_B、p，真空表读数 p' 的变化情况。

23. 用离心泵将池中水送到一敞口高位槽中。管出口距水池水面垂直距离为 20m，输送管路的管径为 ϕ76mm×4mm，管长 1300m（包括所有局部阻力的当量长度在内），估计管路摩擦因数为 0.03。已知泵在转速 1480r/min 时特性曲线方程为 $H=38.4-1.12\times10^{-2}Q^2$（$H$ 单位为 m；Q 单位为 m³/h）。试求

(1) 管内流量（单位为 m³/h）。

(2) 当转速变为 1700r/min 时管内流量（单位为 m³/h）。

24. 库存有两台相同型号的离心泵，在某转速下经试验得到如表 2-4 所示数据。

表 2-4

$Q/(m^3/h)$	0	6	12	18	24	30	36
H/m	37.2	38.0	37.0	34.5	31.8	28.5	25.0

今拟用这两台泵将水池中的水经 $\phi76mm\times4mm$ 的管道送往敞口高位水箱。已知管道总长为 335m(包括所有局部阻力的当量长度在内),两液面位差为 4.8m,估计管路摩擦因数为 0.025。试求

(1) 若只用一台泵,送水量有多大?

(2) 要使送水量比单台泵提高 20%以上,这两台泵应当串联操作还是并联操作?

25. 将两台不同型号的离心泵并联后在一管路系统中输水。已知两台泵特性方程分别为:$H_1=37.2-0.0083Q^2$ 及 $H_2=50-0.03Q^2$(H 单位为 m;Q 单位为 m^3/h)。并联泵组的出口调节阀半开和全开时管路特性方程分别为 $h_{e1}=10+0.0897Q^2$ 及 $h_{e2}=10+0.035Q^2$(h_e 单位为 m;Q 单位为 m^3/h)。

(1) 试求出口调节阀全开时管内流量(单位为 m^3/h)。

(2) 若将出口调节阀逐渐关小至半开状态,试分析会发生什么现象。

26. 如图 2-27 所示,用离心泵将贮液池中 20℃水经总管及两支管分别送至敞口高位槽 A 和 B 中。吸入管路总长 3m(包括所有局部阻力的当量长度在内,下同),出口管线总管段长为 7m,通向槽 A 的支管线长为 20m,通向槽 B 的支管线长为 25m,管子均为 $\phi88.5mm\times4mm$,估计管路摩擦因数为 0.03,泵的特性曲线方程为 $H=58-0.00444Q^2$(Q 单位为 m^3/h;H 单位为 m)。现调节阀门 k_1 开度直至使两支路流量相等,求此时总管的输水量。

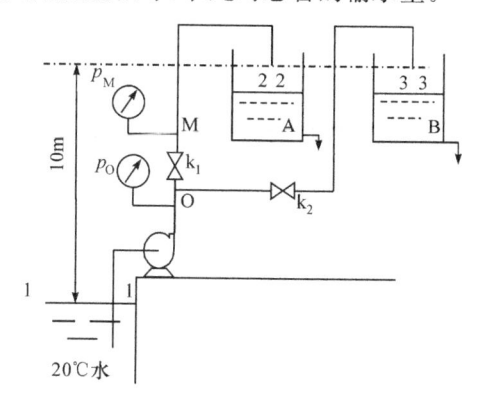

图 2-27 习题 26 附图

27. 要将某减压蒸馏塔塔釜中的液体产品(处在沸腾状态)用离心泵送往高位槽,

釜中真空度为 66.6kPa，液体的密度为 986kg/m³。泵入口处比釜内液面低 3.5m，估计吸入管路阻力为 0.87m 液柱，泵的允许汽蚀余量 $[\Delta h]=4.2$m。问该泵的安装高度是否合适？如不合适又将如何调整？已知当地大气压为 101.3kPa。

28. 用离心风机将相对分子质量为 16 的某气体从气柜送至一设备中。已知气柜内的表压为 490.5Pa，温度 20℃；设备内表压为 981Pa。气柜与设备间的管路总长 30m（包括所有局部阻力的当量长度在内），管内径 200mm。假设流体作等温流动，摩擦因数为 0.02，大气压为 101.3kPa，风机的特性曲线方程为 $p_{t0}=3.25\times10^3-57.19Q^2$（$p_{t0}$ 单位为 Pa；Q 单位为 m³/s），试求风量和风机的有效功率。

29. 用一离心通风机将 40℃、常压空气输送至另一常压处，输送管内径 $d=0.55$m，管长 $l=1000$m（包括所有局部阻力的当量长度在内），管路摩擦因数 $\lambda=0.02$，假设气体做等温流动。风机的特性曲线方程为 $p_{t0}=7.28\times10^3+0.409Q-9.09\times10^{-6}Q^2$（$p_{t0}$ 单位为 Pa；Q 单位为 m³/h）。试求将风机置于系统前端和末端这两种情况下风机的风量、实际全风压及有效功率各为多少？

第3章 机械分离与固体流态化[1~6]

基本内容

化工生产中常会遇到固相分散在气体或液体中,形成不止一个相的系统,称为非均相物系。非均相物系的分离是化工生产中重要的操作,其中比较常见的是用某种多孔介质来分离悬浮液的过滤操作,固体在流体中的沉降,以及固体颗粒的流动输送。因此过滤、沉降与固体流态化就是本章的基本内容。

3.1 过滤

过滤是以某种多孔介质来处理悬浮液的操作。在外力作用下,悬浮液中的液体通过介质的孔道而固体颗粒被截留下来,从而实现固、液分离。

1. 过滤的分类

根据过滤推动力的不同,过滤可分为压力差过滤和离心过滤。

压力差过滤又分为常压过滤、加压过滤、真空过滤。常压过滤是靠悬浮液自身液位差为推动力来过滤的。加压过滤是利用压缩空气或液体输送机械等在输送悬浮液时形成的压力作为推动力来过滤的,压力一般为3~6个大气压,最高可达10个大气压以上。真空过滤是利用过滤介质一侧抽真空、另一侧保持常压所形成的压差作为推动力进行过滤的,推动力一般不超过680mmHg。离心过滤是利用高速旋转的液体所产生的径向压差作为推动力进行过滤的。此法由于离心力较大,所以过滤较快,尤其适用于颗粒较小、滤饼较坚实的固液物系的分离。

2. 过滤速度

单位时间内通过单位过滤面积的滤液体积,称为过滤速度,单位为 m/s,用 u 表示。

$$u = \frac{dV}{Ad\tau} = \frac{dq}{d\tau} = \frac{\Delta p}{\mu r(L+L_e)} = \frac{KA}{2(V+V_e)} = \frac{过滤推动力}{过滤阻力} \quad (3-1)$$

式中,
$$r = r_0 \Delta p^s \quad (3-2)$$

$$K = \frac{2\Delta p}{\mu r c} = \frac{2\Delta p^{1-s}}{\mu r_0 c} \quad (3-3)$$

上述各式中,V——滤液量,m³;

q——单位过滤面积所得的滤液量，$q=V/A$，m^3/m^2；

A——过滤面积，m^2；

τ——过滤时间，s；

Δp——过滤推动力，Pa；

c——滤饼体积与相应的滤液体积之比，m^3/m^3；

K——过滤常数，单位为 m^2/s，其值需由实验测定；

L——滤饼厚度，m；

L_e——与过滤介质阻力相当的虚拟滤饼厚度，m；

V_e——厚度 L_e 的滤饼所对应的虚拟滤液量，m^3，其值取决于过滤介质与滤饼的性质，$q_e=V_e/A$；

r——滤饼的比阻，m^{-2}，与滤饼的结构有关；对不可压缩滤饼，r 为常数；而对可压缩滤饼，r 则随压降 Δp 增大而变大；

r_0——单位压差下的滤饼比阻，m^{-2}/Pa^s，其值需由实验测定；

s——压缩指数，无因次，为经验常数；不可压缩滤饼 $s=0$，可压缩滤饼的 s 大约为 0.2~0.8；

μ——滤液黏度，Pa·s。

3. 过滤常数

过滤常数包括 K 和 q_e（或 V_e）。其中 K 是过滤过程中的一个重要参数，由 K 的计算式(3-3)可知，K 与滤饼性质（压缩指数 s、比阻 r_0）、滤浆性质（μ、c）有关。

4. 过滤基本方程式及其应用

式(3-1)是过滤微分方程式，由此积分，可得如恒压、恒速、先恒压再恒速等各种情况下积分形式的过滤方程式。

(1) 恒压过滤方程式

考虑过滤介质阻力时，
$$V^2+2VV_e=KA^2\tau \tag{3-4}$$

或
$$q^2+2qq_e=K\tau \tag{3-5}$$

不计过滤介质阻力时，
$$V^2=KA^2\tau \tag{3-6}$$

或
$$q^2=K\tau \tag{3-7}$$

恒压过滤的特点是 Δp、K 均为常数，但因滤饼越来越厚，因此过滤速度越来越小，V（或 q）随 τ 的增大而增大的速度越来越缓慢。所以，恒压过滤时应选择合适的过滤时间。

(2) 恒速过滤方程式

考虑过滤介质阻力时，
$$V^2+VV_e=\frac{K}{2}A^2\tau \tag{3-8}$$

或
$$q^2 + qq_e = \frac{K}{2}\tau \quad (3-9)$$

不计过滤介质阻力时，
$$V^2 = \frac{K}{2}A^2\tau \quad (3-10)$$

$$q^2 = \frac{K}{2}\tau \quad (3-11)$$

恒速过滤的特点是过滤速度 u 为常数，而 Δp、K 和 q 均随 τ 的增大而增大。

鉴于恒压过滤与恒速过滤的各自优缺点，工业上一般将二者结合起来操作，即先进行短时间的恒速过滤，逐渐增大操作压力直至达到额定操作压力，然后再进行恒压过滤。

(3) 过滤基本方程的应用

将过滤方程应用于压力差过滤设备，如压滤机(板框过滤机、叶滤机)、吸滤机(如回转真空过滤机)中，设计过滤设备的尺寸、寻找最大生产能力和最佳生产周期是本章的学习重点。应用过滤方程时应注意：

① 对板框过滤机或叶滤机，可按半个框、一个框或 n 个框为基准进行计算，不过须注意，过滤方程中的 V、A 应与所选的基准相一致。

② 对回转真空过滤机这样的连续操作设备，一般取一周为计算基准，过滤方程中的 V 为转一周所得的滤液量，A 为转筒的侧面积，过滤时间 τ 为周期的 ϕ 倍(ϕ 为浸没百分数)。

③ 对先恒速、后恒压过程的计算，不可直接使用恒压过滤方程式(3-4)、(3-5)，而应从过滤微分方程式(3-1)开始重新积分。

5. 滤饼洗涤

洗涤速度 $\left(\dfrac{dV}{A d\tau}\right)_w$ 与过滤终了时速度 $\left(\dfrac{dV}{A d\tau}\right)_e$ 之间关系的一般表达式为

$$\frac{\left(\dfrac{dV}{d\tau}\right)_w}{\left(\dfrac{dV}{d\tau}\right)_e} = \frac{\mu L A_w}{\mu_w L_w A} \quad (3-12)$$

设洗涤液用量为 V_w，则洗涤时间

$$\tau_w = \frac{V_w}{\left(\dfrac{dV}{d\tau}\right)_w} \quad (3-13)$$

对板框过滤机，属横穿洗涤，$L = L_w/2$，$A = 2A_w$
对叶滤机，属置换洗涤，$L = L_w$，$A = A_w$
对回转真空过滤机，属置换洗涤，$L = L_w$，$A = A_w$

6. 生产能力

(1)间歇式过滤机的生产能力及最大生产能力

$$Q = \frac{V}{\sum \tau} = \frac{V}{\tau + \tau_w + \tau_D} \qquad (3-14)$$

式中，τ——过滤时间，s；

τ_w——洗涤时间，s；

τ_D——卸渣、整理、重装等辅助时间，s；

V——过滤时间 τ 内所获得的滤液量，m³。

若 $q_e \neq 0, \mu_w = a\mu, V_w = bV$，则间歇式过滤机获得最大生产能力的条件是

$$\tau_D = \tau + \tau_w - \frac{2(ab+1)qq_e}{K} \qquad (3-15)$$

若 $q_e = 0$ 时，则间歇式过滤机获得最大生产能力的条件是

$$\tau_D = \tau + \tau_w \qquad (3-16)$$

式(3-16)表明，在过滤介质阻力忽略不计的条件下，当过滤时间与洗涤时间之和等于辅助时间时，板框过滤机生产能力最大，此时的操作周期为最佳操作周期，即 $(\sum \tau)_{opt} = 2\tau_D$。

(2)连续式过滤机的生产能力

$$Q = \frac{V}{T} = nV \qquad (3-17)$$

式中，T——转筒旋转周期，s；

n——转筒的转数，r/s；

V——一个周期内所获得的滤液量，m³，其值可由下式计算得到：

$$V^2 + 2VV_e = KA^2 \phi T$$

或

$$V^2 + 2VV_e = KA^2 \phi / n$$

由式(3-17)可见，连续式过滤机的生产能力随 n 增大而增大，但 n 越大，滤饼越薄，卸渣越困难，故在实际生产中，转速 n 不可太大，所以，连续式过滤机没有最大生产能力。

3.2 沉降

沉降是指利用固体与流体(气体或液体)之间的密度差异，在重力场或离心力场中使其发生相对运动而分离的过程。根据场的不同，沉降过程分为重力沉降和离心沉降。

本章重点讨论单个球形颗粒的沉降过程，即自由沉降。

1. 自由沉降速度

固体颗粒在重力、浮力和流体中的阻力作用下在流体中进行自由沉降,开始时有一加速段,然后进入匀速段。对微小颗粒,其加速阶段通常可以忽略。

由以上沉降速度产生的原因可知,沉降速度本质上就是流体与颗粒间的相对运动速度,与颗粒性质(密度、粒径、几何形状等)、流体性质(密度、黏度等)有关,而与流体速度无关[参见式(3-18)~(3-20)]。

重力自由沉降速度在不同 Re_p 范围的计算公式是不同的。

$Re_p \leqslant 2$,层流区(斯托克斯区)
$$u_t = \frac{d_p^2(\rho_p - \rho)g}{18\mu} \tag{3-18}$$

$2 \leqslant Re_p \leqslant 500$,过渡区
$$u_t = 0.27\sqrt{\frac{d_p(\rho_p - \rho)g Re_p^{0.6}}{\rho}} \tag{3-19}$$

$500 < Re_p < 2 \times 10^5$,湍流区
$$u_t = 1.74\sqrt{\frac{d_p(\rho_p - \rho)g}{\rho}} \tag{3-20}$$

式中,Re_p——$d_p u_t \rho/\mu$;

ρ、ρ_p——分别为流体和颗粒的密度;

μ——流体的黏度;

d_p——颗粒的直径。

因此,在沉降速度的计算中,通常需要先假设 Re_p 范围然后再校核,注意不可不经校核就使用斯托克斯公式(式3-18)。

将式(3-18)~(3-20)中重力加速度 g 用离心加速度 $a_c = \omega^2 r = u_\theta^2/r$ 代替即可得到离心力场的自由沉降速度。但须注意,离心沉降与重力沉降有下列不同:因为离心加速度 a_c 与颗粒所在圆周半径大小有关,不是常量,这就使离心场中的沉降过程没有匀速段,即 $du_r/dt \neq 0$,但在小颗粒沉降时,加速度很小,可近似作为匀速沉降处理。

2. 重力沉降设备及其计算

重力沉降设备中包括分离气-固体系的降尘室和分离液-固体系的增稠器,以及将流体中不同粒度的颗粒进行分级的分级器。本章重点讨论降尘室。

(1)降尘室的除尘原理

$$\text{停留时间} \frac{L}{u} \geqslant \text{沉降时间} \frac{h}{u_t} \tag{3-21}$$

式中,u——气流的速度;

u_t——颗粒的沉降速度;

h、L——分别为沉降高度、降尘室长度。

满足以上条件的颗粒才能被降尘室除去。其中,满足等号条件的颗粒则是刚好能被除去的颗粒。若满足等号条件的颗粒的沉降高度 h 恰为降尘室的高度 H,则该颗粒称为能 100% 除去的最小颗粒,用 $d_{p,min}$ 表示。

假设颗粒沉降服从斯托克斯公式,则处理量为 V_s 时能够被 100% 除去的最小颗粒直径

$$d_{p,min} = \sqrt{\frac{18\mu}{g(\rho_p - \rho)} \cdot \frac{V_s}{A}} \qquad (3-22)$$

(2)降尘室的生产能力 V_s

$$V_s = HBu = Au_t \qquad (3-23)$$

式中,A——降尘室底面积;

B——降尘室宽度。

式(3-23)表明,降尘室生产能力与底面积、沉降速度有关,而与降尘室高度无关,因此,

① 设计降尘室时,在满足流动阻力、扬尘情况、除尘方便等方面的要求情况下,降尘室高度应尽可能小。

② 要提高生产能力,只能靠扩大降尘室底面积来实现,如采用多层室代替单层室。

3. 离心沉降设备及其计算

离心沉降设备的典型代表是旋风分离器。

一般重力沉降设备用于除去较大颗粒,如 $d_p \geqslant 75\mu m$ 的颗粒的场合,而旋风分离器则用于除去 $5 \sim 75\mu m$ 直径的颗粒。

旋风分离器的除尘原理:其除尘原理与降尘室的相同。

满足沉降时间等于停留时间的颗粒则是刚好能被除去的颗粒。若满足上述关系的颗粒的沉降高度恰为分离器的进气口宽度 B,则该颗粒恰为能 100% 除去的最小颗粒,称为临界粒径,用 d_c 表示。

假设颗粒沉降服从斯托克斯公式,则离心沉降速度和临界粒径分别为

$$u_r = \frac{d_p^2(\rho_p - \rho)}{18\mu} \frac{u_i^2}{r} \qquad (3-24)$$

$$d_c = \sqrt{\frac{9\mu B}{\pi N u_i \rho_p}} \qquad (3-25)$$

式中,u_i——进口气速;

r——颗粒旋转半径;

N——气体旋转圈数,与进口气速有关,对常用形式的旋风分离器,风速 $12 \sim 25m/s$ 范围内,一般可取 $N = 3 \sim 4.5$,风速愈大,N 也愈大。

由式(3-24)可见,旋风分离器中颗粒的沉降速度随气体的周向速度 u_t 增大而增大,并随旋转半径 r 增大而减小。因此,适当增大进口气速可以提高分离效果,但若气速过大,就会在设备内造成旋涡,气体阻力也随之增加,并且还会把已沉降下来的颗粒重新卷起,因此,根据实际经验,进口气速一般为 12~25m/s,出口速度为 4~8m/s。另外,适当减小设备尺寸也可以提高分离效果,但设备尺寸的减小,会使气体处理量相应减小,这时可采用若干个旋风分离器并联操作以解决上述问题。

3.3 固体流态化

固体流态化是指当流体自下而上流过固体颗粒床层时,在一定气速范围内,颗粒群所呈现的悬浮的可流动状态。

1. 流化床的特点

(1) 颗粒所受合外力等于零,即满足:

$$重力 - 浮力 = 曳力 = 常数$$

由上式可知,在流化床阶段,曳力不变,这就是说,即使空床气速增大,因床层内空隙率也增大,床层内实际气速仍能保持不变。

(2) 流化床内实际气速等于颗粒的沉降速度。若以流体为参照系,流化床内的运动可视为颗粒的沉降运动,因此,流化床内实际气速相当于颗粒的沉降速度,颗粒所受曳力相当于颗粒在静止流体中沉降时所受阻力。

(3) 流化床的压降为常数(忽略流体与床壁的摩擦损失),且数值上等于床层的总质量(即颗粒质量+流体质量)。这是流化床最主要的流体力学特征。

2. 流化床的操作气速范围

流化床的操作气速原则上要大于起始流化速度(按平均颗粒直径定),小于带出速度(按不希望被带出的最小直径定出)。

(1) **起始流化速度** 又称临界或最小流化速度,即床内颗粒由彼此接触转到脱离接触时的流体速度。因为球形度 ϕ_s、起始流化床空隙率 ε_{mf} 的现成数据很少,且难以测定,故一般不直接用经验式计算 u_{mf},而采用冷模实验方法,即用常温常压空气代替实际气体测定 u_{mf},进而推知实际气体的 u_{mf}。

(2) **带出速度** 这是流化床的最大气速。当气体速度稍大于颗粒的沉降速度时,颗粒便随气流向上运动,进而被带出流化床。

有时为增大设备的生产强度,或增大气、固接触时间,操作气速有时大于一部分颗粒的带出速度,此时可再利用流化床后面的旋风分离器将带出的颗粒回收。

重点与难点

本章应重点掌握：

(1) 过滤的基本原理和压力差过滤过程的计算：能熟练地将恒压、恒速过滤方程应用于压力差过滤设备，如压滤机（板框过滤机、叶滤机）、吸滤机（如回转真空过滤机）中，计算过滤常数、设计过滤设备尺寸、寻找最大生产能力和最佳生产周期；

(2) 典型过滤设备，如板框过滤机、叶滤机、回转真空过滤机的结构和特点；

(3) 沉降的基本原理和计算，重点掌握重力沉降中的球形颗粒的自由沉降、小 Re_p 范围的沉降计算；

(4) 典型沉降设备，如降尘室、旋风分离器的结构和特点。

精选题及解答

过滤常数的计算

【例 3-1】将某水悬浮液进行过滤，已知比阻计算式为 $r = 2.01 \times 10^8 \Delta p^{0.7} \mathrm{m}^{-2}$，式中，$\Delta p$ 为过滤压差，单位为 Pa。又知悬浮液中固相质量分率为 0.4，密度为 $3500 \mathrm{kg/m^3}$，滤饼含水率 50%（体积分率），求过滤压差 50kPa、温度 20℃时的过滤常数 K。

【解】过滤常数
$$K = \frac{2\Delta p^{1-s}}{\mu r_0 c} \quad (1)$$

式中，c 可由下式计算：
$$c = \frac{\text{滤饼体积}}{\text{滤液体积}} \quad (2)$$

取 1000kg 悬浮液作为基准，则

$$\text{滤饼中固相体积} = \frac{1000 \times 0.4}{3500} = 0.114 \mathrm{m^3}$$

故 滤饼体积 $= \dfrac{0.114}{1-0.5} = 0.228 \mathrm{m^3}$

滤液体积 $= \dfrac{1000 \times (1-0.4)}{1000} - 0.228 \times 0.5 = 0.486 \mathrm{m^3}$

代入式 (2) 得

$$c = \frac{0.228}{0.486} = 0.469$$

又由 r-Δp 关系式可知：

$$s = 0.7 \quad r_0 = 2.01 \times 10^8 \mathrm{m^2}$$

将 c、s、r_0 及 $\Delta p = 50 \times 10^3 \mathrm{Pa}$，20℃滤液（即水）的黏度 $\mu =$

1.0×10^{-3}Pa·s 代入式(1)得

$$K=\frac{2\times(50\times10^3)^{1-0.7}}{1.0\times10^{-3}\times2.01\times10^8\times0.469}$$
$$=5.45\times10^{-4}\text{m}^2/\text{s}$$

$K=5.45\times10^{-4}$ m^2/s

【讨论】过滤常数 K 是过滤过程中的一个重要参数。由 K 的计算式可知，K 与过滤推动力 Δp、滤饼性质（压缩指数 s、比阻 r_0）、滤浆性质（μ、c）有关。

【例3-2】某板框过滤机有 5 个滤框，框的尺寸为 635mm×635mm×25mm。过滤操作在 20℃、恒定压差下进行，过滤常数 $K=4.24\times10^{-5}$m^2/s，$q_e=0.0201$m^3/m^2，滤饼体积与滤液体积之比 $c=0.08$ m^3/m^3，滤饼不洗涤、卸渣、重整等辅助时间为 10min。试求框全充满所需时间。

板框过滤机和回转真空过滤机的计算

现改用一台回转真空过滤机过滤滤浆，所用滤布与前相同，过滤压差也相同。转筒直径为 1m，长度为 1m，浸入角度为 120°。问转鼓每分钟多少转才能维持与板框过滤机同样的生产能力？

假设滤饼不可压缩。

【解】(1) 以一个框为基准进行计算。框全充满时滤饼的体积

$$V_\text{饼}=0.635\times0.635\times0.025=0.0101\text{m}^3$$

相应的滤液量 $V=\dfrac{V_\text{饼}}{c}=\dfrac{0.0101}{0.08}=0.126$m^3

过滤面积 $A=2A_\text{侧}=2\times0.635\times0.635=0.806$m^2

于是

$$q=\frac{V}{A}=\frac{0.126}{0.806}=0.156\text{m}^3/\text{m}^2$$

再根据恒压过滤方程得

$$q^2+2qq_e=K\tau$$

则

$$\tau=\frac{q^2+2qq_e}{K}$$
$$=\frac{0.156^2+2\times0.156\times0.0201}{4.24\times10^{-5}}$$
$$=721.9\text{s}=12.0\text{min}$$

板框过滤机过滤时，$\tau=12.0$min。

(2) 板框过滤机的生产能力

$$Q=\frac{5V}{\tau+\tau_D}=\frac{5\times0.126}{(12.0+10)\times60}=4.773\times10^{-4}\text{m}^3/\text{s}$$

设转筒每分钟转 n 转,则回转真空过滤机生产能力
$$Q' = Q = nV = 4.773 \times 10^{-4} \text{m}^3/\text{s} \tag{1}$$

改用回转真空过滤机后,压差不变,故 K 不变;滤布不变,故 q_e 不变。过滤面积 $A = \pi DL = \pi \times 1 \times 1 = 3.14\text{m}^2$,$V_e = q_e A = 0.0201 \times 3.14 = 0.0631\text{m}^3$,$\phi = \dfrac{120°}{360°} = \dfrac{1}{3}$,过滤时间 $\tau = \dfrac{\phi}{n}$。

将以上数据及式(1)代入恒压过滤方程得
$$V^2 + 2VV_e = KA^2 \frac{\phi}{n}$$

或写成
$$nV \cdot V + 2nVV_e = KA^2\phi$$

即
$$4.773 \times 10^{-4} V + 2 \times 4.773 \times 10^{-4} \times 0.0631$$
$$= 4.24 \times 10^{-5} \times 3.14^2 \times \frac{1}{3}$$

解之得 $V = 0.166\text{m}^3$

将 V 代入式(1)得
$$n = \frac{4.773 \times 10^{-4}}{0.166} = 2.875 \times 10^{-3} \text{r/s} = 0.17 \text{r/min}$$

> 回转真空过滤机过滤时,要达到与板框过滤机同样的生产能力,则每分钟转数为 0.17 转。

【讨论】(1)在板框过滤机的计算中应用恒压过滤方程时应注意:可按半个框、一个框或 n 个框为基准进行计算。

本题是以一个框为基准进行计算的,当然,也可以按半个框或 5 个框进行计算,请读者自行演算。不过应指出的是,恒压过滤方程中的 V、A 应与基准相一致。

(2)转筒真空过滤机的计算中应用恒压过滤方程时应注意:一般取一周为计算基准,V 为转一周所得的滤液量;A 为转筒的侧面积;过滤时间 τ 为周期的 ϕ 倍。

> 恒压、恒速过滤的特点

【例 3-3】若滤饼不可压缩,试绘图定性表示恒压、恒速过滤操作时的 $\Delta p\text{-}\tau$、$K\text{-}\tau$、$q\text{-}\tau$ 关系。

【解】恒压过滤时,Δp 为常数,故 $\Delta p\text{-}\tau$ 关系为一水平线(见图 3-1)。又根据 $K = \dfrac{2\Delta p^{1-s}}{\mu r_0 c}$ 可知,当滤饼不可压缩($s = 0$)、恒压过滤时,K 为常数,故 $K\text{-}\tau$ 关系为一水平线(见图 3-2)。

由 K、q_e 为常数及恒压过滤方程 $q^2 + 2qq_e = K\tau$ 可知,q 与 τ 的关系为抛物线(见图 3-3)。

恒速过滤时,过滤速度 $u = \dfrac{dq}{d\tau} = \dfrac{K}{2(q + q_e)}$ 为常数,故

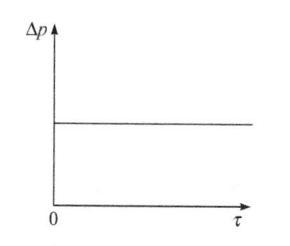

图3-1 恒压过滤时的 Δp-τ 关系
($q_e \neq 0, s = 0$)

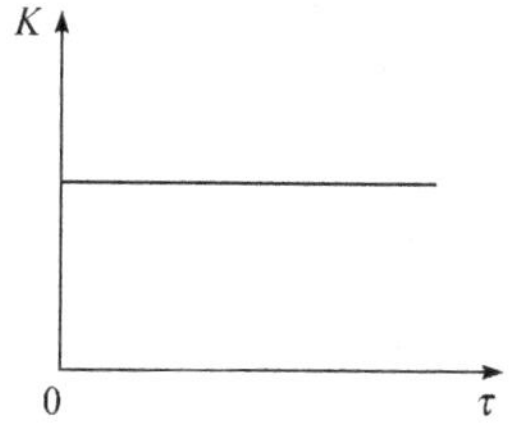

图3-2 恒压过滤时的 K-τ 关系
($q_e \neq 0, s = 0$)

恒压过滤($q_e \neq 0$, $s = 0$)时，Δp-τ、K-τ 关系均为一水平线，q-τ 关系为抛物线。

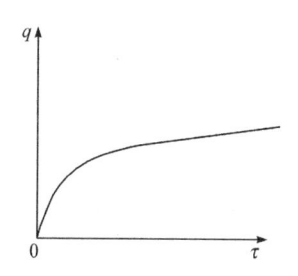

图3-3 恒压过滤时的 q-τ 关系
($q_e \neq 0, s = 0$)

$$u = \frac{q}{\tau} = \frac{K}{2(q+q_e)} = 常数 \qquad (1)$$

由式(1)可得，$q = u\tau$，q 与 τ 关系为过原点的直线，见图3-4。

由式(1)又可得

$$K = 2(q + q_e)u \qquad (2)$$

将 $q = u\tau$ 代入式(2)得

$$K = 2(u\tau + q_e)u = 2u^2\tau + 2q_e u \qquad (3)$$

由式(3)可见，K-τ 关系为一斜率 $2u^2$、截距 $2q_e u$ 的直线，见图3-5。

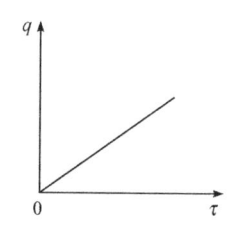

图3-4 恒速过滤时的 q-τ 关系
($q_e \neq 0, s = 0$)

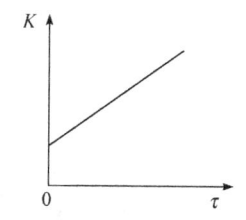

图3-5 恒速过滤时的 K-τ 关系
($q_e \neq 0, s = 0$)

将 $s=0$ 代入 K 的计算式中得
$$K = \frac{2\Delta p}{r_0 \mu c}$$

将式(3)代入得
$$\Delta p = \frac{r_0 \mu c}{2}(2u^2\tau + 2q_e u) = r_0 \mu c u^2 \tau + r_0 \mu c q_e u \qquad (4)$$

由式(4)可知,Δp-τ 关系为一斜率 $r_0\mu c u^2$、截距 $r_0\mu c q_e u$ 的直线,见图 3-6。

恒速过滤($q_e\neq 0$,$s=0$)时,q-τ 关系为过原点的直线,K-τ、Δp-τ 关系均为直线。

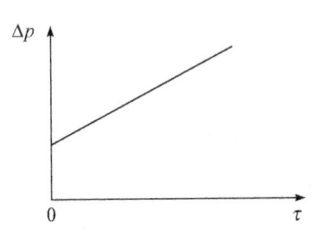

图 3-6 恒速过滤时的 Δp-τ 关系
($q_e\neq 0$,$s=0$)

【讨论】(1)在滤饼不可压缩时,恒压过滤的特点是 Δp、K 均为常数,但因滤饼越来越厚,因此过滤速度越来越小,q 随 τ 的增大而增大的速率越来越缓慢。所以,恒压过滤过程时应选择合适的过滤时间。

(2)恒速过滤的特点是过滤速度为常数,在滤饼不可压缩时,Δp、K 和 q 均随 τ 的增大而线性增大。

(3)在相同条件下(相同过滤介质、初始压差、滤浆),将恒压、恒速过滤的 q-τ 关系曲线画在同一图中(见图 3-7),由图可见,除开始时刻以外,其他时刻均有恒速过滤时的 q 大于恒压过滤时的 q。

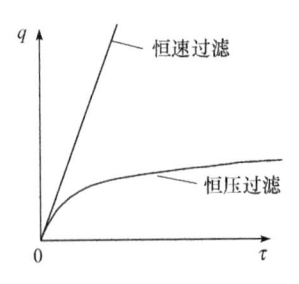

图 3-7 恒压、恒速过滤时的 q-τ 关系

鉴于恒压过滤与恒速过滤的各自优缺点,工业上一般将二者结合起来操作,即先进行短时间的恒速过滤,逐渐增大操作压力直至达到额定操作压力,然后再进行恒压过滤。

【例 3-4】已知某板框过滤机有 20 个滤框,框的尺寸为 450mm×450mm×25mm。滤饼体积与滤液体积之比 $c=0.043$ m³/m³。滤饼可看成是不可压缩的。经试验测得,该板框压滤机在恒定压差 50.5kPa 下过滤时的过滤方程为

$$q^2 + 0.04q = 5.16 \times 10^{-5} \tau$$

式中,q 和 τ 的单位分别为 m³/m² 和 s。

恒压过滤与恒速过滤比较

(1) 在压差 50.5kPa 下过滤时,求框全充满所需时间。

(2) 若将过滤过程改为恒速操作,且知初始时刻压差为 50.5kPa,求框全充满所需时间及过滤终了时的压差。

(3) 若操作压差由 50.5kPa 开始,先恒速操作至压差 151.5kPa,然后再恒压操作,求框全充满所需时间。

(4) 若在 151.5kPa 下恒压过滤,但由于初始压差过大,造成比阻 r 增大 20%,试求框全充满所需时间。

【解】(1)在压差 50.5kPa 下恒压过滤

以 1 个框为基准计算。框全充满时:

滤饼体积 $=0.45\times 0.45\times 0.025=0.00506\text{m}^3$

滤液体积 $V = \dfrac{0.00506}{c} = \dfrac{0.00506}{0.043} = 0.118\text{m}^3$

过滤面积 $A = 2\times 0.45\times 0.45 = 0.405\text{m}^2$

故 $q = \dfrac{V}{A} = \dfrac{0.118}{0.405} = 0.291\text{m}^3/\text{m}^2$

在压差 50.5kPa 下恒压过滤,框全充满时,$q=0.291$ m³/m²

将 q 代入过滤方程 $q^2+0.04q=5.16\times 10^{-5}\tau$ 中得

$$0.291^2 + 0.04\times 0.291 = 5.16\times 10^{-5}\tau$$

解之得框全充满所需时间

$$\tau = 1866.7\text{s} = 31.1\text{min}$$

在压差 50.5kPa 下恒压过滤,框全充满所需时间为 31.1 min。

(2) 从初始压差 50.5kPa 开始恒速过滤

过滤速度 $u = \dfrac{\text{d}q}{\text{d}\tau} = \dfrac{q}{\tau} = \dfrac{K}{2(q+q_e)} =$ 常数 (1)

由过滤方程 $q^2+0.04q=5.16\times 10^{-5}\tau$ 可知,在初始压差 $\Delta p=50.5$kPa 下,$K=5.16\times 10^{-5}$m²/s,$q=0$,$q_e=0.02$m³/m²,代入式(1)得过滤速度

$$u = \frac{5.16 \times 10^{-5}}{2 \times (0 + 0.02)} = 1.29 \times 10^{-3} \text{m/s}$$

由问(1)的计算可知,当框全充满时,$q = 0.291 \text{m}^3/\text{m}^2$。

将 q、u 代入式(1)得框全充满所需时间

$$\tau' = \frac{q}{u} = \frac{0.291}{1.29 \times 10^{-3}} = 225.6\text{s} = 3.8\text{min}$$

将 $q = 0.291 \text{m}^3/\text{m}^2$,$q_e = 0.02 \text{m}^3/\text{m}^2$,$u = 1.29 \times 10^{-3} \text{m/s}$ 代入式(1)得框全充满时,过滤常数

$$\begin{aligned}K' &= 2u(q + q_e) \\ &= 2 \times 1.29 \times 10^{-3} \times (0.291 + 0.02) \\ &= 8.02 \times 10^{-4} \text{m}^2/\text{s}\end{aligned}$$

对不可压缩滤饼,$K \propto \Delta p$,于是,过滤终了时的压差

$$\Delta p' = \frac{K'}{K}\Delta p = \frac{8.02 \times 10^{-4}}{5.16 \times 10^{-5}} \times 50.5 = 784.9 \text{kPa}$$

(3) 由 50.5kPa 开始至 151.5kPa 的恒速过滤

压差 $\Delta p' = 151.5\text{kPa}$ 下的过滤常数

$$K' = \frac{\Delta p'}{\Delta p}K = \frac{151.5}{50.5} \times 5.16 \times 10^{-5} = 1.548 \times 10^{-4} \text{m}^2/\text{s}$$

将 $u = 1.29 \times 10^{-3} \text{m/s}$, $K' = 1.548 \times 10^{-4} \text{m}^2/\text{s}$、$q_e = 0.02 \text{m}^3/\text{m}^2$ 代入式(1)得恒速段获得的滤液量

$$q_1 = \frac{K'}{2u} - q_e = \frac{1.548 \times 10^{-4}}{2 \times 1.29 \times 10^{-3}} - 0.02 = 0.04 \text{m}^3/\text{m}^2$$

恒速段所需时间 $\tau_1 = \dfrac{q_1}{u} = \dfrac{0.04}{1.29 \times 10^{-3}} = 31.0\text{s}$

在压差 151.5kPa 下恒压过滤阶段:将过滤微分方程

$$\frac{\mathrm{d}q}{\mathrm{d}\tau} = \frac{K'}{2(q + q_e)}$$

在 $\tau_1 - \tau$、$q_1 - q$ 范围内积分:

$$\int_{\tau_1}^{\tau} \mathrm{d}\tau = \int_{q_1}^{q} \frac{2(q + q_e)}{K'} \mathrm{d}q$$

化简得 $\tau = \tau_1 + \dfrac{1}{K'}[(q + q_e)^2 - (q_1 + q_e)^2]$

将 $\tau_1 = 31.0\text{s}$, $K' = 1.548 \times 10^{-4} \text{m}^2/\text{s}$, $q = 0.291 \text{m}^3/\text{m}^2$, $q_e = 0.02 \text{m}^3/\text{m}^2$, $q_1 = 0.04 \text{m}^3/\text{m}^2$ 代入上式得框全充满所需时间

$$\tau = 31.0 + \frac{1}{1.548 \times 10^{-4}}[(0.291 + 0.02)^2 - (0.04 + 0.02)^2]$$

$$= 632.6\text{s} = 10.5\text{min}$$

(4) 在 151.5kPa 下恒压过滤

先求过滤常数 K'。

对不可压缩滤饼,有 $K \propto \dfrac{\Delta p}{r}$,于是

$$K' = \frac{\Delta p'}{\Delta p} \frac{r}{r'} K$$

将 $\Delta p = 50.5\text{kPa}$, $\Delta p' = 151.5\text{kPa}$, $K = 5.16 \times 10^{-5}\text{m}^2/\text{s}$, $r' = 1.2r$ 代入上式得

$$K' = \frac{151.5}{50.5} \times \frac{r}{1.2r} \times 5.16 \times 10^{-5}$$

$$= 1.29 \times 10^{-4}\text{m}^2/\text{s}$$

将 $q = 0.291\text{m}^3/\text{m}^2$, $K' = 1.29 \times 10^{-4}\text{m}^2/\text{s}$, $q_e = 0.02\text{m}^3/\text{m}^2$ 代入恒压过滤方程 $q^2 + 2qq_e = K'\tau$ 中得

$$0.291^2 + 2 \times 0.291 \times 0.02 = 1.29 \times 10^{-4}\tau$$

解之得

$$\tau = 746.7\text{s} = 12.4\text{min}$$

在压差 151.5kPa 下恒压过滤,框全充满所需时间为 12.4min。

本题计算结果汇总于表 3-1。

表 3-1

	恒压过滤	恒速过滤	先恒速、后恒压	恒压过滤
$\Delta p/(\text{kPa})$	50.5	50.5~784.9	50.5~151.5	151.5
$K/(\text{m}^2/\text{s})$	5.16×10^{-5}	5.16×10^{-5} ~ 8.02×10^{-4}	5.16×10^{-5} ~ 1.548×10^{-4}	1.29×10^{-4}
τ/min	31.1	3.8	10.5	12.4

【讨论】(1) 由本题计算结果可见,完成同样的生产任务(框全充满),恒速过滤操作所用的时间最少,其次是先恒速后恒压操作,再次是较高压差下的恒压过滤操作,用时最多的是较低压差下的恒压操作。这与例 3-3 讨论 (3) 相一致。

(2) 从本题的计算结果可知,先恒速、后恒压操作比单纯的恒压操作效果要好。

(3) 恒速过滤积分式中的 K 是变量,计算时应取某瞬时值。

(4) 先恒速、后恒压过程计算中,不可直接使用恒压过滤方程 $q^2 + 2qq_e = K\tau$,应从过滤微分方程式开始重新积分。

间歇式过滤设备的过滤、洗涤、最大生产能力的计算

【例 3-5】 用叶滤机在等压条件下过滤某悬浮液,经实验测得,过滤开始后 20min 和 30min,获得累积滤液量分别为 0.53 m³/m² 和 0.66 m³/m²。过滤后,用相当于滤液体积 1/10 的清水在相同压差下洗涤滤饼,洗涤水黏度为滤液黏度的 1/2。

(1) 若洗涤后的卸渣、清理、重装等辅助时间为 30min,问每周期的过滤时间为多长时才能使叶滤机达到最大的生产能力? 最大生产能力(以单位面积计)又为多少?

(2) 若由于工人的工作效率提高,使得辅助时间减少为 20min,问每周期的过滤时间又为多长时才能使叶滤机达到最大的生产能力? 最大生产能力(以单位面积计)又为多少?

【解】 本题中过滤介质阻力不可忽略,且洗涤水黏度不等于滤液黏度,故最大生产能力满足的条件不再是 $\tau + \tau_w = \tau_D$,而需另行推导。具体推导如下:

生产能力
$$Q = \frac{V}{\tau + \tau_w + \tau_D} \tag{1}$$

其中
$$\tau = \frac{V^2 + 2VV_e}{KA^2} = \frac{q^2 + 2qq_e}{K} \tag{2}$$

$$\tau_w = \frac{V_w}{\left(\dfrac{dV}{d\tau}\right)_w} = \frac{V_w}{\left(\dfrac{dV}{d\tau}\right)_e \cdot \dfrac{\mu L A_w}{\mu_w L_w A}} \tag{3}$$

设 $\mu_w = a\mu$,$V_w = bV$,对叶滤机,$L_w = L$,$A_w = A$,于是,式(3)变为

$$\tau_w = \frac{bV}{\left(\dfrac{dV}{d\tau}\right)_e \cdot \dfrac{1}{a}} = \frac{abV}{\dfrac{KA^2}{2(V+V_e)}} \tag{4}$$

$$= \frac{2ab(V^2 + VV_e)}{KA^2}$$

$$= \frac{2ab(q^2 + qq_e)}{K}$$

将式(2)、式(4)代入式(1)得

$$Q = \frac{V}{\dfrac{V^2 + 2VV_e}{KA^2} + \dfrac{2ab(V^2+VV_e)}{KA^2} + \tau_D}$$

$$= \frac{V}{\dfrac{(2ab+1)V^2 + 2(ab+1)VV_e}{KA^2} + \tau_D}$$

要想求出 Q_{max}，需满足 $\dfrac{\mathrm{d}Q}{\mathrm{d}V}=0$。由此可得

$$\tau_D = \dfrac{(2ab+1)V^2}{KA^2}$$

$$= \dfrac{(2ab+1)q^2}{K}$$

$$= \tau + \tau_w - \dfrac{2(ab+1)qq_e}{K}$$

将 $a=\dfrac{1}{2}$、$b=\dfrac{1}{10}$ 代入上式得

$$\tau_D = \tau + \tau_w - \dfrac{21qq_e}{10K} \tag{5}$$

这就是本题条件下的最大生产能力所满足的条件。

下面求解过滤常数 K。

将 $\tau_1=20\mathrm{min}, \tau_1=30\mathrm{min}, q_1=0.53\mathrm{m}^3/\mathrm{m}^2, q_2=0.66\mathrm{m}^3/\mathrm{m}^2$ 代入恒压过滤方程：

$$q^2 + 2qq_e = K\tau \tag{6}$$

得

$$\begin{cases} 0.53^2 + 2\times 0.53 q_e = 20K \\ 0.66^2 + 2\times 0.66 q_e = 30K \end{cases}$$

解之得

$$q_e = 0.053\mathrm{m}^3/\mathrm{m}^2$$

$$K = 0.0169\mathrm{m}^2/\mathrm{min}$$

将 q_e、K、$\tau_D=30\mathrm{min}$ 代入式(5)得

$$\tau + \tau_w = 30 + 6.59q \tag{7}$$

将 q_e、K、$a=\dfrac{1}{2}$、$b=\dfrac{1}{10}$ 代入式(2)、式(4)得

$$\tau = \dfrac{q^2 + 0.106q}{0.0169} \qquad \tau_w = \dfrac{q^2 + 0.053q}{0.169} \tag{8}$$

代入式(7)，并解之得

$$q = 0.679\mathrm{m}^3/\mathrm{m}^2$$

将 $q=0.679\mathrm{m}^3/\mathrm{m}^2$ 代入式(8)得

$$\tau = \dfrac{0.679^2 + 0.106\times 0.679}{0.0169} = 31.5\mathrm{min}$$

$$\tau_w = \dfrac{0.679^2 + 0.053\times 0.679}{0.169} = 2.9\mathrm{min}$$

将 q、τ、τ_w、τ_D 代入式(1)，得最大生产能力(以单位面积计)

$$\dfrac{Q_{max}}{A} = \dfrac{0.679}{31.5+2.9+30} = 0.0105\mathrm{m}^3/\mathrm{min} = 0.63\mathrm{m}^3/\mathrm{h}$$

当 $q_e\neq 0, \mu_w=a\mu$、$V_w=bV$ 时，最大生产能力满足的条件是 $\tau_D=\tau+\tau_w-\dfrac{2(ab+1)qq_e}{K}$。

本题条件下的最大生产能力所满足的条件为 $\tau_D=\tau+\tau_w-\dfrac{21qq_e}{10K}$。

当 $\tau_D=30\mathrm{min}$ 时，最大生产能力(以单位面积计)为 $0.63\mathrm{m}^3/\mathrm{h}$。

(2) 将 q_e、K、$\tau_D = 20$min 代入式(5)得
$$\tau + \tau_w = 20 + 6.59q \tag{9}$$
将式(8)代入,并解之得
$$q' = 0.554 \text{m}^3/\text{min}$$
代入式(8)得
$$\tau = \frac{0.554^2 + 0.106 \times 0.554}{0.0169} = 21.6 \text{min}$$
$$\tau_w = \frac{0.554^2 + 0.053 \times 0.554}{0.169} = 1.99 \text{min}$$

当 $\tau_D = 20$min 时,最大生产能力(以单位面积计)增为 $0.76\text{m}^3/\text{h}$。

将 q、τ、τ_w、τ_D 代入式(1),得最大生产能力(以单位面积计)
$$\frac{Q'_{\max}}{A} = \frac{0.554}{21.6 + 1.99 + 20} = 0.0127 \text{m}^3/\text{min} = 0.76 \text{m}^3/\text{h}$$

【讨论】(1) 计算洗涤速率时需注意:下式为洗涤速率与过滤终了时的速率关系的一般表达式:
$$\frac{\left(\dfrac{dV}{d\tau}\right)_w}{\left(\dfrac{dV}{d\tau}\right)_e} = \frac{\mu L A_w}{\mu_w L_w A}$$

对板框过滤机,$L = L_w/2$,$A = 2A_w$

对叶滤机,$L = L_w$,$A = A_w$

对回转真空过滤机,$L = L_w$,$A = A_w$

(2) 间歇过滤机获得最大生产能力的条件如下。

当 $q_e \neq 0$,$\mu_w = a\mu$,$V_w = bV$ 时,
$$\tau_D = \tau + \tau_w - \frac{2(ab+1)qq_e}{K}$$
当 $q_e = 0$ 时,
$$\tau_D = \tau + \tau_w$$

板框过滤机的设计型问题

【例3-6】某厂拟用框长650mm,高650mm的板框过滤机在0.1MPa、20℃下分离某水悬浮液。要求1h至少得滤液10m³。已知该悬浮液中含固相3%(质量分率),固相密度为2930 kg/m³,每 m³ 滤饼中含固相1503kg。小型试验测得,$K = 0.6\text{m}^3/\text{h}$,过滤介质阻力可忽略不计。过滤终了用20℃清水洗涤,洗涤水量为滤液量的10%。卸渣、整理、重装等辅助时间为30min。试求至少要配多少个框才能完成指定的生产任务?框厚度为多少毫米?

【解】这是板框过滤机的设计型问题。应当根据最大生产能力

进行设计。

当 $q_e=0, \mu_w=a\mu, V_w=bV$ 时,$Q=Q_{\max}$ 满足的条件为
$$\tau_D = \tau + \tau_w$$
式中,
$$\tau = \frac{q^2}{K}$$
$$\tau_w = \frac{2abq^2}{K}$$

将 $a=\mu_w/\mu=1, b=\frac{V_w}{V}=0.1, K=\frac{0.6}{60}=0.01 \text{m}^3/\text{min}, \tau_D=$ 30min 代入计算得
$$q = 0.5 \text{m}^3/\text{m}^2$$

板框过滤机达到最大生产能力时,$q=0.5\text{m}^3/\text{m}^2$。

又
$$Q_{\max} = \frac{V}{2\tau_D} \geq \frac{10}{60}$$

将 τ_D 代入上式计算得
$$V \geq 10 \text{m}^3$$

设框数为 n 个,则
$$V = qA_0 \times 2n = 0.5 \times 0.65 \times 0.65 \times 2n \geq 10$$

解之得
$$n \geq 23.7$$

圆整,取 $n=24$ 个,即至少要配 24 个框才能完成指定的生产任务。

至少要配 24 个框才能完成指定的生产任务

下面求框厚。

设 $c=\dfrac{\text{滤饼体积}}{\text{滤液体积}}$,并取 1m^3 滤液体积为计算基准,则由题意可知
$$\frac{c \times 1503}{1 \times 1000 + c \times 1503 + \left(c - \dfrac{c \times 1503}{2930}\right) \times 1000} = 3\%$$

解之得
$$c = 0.021 \text{m}^3 \text{ 滤饼}/\text{m}^3 \text{ 滤液}$$

于是,
$$\text{框厚} = \frac{2qA_0 c}{A_0} = 2qc = 2 \times 0.5 \times 0.021 = 0.021\text{m} = 21\text{mm}$$

框厚 21mm

【讨论】过滤机设计原则:应按最大生产能力进行设计、选型,对板框过滤机,还应当全充满。

过滤压差的变化对生产能力的影响

【例 3-7】 用板框过滤机在压差为 100kPa(表压)下恒压过滤某水悬浮液,过滤 1h 后滤框全充满,得滤液 $1m^3/m^2$。滤饼压缩指数 $s=0.35$,滤饼不洗涤,过滤介质阻力可忽略不计。卸渣、清理、重装等辅助时间为 10min。现将操作压差增大一倍,其他条件不变,过滤仍进行到滤框全充满,试求过滤机生产能力增大为原来的几倍?

【解】 过滤介质阻力忽略不计时的恒压过滤方程为

$$q^2 = K\tau \tag{1}$$

将 $q=1\ m^3/m^2$,$\tau=60min$ 代入计算得

$$K = 0.0167 m^3/min$$

又因为 $K \propto \Delta p^{1-s}$,故

$$K' = K\left(\frac{\Delta p'}{\Delta p}\right)^{1-s} = 0.0167 \times 2^{1-0.35} = 0.0262 m^2/min$$

操作压差增大一倍后,滤框仍全充满,故 q 不变。

将 K'、q 代入式(1),得

$$\tau' = \frac{q^2}{K'} = \frac{1^2}{0.0262} = 38.17min$$

操作压差增大一倍后,过滤机生产能力增大为原来的 1.45 倍。

故操作压差增大一倍前后,生产能力之比

$$\frac{Q'}{Q} = \frac{V/(\tau'+\tau_D)}{V/(\tau+\tau_D)} = \frac{\tau+\tau_D}{\tau'+\tau_D} = \frac{60+10}{38.17+10} = 1.45$$

【讨论】 由本题计算结果可见,操作压差增大,生产能力变大,这是因为:操作压差增大,过滤推动力增大,在相同的过滤阻力下,则过滤速度增大(过滤速度 = $\frac{过滤推动力}{过滤阻力}$),因此,框全充满所需的过滤时间将减小,$Q=V/(\tau+\tau_D)$ 将变大。

过滤机操作型问题定性分析

【例 3-8】 用某过滤机在恒压下过滤某悬浮液,试分析,在下列条件变化而其他条件不变情况下,过滤机生产能力将如何变化?

(1) 悬浮液温度升高;

(2) 滤浆的固相含量降低,假设此时比阻不变,介质阻力可忽略不计。

【解】 (1) 当悬浮液温度升高时,滤液黏度 $\mu \downarrow$,在其他条件不变情况下(即 Δp、s、r_0、c、V_e、A、τ_D、μ_w 不变),$K = \frac{2\Delta p^{1-s}}{r_0 \mu c} \propto \frac{1}{\mu}$ 将变大。

对间歇式过滤机,由题意可知,每一周期所处理的料液量不变,即每一周期所获得的滤液量 V 不变,故由恒压过滤方程

$V^2+2VV_e=KA^2\tau$ 可知，$\tau\downarrow$。而 $\tau_w=\dfrac{2ab(V^2+VV_e)}{KA^2}\propto\dfrac{a}{K}$（推导见例 3-5，式中 $a=\mu_w/\mu$，$b=V_w/V$），可见 τ_w 与 μ 无关，故 τ_w 不变。于是，生产能力 $Q=V/(\tau+\tau_w+\tau_D)$ 将随 τ 变小而变大。

悬浮液温度升高时，无论是间歇式过滤机还是连续过滤机，生产能力均增大。

对连续过滤机，转速 n 不变，τ 不变，K 变大，由恒压过滤方程可知，$V\uparrow$，于是生产能力 $Q=nV$ 变大。

（2）滤浆的固相含量降低，假设此时比阻不变，介质阻力可忽略不计。

滤浆的固相含量降低，则 c（滤饼体积/滤液体积）也降低。

由 $K=\dfrac{2\Delta p^{1-s}}{r_0\mu c}$ 可知，在其他条件不变情况下（即 Δp、s、r_0、A、τ_D、μ、μ_w 不变），$c\downarrow$，则 $K\uparrow$，而且 $K\propto 1/c$。

对间歇式过滤机，因滤饼体积一定，故随 $c\downarrow$，$V\uparrow$，且 $V\propto 1/c$，由此可得 V/K 不变，代入恒压过滤方程 $V^2=KA^2\tau$ 中可知，$\tau\uparrow$，且 $\tau\propto V$。又由 τ_w 计算式 $\tau_w=\dfrac{2aV_wV}{KA^2}$（式中，$a=\mu_w/\mu$）可知，$\tau_w$ 不变，故生产能力 $Q=V/(\tau+\tau_w+\tau_D)$ 将变大。

滤浆的固相含量 c 降低时，无论是间歇式过滤机还是连续过滤机，生产能力均增大。

对连续过滤机，转速 n 不变，τ 不变，K 变大，由恒压过滤方程 $V^2=KA^2\tau$ 可知，$V\uparrow$，于是生产能力 $Q=nV$ 变大。

【讨论】本题讨论滤浆性质的变化（如滤浆温度、滤浆浓度等）对生产能力的影响。由本题分析结果可见，滤浆温度升高、浓度降低对提高生产能力均有利。

【例 3-9】用某板框过滤机恒压过滤某悬浮液，其过滤常数 $K=0.2\text{m}^2/\text{h}$，$q_e=0.2\text{m}^3/\text{m}^2$，过滤 1.5h 后滤框全充满。滤饼不洗涤，卸渣、清理、重装等辅助时间为 20min。现为降低过滤阻力，在滤布上预涂一层助滤剂，其厚度为框厚的 4%，预涂助滤剂所用时间为 5min。涂了助滤剂后，过滤介质与助滤剂层阻力之和比原过滤介质阻力减少了 40%，试比较板框过滤机在预涂助滤剂前后的生产能力变化（按框充满计）。

预涂助滤剂对生产能力的影响

【解】涂助滤剂前：
$$q^2+2qq_e=K\tau \tag{1}$$
将 $K=0.2\text{m}^2/\text{h}$，$q_e=0.2\text{m}^3/\text{m}^2$，$\tau=1.5\text{h}$ 代入，并解之得
$$q^2+2q\times 0.2=0.2\times 1.5$$
$$q=0.38\text{m}^3/\text{m}^2$$

未涂助滤剂时，
$\tau=1.5\text{h}$
$q=0.38\text{m}^3/\text{m}^2$

涂助滤剂后：
$$q'_e = q_e(1-40\%) = 0.2 \times 0.6 = 0.12 \mathrm{m^3/m^2}$$

对板框过滤机，$q \propto$ 滤饼厚度，故
$$\frac{q'}{q} = \frac{1-4\% \times 2}{1}$$

即
$$q' = 0.92q = 0.35 \mathrm{m^3/m^2}$$

代入式(1)得
$$0.35^2 + 2 \times 0.35 \times 0.12 = 0.2\tau'$$
$$\tau' = 1.03\mathrm{h}$$

预涂助滤剂前后的生产能力之比
$$\frac{Q'}{Q} = \frac{(q'A)/(\tau' + \tau_D)}{(qA)/(\tau + \tau_D)}$$
$$= \frac{0.35/(1.03 \times 60 + 20 + 5)}{0.38/(1.5 \times 60 + 20)} = 1.17$$

【讨论】助滤剂常用于滤饼可压缩情形，以改善滤饼结构，增加滤饼刚性。

由本题计算结果可见，预涂一层助滤剂后，由于总过滤阻力减小，则过滤速度增大，过滤时间缩短，生产能力提高。

【例3-10】现测得一直径为 $30\mu \mathrm{m}$、密度 $\rho_p = 3650 \mathrm{~kg/m^3}$ 的球形颗粒在 20℃水中的沉降速度是其在某液体中沉降速度的 2.7 倍；又知此颗粒在水中的质量是其在该液体中质量的 1.12 倍，试求该液体黏度。已知 20℃下水的黏度 $\mu_w = 1\mathrm{cP}$，密度 $\rho_w = 1000 \mathrm{kg/m^3}$。

【解】本题为球形颗粒在流体中的自由沉降。假设沉降服从斯托克斯公式，即
$$u_t = \frac{d_p^2(\rho_p - \rho)g}{18\mu} \qquad (1)$$

由题意可知
$$\frac{u_{tw}}{u_{tl}} = 2.7 \qquad (2)$$

式中，下标 w、l 分别代表水、某液体。

将式(1)代入式(2)，得
$$\frac{(\rho_p - \rho_w)/\mu_w}{(\rho_p - \rho_l)/\mu_l} = 2.7 \qquad (3)$$

又由题意可知

$$\frac{颗粒在水中的质量}{颗粒在液体中的质量} = 1.12$$

即 $$\frac{颗粒的质量-颗粒在水中的浮力/g}{颗粒的质量-颗粒在液体中的浮力/g} = 1.12$$

$$\frac{(\rho_p - \rho_w)V_p}{(\rho_p - \rho_l)V_p} = \frac{(\rho_p - \rho_w)}{(\rho_p - \rho_l)} = 1.12 \qquad (4)$$

将式(4)代入式(3)得

$$\frac{\mu_l}{\mu_w} = \frac{2.7}{1.12} = 2.41$$

故 $\mu_l = 2.41\mu_w = 2.41 \times 1 = 2.41\text{cP}$ 　　液体黏度为 $\mu_l = 2.41\text{cP}$

分别检验水和液体的 Re_p。

将 $d_p = 30 \times 10^{-6}\text{m}, \rho_p = 3650\text{kg/m}^3, \rho_w = 1000\text{kg/m}^3, \mu_w = 1 \times 10^{-3}\text{Pa·s}$ 代入式(1)得

$$u_{tw} = \frac{(30 \times 10^{-6})^2 \times (3650-1000) \times 9.81}{18 \times 1 \times 10^{-3}}$$

$$= 1.30 \times 10^{-3}\text{m/s}$$

检验 Re_p:

$$Re_{pw} = \frac{\rho_w u_{tw} d_p}{\mu_w}$$

$Re_{pw} = 0.039 < 2$

$$= \frac{1000 \times 1.30 \times 10^{-3} \times 30 \times 10^{-6}}{1 \times 10^{-3}} = 0.039 < 2$$

由式(2)得

$$u_{tl} = \frac{u_{tw}}{2.7} = \frac{1.30 \times 10^{-3}}{2.7} = 0.48 \times 10^{-3}\text{m/s}$$

由式(4)得

$$\rho_l = \rho_p - \frac{\rho_p - \rho_w}{1.12}$$

$$= 3650 - \frac{3650 - 1000}{1.12} = 1284\text{kg/m}^3$$

于是

$$Re_{pl} = \frac{\rho_l u_{tl} d_p}{\mu_l}$$

$Re_{pl} = 0.0077 < 2$

$$= \frac{1284 \times 0.48 \times 10^{-3} \times 30 \times 10^{-6}}{2.41 \times 10^{-3}} = 0.0077 < 2$$

可见，关于沉降服从斯托克斯公式的假设是正确的，故以上计算有效。

【讨论】因不同 Re_p 范围的沉降速度计算公式不同，故在沉降速度的计算中，通常需要先假设 Re_p 范围然后再校核，注意不可不

经校核就使用斯托克斯公式。

沉降速度的计算

【例3-11】 在一容器内盛有密度 $\rho=890\text{kg/m}^3$、黏度 $\mu=0.32$ Pa·s 的油,油的深度 $L=80\text{cm}$,现将密度为 $\rho_p=2650\text{kg/m}^3$、直径 $d_p=5\text{mm}$ 的石英球粒投入容器中,每隔 3s 投一个,试求

(1) 若容器内的油是静止的,则容器内最多有多少个石英球同时向下沉降?

(2) 若容器内的油以 $u=0.05\text{m/s}$ 的速度向上运动,则结果又如何?

【解】 (1) 当容器内的油静止时,忽略沉降过程的加速段,可认为石英颗粒在油中的沉降运动为匀速运动。假设沉降过程处在斯托克斯区,则

$$u_t = \frac{d_p^2(\rho_p - \rho)g}{18\mu}$$

$$= \frac{(5 \times 10^{-3})^2 \times (2650 - 890) \times 9.81}{18 \times 0.32}$$

$$= 0.0749\text{m/s}$$

由此可得,第一个石英球落到容器底部所需时间为

$$\tau = \frac{L}{u_t} = \frac{80 \times 10^{-2}}{0.0749} = 10.7\text{s}$$

当容器内的油静止时,容器内最多有4个石英球同时向下沉降。

此时容器内共有球

$$\left(\frac{\tau}{3}\right) + 1 = \left(\frac{10.7}{3}\right) + 1 = 3.6 + 1 = 4.6\text{个}$$

应取整数,即为 4 个球。

检验 Re_p:

$$Re_p = \frac{\rho u_t d_p}{\mu}$$

$$= \frac{890 \times 0.0749 \times 5 \times 10^{-3}}{0.32} = 1.04 < 2$$

可见,关于沉降过程处在斯托克斯区的假设是正确的,故以上计算有效。

沉降速度就是颗粒与流体间的相对运动速度。

(2) 根据沉降速度产生的原因可知,沉降速度本质上就是颗粒与流体之间的相对运动速度,它只与颗粒性质(密度、粒径、几何形状等)、流体性质(密度、黏度等)有关,而与流体是否流动以及流动速度大小无关。

本题中,当油以 $u=0.05\text{m/s}$ 向上运动时,由于颗粒性质

(密度、粒径、几何形状等)、油的性质(密度、黏度等)不变,故沉降速度即颗粒与油之间的相对运动速度仍为

$$u_t = 0.0749 \text{m/s}$$

因此,石英球的绝对速度为 $u_t - u = 0.0749 - 0.05 = 0.0249 \text{m/s}$,方向向下。

由此可得,第一个石英球落到容器底部所需时间

$$\tau' = \frac{L}{u_t - u} = \frac{80 \times 10^{-2}}{0.0249} = 32.1 \text{s}$$

此时容器内共有球

$$\left(\frac{\tau'}{3}\right) + 1 = \left(\frac{32.1}{3}\right) + 1 = 10.7 + 1 = 11.7$$

应取整数,即为 11 个球。

当油以 $u=0.05\text{m/s}$ 向上运动时,石英球则以 0.0249m/s 的绝对速度向下沉降,此时容器内最多有 11 个石英球同时向下沉降。

【讨论】本题目的在于揭示沉降速度的本质特征:沉降速度是流体与颗粒间的相对运动速度。

由沉降速度产生的原因可知,沉降速度就是流体与颗粒间的相对运动速度,只与颗粒性质(密度、粒径、几何形状等)、流体性质(密度、黏度等)有关,而与流体速度无关。

【例 3-12】如图 3-8 所示,水自下而上流过设备,以分离两种粒径相同的细粉。颗粒直径均为 $d=100\mu\text{m}$,两种颗粒的密度分别为 2650kg/m^3 及 2850kg/m^3,水的密度为 1000kg/m^3,黏度为 1cP。试问水在管中的流速控制在什么范围内才能理论上使两种颗粒完全分开?

颗粒分离

【解】要想使两种颗粒完全分开,管中水的速度应控制在两种颗粒带出速度之间,这样,带出速度较小的颗粒将被水带出,而带出速度较大的颗粒则沉降下来。

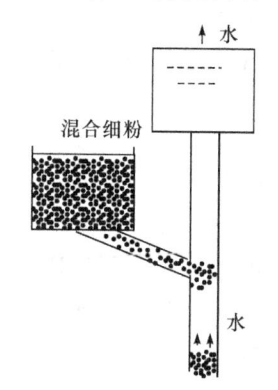

图 3-8 例 3-12 附图

根据颗粒带出过程原理可知,粒度均匀的颗粒,其带出速度应大于或等于颗粒的沉降速度。故本题应先求出两种颗粒的沉降速度。

假设沉降过程属于斯托克斯区,则两种颗粒的沉降速度分别为

$$u_{t1} = \frac{d_p^2(\rho_{p1}-\rho)g}{18\mu}$$

$$= \frac{(100\times10^{-6})^2\times(2650-1000)\times9.81}{18\times1\times10^{-3}} = 0.00899 \text{m/s}$$

两种颗粒的沉降速度分别为
$u_{t1}=0.00899$m/s
$u_{t2}=0.0101$m/s

$$u_{t2} = \frac{d_p^2(\rho_{p2}-\rho)g}{18\mu}$$

$$= \frac{(100\times10^{-6})^2\times(2850-1000)\times9.81}{18\times1\times10^{-3}} = 0.0101 \text{m/s}$$

分别检验两种颗粒的 Re_p：

$$Re_{p1} = \frac{\rho u_{t1} d_p}{\mu}$$

$$= \frac{1000\times0.00899\times100\times10^{-6}}{1\times10^{-3}} = 0.899 < 2$$

$$Re_{p2} = \frac{\rho u_{t2} d_p}{u}$$

$$= \frac{1000\times0.0101\times100\times10^{-6}}{1\times10^{-3}} = 1.01 < 2$$

当 0.00899m/s＜u＜0.0101m/s 时，理论上两种颗粒可以完全分开。

可见，关于沉降过程处在斯托克斯区的假设是正确的，故以上计算有效。

当 0.00899m/s＜u＜0.0101m/s 时，理论上两种颗粒可以完全分开。

【讨论】当颗粒的带出速度大于或等于颗粒的沉降速度时，颗粒才能被流体带出。

小颗粒的加速段

【例 3-13】直径 $d_p=40\mu$m 的石英颗粒在 20℃ 空气中做自由沉降。颗粒密度为 2650kg/m³，20℃ 空气密度为 1.205kg/m³、黏度为 1.81×10^{-5}Pa·s。试求颗粒由静止状态加速至沉降速度的 99% 所需的时间。

对颗粒进行受力分析

【解】根据牛顿第二定律可知，颗粒所受的合外力 $\sum F$ 与速度变化率 $\frac{du}{dt}$（即加速度 a）有如下关系：

$$\sum F = m_p a = m_p \frac{du}{dt} \qquad (1)$$

其中，颗粒所受的合外力 $\sum F$ 等于颗粒的净重力（重力－浮力 F_b）与曳力 F_D 之差，即

$$\sum F = (m_p g - F_b) - F_D$$

第3章 机械分离与固体流态化

将 $m_p g = \frac{\pi}{6}d_p^3 \rho_p g$，$F_b = \frac{\pi}{6}d_p^3 \rho g$，$F_D = \zeta\frac{\pi}{4}d_p^2 \frac{\rho}{2}u^2$ 代入上式得

$$\sum F = \frac{\pi}{6}d_p^3(\rho_p - \rho)g - \zeta\frac{\pi}{4}d_p^2 \frac{\rho}{2}u^2 \qquad (2)$$

假设沉降服从斯托克斯公式，则

$$\zeta = \frac{24}{Re} = \frac{24\mu}{\rho u d_p} \qquad (3)$$

先假设沉降服从斯托克斯公式。

将式(3)代入式(2)，得

$$\sum F = \frac{\pi}{6}d_p^3(\rho_p - \rho)g - 3\pi\mu d_p u \qquad (4)$$

将式(4)代入式(1)，得

$$\frac{\pi}{6}d_p^3(\rho_p - \rho)g - 3\pi\mu d_p u = \frac{\pi}{6}d_p^3 \rho_p \frac{du}{dt}$$

化简得

$$(\rho_p - \rho)g - \frac{18\mu u}{d_p^2} = \rho_p \frac{du}{dt}$$

在 $t=0, u=0; t=\tau, u=0.99u_t$ 范围内积分上式，得

$$\tau = \int_0^\tau dt = \int_0^{0.99u_t} \frac{\rho_p}{(\rho_p - \rho)g - \frac{18\mu u}{d_p^2}} du$$

$$\approx \int_0^{0.99u_t} \frac{\rho_p}{\rho_p g - \frac{18\mu u}{d_p^2}} du \quad (因为 \rho_p \gg \rho) \qquad (5)$$

因假设沉降服从斯托克斯公式，故式中

$$u_t = \frac{d_p^2(\rho_p - \rho)g}{18\mu}$$

$$\approx \frac{d_p^2 \rho_p g}{18\mu} = \frac{(40\times 10^{-6})^2 \times 2650 \times 9.81}{18\times 1.81\times 10^{-5}} = 0.128 \text{m/s}$$

代入式(5)得

$$\tau = \int_0^{0.99\times 0.128} \frac{\rho_p}{\rho_p g - \frac{18\mu u}{d_p^2}} du$$

$$= \int_0^{0.127} \frac{2650}{2650\times 9.81 - \frac{18\times 1.81\times 10^{-5} u}{(40\times 10^{-6})^2}} du = 0.068 \text{s}$$

颗粒由静止状态加速至沉降速度的99%所需的时间为0.068s。

检验 Re_p：

$$Re_p = \frac{\rho u_t d_p}{\mu} = \frac{1.205 \times 0.128 \times 40 \times 10^{-6}}{1.81 \times 10^{-5}} = 0.34 < 2$$

可见，关于沉降过程处在斯托克斯区的假设是正确的，故以上计算有效。

【讨论】由本题计算结果可见，微小颗粒自由沉降时，在极短时间内，其速度便可接近沉降速度，故微小颗粒沉降过程中的加速段通常可以忽略。

降尘室的计算

【例3-14】拟用降尘室除去矿石焙烧炉炉气中的氧化铁粉尘（密度为 $4500 kg/m^3$），要求净化后的气体中不含粒径大于 $40\mu m$ 的尘粒。操作条件下的气体体积流量为 $10800 m^3/h$，密度为 $1.6 kg/m^3$，黏度为 $0.03 cP$。

（1）所需的降尘室面积至少为多少 m^2？若降尘室底面宽 $1.5 m$、长 $4 m$，则降尘室需几层？

（2）假设进入降尘室的气流中颗粒分布均匀，则直径 $20\mu m$ 的尘粒能除去百分之几？

（3）若在原降尘室内增加隔板（不计厚度），使层数增加一倍，而 100% 除去的最小颗粒要求不变，则生产能力如何变化？

【解】（1）要想求出所需的沉降面积，需依据以下除尘原理：能被 100% 除去的最小颗粒的沉降时间 H/u_t 等于颗粒在除尘室中的停留时间 L/u，即

$$\frac{H}{u_t} = \frac{L}{u} \tag{1}$$

由式（1）可知，降尘室的处理量（体积流量）

$$V_s = HBu = LBu_t = Au_t$$

于是，所需的沉降面积

$$A = \frac{V_s}{u_t} \tag{2}$$

式中，u_t 为被 100% 除去的最小颗粒（$d_{p,min} = 40\mu m$）的沉降速度。

假设该颗粒的沉降速度符合斯托克斯公式，即

$$u_t = \frac{d_{p,min}^2(\rho_p - \rho)g}{18\mu}$$

$$= \frac{(40 \times 10^{-6})^2 \times (4500 - 1.6) \times 9.81}{18 \times 3.0 \times 10^{-5}} = 0.13 m/s$$

检验 Re_p：

$$Re_p = \frac{\rho u_t d_{p,min}}{\mu} = \frac{1.6 \times 0.13 \times 40 \times 10^{-6}}{3.0 \times 10^{-5}} = 0.277 < 2$$

可见,关于沉降速度符合斯托克斯公式的假设是正确的,故以上计算有效。

将 $u_t = 0.13$ m/s, $V_s = 10800$ m³/h 代入式(2)得

$$A = \frac{V_s}{u_t} = \frac{10800/3600}{0.13} = 23.08 \text{m}^2$$

每一层降尘室的底面积 $A_0 = 1.5 \times 4 = 6$ m²,故

$$\text{降尘室的层数} = \frac{A}{A_0} = \frac{23.08}{6} = 3.8 \text{ 层}$$

取整,为 4 层。

要想 100% 除去 $d_p = 40\mu$m 的颗粒,降尘室面积至少为 $A = 23.08$m²。

降尘室的层数为 4 层。

(2)根据降尘室除尘原理可知,能够被除去的、直径 20μm 的尘粒一定满足停留时间≥沉降时间这一条件。其中,满足停留时间=沉降时间条件的颗粒则是刚好能够被除去的,设其在降尘室入口处所处的高度为 h,则那些高度超过 h 的颗粒将无法除去。因此,在入口处颗粒分布均匀的条件下,直径 20μm 的尘粒被除去的百分率

$$\varphi = \frac{h}{H} \quad (3)$$

降尘室除尘原理:停留时间≥沉降时间,满足停留时间=沉降时间的颗粒刚好能够被除去。

式中,H——降尘室的高度,m。

根据停留时间=沉降时间,有

$$\frac{h}{u_t'} = \frac{L}{u} \quad (4)$$

式(4)与式(1)对照可见:

$$\frac{h}{u_t'} = \frac{H}{u_t}$$

或

$$\frac{h}{H} = \frac{u_t'}{u_t} \quad (5)$$

由问(1)的校核可知,$d_{p,min} = 40\mu$m 的颗粒的沉降速度符合斯托克斯公式,由此可推知,$d_p = 20\mu$m 的颗粒的沉降速度也必然符合斯托克斯公式。因此,可将斯托克斯公式代入上式,得

$$\frac{h}{H} = \frac{u_t'}{u_t} = \frac{d_p'^2}{d_{p,min}^2}$$

将上式代入式(3),有

$$\varphi = \frac{h}{H} = \frac{d_p'^2}{d_{p,min}^2}$$

对于 $d_p = 20\mu$m 的颗粒,在降尘室中被除去的百分率

$$\varphi = \frac{h}{H} = \frac{u_t'}{u_t}$$

$$= \frac{d_p'^2}{d_{p,min}^2} = 25\%$$

将 $d_p'=20\mu m, d_{p,min}=40\mu m$ 代入得

$$\varphi = \left(\frac{20}{40}\right)^2 = 25\%$$

(3) 当 100% 除去的最小颗粒要求不变时，由斯托克斯公式可知沉降速度 u_t 不变，因此，由式(2)得

$$V_s \propto A$$

在原降尘室内增加隔板(不计厚度)，使层数增加一倍后，底面积 A 也随之增大一倍，于是，生产能力也必然增大一倍，即

$$V_s' = \frac{A'}{A}V_s = 2V_s = 2 \times 10800 \text{m}^3/\text{h} = 21600 \text{m}^3/\text{h}$$

【讨论】 在降尘室的计算中，以下几方面需特别注意。

(1) 降尘室除尘原理：

$$\text{停留时间} \geqslant \text{沉降时间}$$

满足以上条件的颗粒才能被降尘室除去。其中，满足等号条件的颗粒则是刚好能被除去的颗粒。若满足等号条件的颗粒的沉降高度恰为降尘室的高度，则该颗粒称为能 100% 除去的最小颗粒。

(2) 降尘室的生产能力仅与底面积有关，而与降尘室高度无关，因此，

① 设计降尘室时，在满足流动阻力、扬尘情况、除尘方便等方面的要求情况下，降尘室高度应尽可能小。

② 要提高生产能力，只能靠扩大降尘室底面积来实现，如采用多层室代替单层室。

(3) 对于 $d_p < d_{p,min}$ 的颗粒，在降尘室中被除去的百分率

$$\varphi = \frac{h}{H} = \frac{u_t'}{u_t}$$

若沉降速度符合斯托克斯公式，则上式又可写成

$$\varphi = \frac{h}{H} = \frac{u_t'}{u_t} = \frac{d_p'^2}{d_{p,min}^2}$$

【例 3-15】 用降尘室除去常压、400℃ 含尘空气中的尘粒，尘粒密度 1800kg/m³，操作条件下的含尘气体质量流量为 14400 kg/h，降尘室长 5m、宽 2m、高 2m，用隔板分成 5 层(不计隔板厚度)，试求

(1) 能 100% 除去的最小尘粒直径；

(2) 若将上述含尘空气先降温至 100℃，然后再除去尘粒，

旁注：

$V_s \propto A$

在原降尘室内增加隔板(不计厚度)，使层数增加一倍时，生产能力随之增加一倍，即变为 21600 m³/h。

温度对降尘室除尘效果的影响

则能100%除去的最小尘粒直径为多大？降温后，为保证100%除去的最小颗粒直径不变，含尘空气的质量流量应变为多大才行？

含尘空气的物性可视为与同温下的空气相同。已知400℃的空气黏度为 3.3×10^{-5} Pa·s，100℃的空气黏度为 2.19×10^{-5} Pa·s。

【解】(1)假设沉降处于斯托克斯区，则能100%除去的最小尘粒直径

$$d_{p,\min}=\sqrt{\frac{18\mu}{(\rho_p-\rho)g}\cdot\frac{V_s}{A_{底}}}=\sqrt{\frac{18\mu}{(\rho_p-\rho)g}\cdot\frac{m}{\rho A_{底}}} \quad (1)$$

将 $\mu=3.3\times10^{-5}$ Pa·s，$m=14400/3600=4$ kg/s，$\rho_p=1800$ kg/m³，$\rho=\dfrac{pM}{RT}=\dfrac{1.013\times10^5\times29}{8314\times(400+273)}=0.525$ kg/m³，$A_{底}=5\times2\times5=50$ m² 代入得

$$d_{p,\min}=\sqrt{\frac{18\times3.3\times10^{-5}}{(1800-0.525)\times9.81}\times\frac{4}{0.525\times50}}$$
$$=7.16\times10^{-5}\text{m}=71.6\mu\text{m}$$

400℃时能100%除去的最小尘粒直径为

$d_{p,\min}=71.6\mu\text{m}$

检验 Re_p：

$$u_t=\frac{V_s}{A_{底}}=\frac{m}{\rho A_{底}}$$

$$Re_p=\frac{\rho u_t d_{p,\min}}{\mu}=\frac{m d_{p,\min}}{A_{底}\mu}$$
$$=\frac{4\times71.6\times10^{-6}}{50\times3.3\times10^{-5}}=0.174<2$$

可见，关于沉降处于斯托克斯区的假设是正确的，故以上计算有效。

(2) 含尘空气温度降至100℃时，

$\mu'=2.19\times10^{-5}$ Pa·s

$\rho'=\dfrac{pM}{RT'}=\dfrac{1.013\times10^5\times29}{8314\times(100+273)}=0.947$ kg/m³

将上述数据及 m、$A_{底}$、ρ_p 代入式(1)得

$$d'_{p,\min}=\sqrt{\frac{18\times2.19\times10^{-5}}{(1800-0.947)\times9.81}\times\frac{4}{0.947\times50}}=43.4\mu\text{m}$$

含尘空气温度降为100℃后，能100%除去的最小尘粒直径减小为 $43.4\mu\text{m}$。

若降温后，仍有 $d_{p,\min}=71.6\mu\text{m}$，即100%除去的最小颗粒

含尘空气温度降为 100℃ 后，若使 100% 除去的最小尘粒直径仍为 $71.6\mu m$，则含尘空气质量需由 4 kg/s 增大为 10.87kg/s。

直径不变，则由式(1)可知

$$m' = \frac{d_{p,min}^2(\rho_p - \rho')g\rho'A_{底}}{18\mu'}$$

$$= \frac{(71.6 \times 10^{-6})^2 \times (1800 - 0.947) \times 9.81 \times 0.947 \times 50}{18 \times 2.19 \times 10^{-5}}$$

$$= 10.87 \text{kg/s}$$

【讨论】由本题计算结果可见，温度对重力沉降室的除尘有影响。具体影响如下。

在 m 一定、设备一定条件下，停留时间 $\propto \dfrac{1}{u} \propto \dfrac{1}{V_s} \propto \rho$，沉降时间 $\propto \dfrac{1}{u_t} \propto \mu$。当气体温度降低时，黏度 μ 变小、密度 ρ 变大，故停留时间变大、沉降时间变小，这将对沉降分离有利，即在相同的质量流量 m 下，能被 100% 除去的最小颗粒粒径变小；或在相同的除尘要求($d_{p,min}$)下，质量流量 m 变大。

请思考：若沉降设备处理的是悬浮液，则温度降低，沉降分离效果或生产能力又如何变化？

降尘室安装倾斜度对除尘效果的影响

【例3-16】某降尘室长 10m、宽 2m、高 2m，含尘气体流速为 0.4m/s，黏度为 3×10^{-5}Pa·s，密度为 0.80kg/m^3，尘粒密度为 3800kg/m^3。试求降尘室在以下几种安装情况下，能被 100% 除去的最小尘粒直径。

(1) 水平安装。

(2) 与水平方向呈 10°、23°、30°、60°角向上倾斜安装。

【解】(1)降尘室水平安装时，由 $\dfrac{L}{u} = \dfrac{H}{u_t}$ 得

$$u_t = \frac{Hu}{L} \quad (1)$$

将 $H = 2\text{m}, u = 0.4\text{m/s}, L = 10\text{m}$ 代入上式得

$$u_t = \frac{2 \times 0.4}{10} = 0.08 \text{m/s}$$

假设沉降处于斯托克斯区，则能被 100% 除去的最小尘粒直径

降尘室水平安装时 $d_{p,min} = 34.0\mu m$

$$d_{p,min} = \sqrt{\frac{18\mu u_t}{(\rho_p - \rho)g}} = \sqrt{\frac{18 \times 3 \times 10^{-5} \times 0.08}{(3800 - 0.80) \times 9.81}}$$

$$= 3.40 \times 10^{-5}\text{m} = 34.0\mu m$$

检验 Re_p：

$$Re_p = \frac{\rho u_t d_{p,min}}{\mu} = \frac{0.80 \times 0.08 \times 34.0 \times 10^{-6}}{3.0 \times 10^{-5}} = 0.07 < 2$$

可见,关于沉降处于斯托克斯区的假设是正确的,故以上计算有效。

(2) 如图 3-9 所示,降尘室与水平方向呈 $10°$、$23°$、$30°$、$60°$ 角向上倾斜安装时,

$$\text{尘粒停留时间} = \frac{L}{u - u_t' \sin\alpha}$$

$$\text{尘粒的沉降时间} = \frac{H}{u_t' \cos\alpha}$$

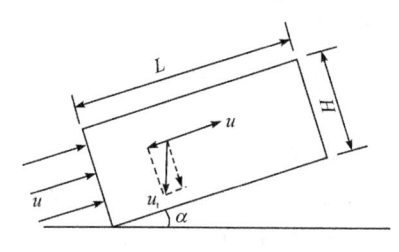

图 3-9 例 3-16 题解附图 a

根据除尘原理可知,能被 100% 除去的最小尘粒直径满足停留时间=沉降时间,即

$$\frac{L}{u - u_t' \sin\alpha} = \frac{H}{u_t' \cos\alpha}$$

由此得

$$u_t' = \frac{Hu}{L\cos\alpha + H\sin\alpha} \quad (2)$$

对比式(1)、(2)得

$$\frac{u_t'}{u_t} = \frac{L}{L\cos\alpha + H\sin\alpha} \quad (3)$$

假设沉降过程处于斯托克斯区,则由式(3)可得

$$\frac{d_{p,\min}'}{d_{p,\min}} = \sqrt{\frac{u_t'}{u_t}} = \sqrt{\frac{L}{L\cos\alpha + H\sin\alpha}}$$

将 $L=10\text{m}$,$H=2\text{m}$ 代入得

$$\frac{d_{p,\min}'}{d_{p,\min}} = \sqrt{\frac{10}{10\cos\alpha + 2\sin\alpha}} \quad (4)$$

$\alpha = 10°$ 时,

$$d_{p,\min}' = \sqrt{\frac{10}{10\cos 10° + 2\sin 10°}} \, d_{p,\min}$$

$$= 0.99 d_{p,\min} = 0.99 \times 34.0 = 33.7 \mu\text{m}$$

同理,$\alpha = 23°$ 时,$d_{p,\min}' = 34.0 \mu\text{m}$

降尘室向上倾斜安装时,有

$$u_t' = \frac{Hu}{L\cos\alpha + H\sin\alpha}$$

降尘室与水平方向呈 $10°$ 角向上倾斜安装时,

$d_{p,\min}' = 33.7 \mu\text{m}$

$23°$、$30°$、$60°$ 角向上倾斜安装时,分别有

$d_{p,\min}' = 34.0 \mu\text{m}$

$d_{p,\min}' = 34.6 \mu\text{m}$

$d_{p,\min}' = 50.5 \mu\text{m}$

$\alpha=30°$时,$d'_{p,\min}=34.6\mu m$

$\alpha=60°$时,$d'_{p,\min}=50.5\mu m$

检验 Re'_p:

$$Re'_p = \frac{u'_t d'_{p,\min}}{u_t d_{p,\min}} Re_p = \left(\frac{d'_{p,\min}}{d_{p,\min}}\right)^3 Re_p$$

$\alpha=10°$时,将有关数据代入得

$$Re'_p = \left(\frac{33.7}{34.0}\right)^3 \times 0.07 = 0.068 < 2$$

同理,$\alpha=23°$时,$Re'_p=0.07<2$

$\alpha=30°$时,$Re'_p=0.074<2$

$\alpha=60°$时,$Re'_p=0.23<2$

可见,以上计算有效。

【讨论】由本题计算结果可见,当降尘室向上倾斜安装:

(1)倾斜角 $\alpha<23°$ 时,能被100%除去的最小尘粒粒径略微变小,这表明,在本题条件下降尘室安装时不必过分要求水平。

(2)倾斜角 $\alpha>23°$ 时,能被100%除去的最小尘粒粒径逐渐变大。这表明,当倾斜角 $\alpha>23°$ 时倾斜角越大,对除尘越不利。

原因分析如下:当降尘室向上倾斜安装时(见图 3-9),颗粒沿 L 方向的运动速度由于沉降速度分量的影响而减小,倾斜角越大,减小得越多,因而,颗粒在降尘室中的停留时间越长。但

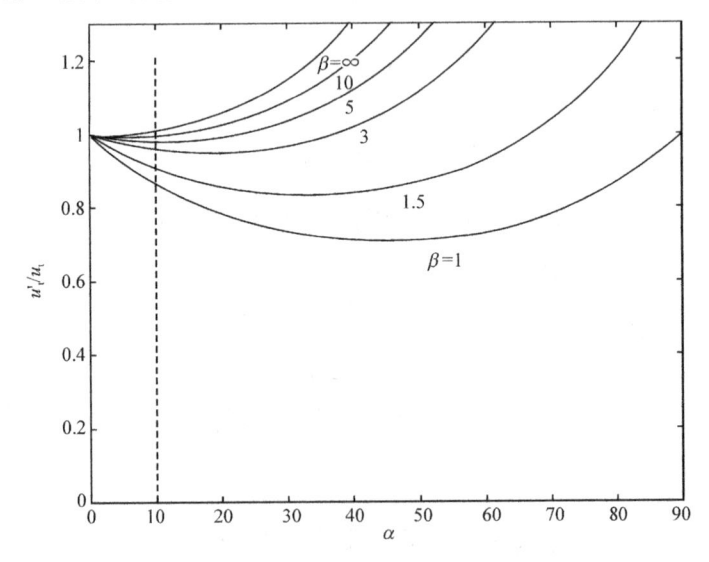

图 3-10 例 3-16 题解附图 b

另一方面,沿 H 方向的沉降速度也同时在随倾斜角增大而变小,故而沉降时间也变长。因此,降尘室向上倾斜安装对除尘是否有利还需比较停留时间和沉降时间各自的变化幅度大小。为此,令 $\dfrac{L}{H}=\dfrac{u}{u_t}=\beta$,代入式(3)得

$$\dfrac{u'_t}{u_t}=\dfrac{\beta}{\beta\cos\alpha+\sin\alpha}$$

以 α、u'_t/u_t 为横、纵坐标,在直角坐标系中,对不同的 β 画出 (u'_t/u_t)-α 关系曲线,如图 3-10 所示。由图可以看出,当 α 较小(约 10°以下)时,曲线近乎为水平线或为下降曲线,即 $(u'_t/u_t)\leqslant 1$,这表明,此时倾斜安装对除尘效果无影响或有利,因而安装时不必过分强调水平度。

【**例 3-17**】如图 3-11 所示,某标准型旋风分离器圆筒部分直径 $D=1.5\text{m}$,$A=D/2$,$B=D/4$,气体在器内旋转圈数 N 为 5。用此旋风分离器分离例 3-15 中的含尘气体。

> 旋风分离器的计算

(1) 试求能够从分离器内 100% 分离出来的最小颗粒的直径(临界直径)。

(2) 如果分别以两台及四台相同的旋风分离器并联操作,以代替原来的分离器,且能分离的最小粉尘直径要求不变,则每台旋风分离器的直径应为多大?

【**解**】(1)假设沉降过程处于斯托克斯区,旋风分离器能 100% 分离出来的最小颗粒直径

$$d_c=\sqrt{\dfrac{9\mu B}{\pi N u_i\rho_p}}$$

将 $u_i=\dfrac{m/\rho}{AB}$ 代入得

$$d_c=\sqrt{\dfrac{9\mu AB^2\rho}{\pi Nm\rho_p}} \tag{1}$$

将 400℃空气的 $\mu=3.3\times10^{-5}\text{Pa}\cdot\text{s}$,$\rho=0.525\text{kg/m}^3$,$A=\dfrac{1.5}{2}=0.75\text{m}$,$B=\dfrac{1.5}{4}=0.375\text{m}$,$N=5$,$m=\dfrac{14400}{3600}=4\text{kg/s}$,$\rho_p=1800\text{kg/m}^3$ 代入式(1)得

$$d_c=\sqrt{\dfrac{9\times3.3\times10^{-5}\times0.75\times0.375^2\times0.525}{\pi\times5\times4\times1800}}$$
$$=1.206\times10^{-5}=12.06\mu\text{m}$$

> 单台旋风分离器,能 100% 分离出来的最小颗粒直径
> $d_c=12.06\mu\text{m}$

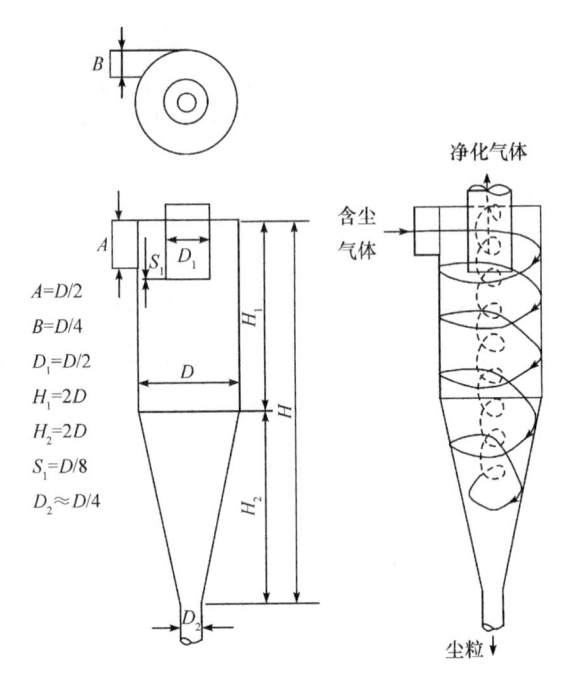

$A=D/2$
$B=D/4$
$D_1=D/2$
$H_1=2D$
$H_2=2D$
$S_1=D/8$
$D_2≈D/4$

图 3-11 旋风分离器的尺寸及操作原理图

检验雷诺数。

旋风分离器入口气速

$$u_i = \frac{m/\rho}{AB} = \frac{4/0.525}{0.75 \times 0.375} = 27.09 \text{m/s}$$

在斯托克斯区,沉降速度

$$u_r = \frac{d_c^2 \rho_p u_i^2}{18\mu r_m} = \frac{d_c^2 \rho_p u_i^2}{18\mu \left(\frac{D-B}{2}\right)}$$

$$= \frac{(1.206 \times 10^{-5})^2 \times 1800 \times 27.09^2}{18 \times 3.3 \times 10^{-5} \times \frac{1.5-0.375}{2}}$$

$$= 0.575 \text{m/s}$$

$$Re_p = \frac{d_c u_r \rho}{\mu}$$

$$= \frac{1.206 \times 10^5 \times 0.575 \times 0.525}{3.3 \times 10^{-5}} = 0.11 < 2$$

可见,颗粒沉降服从斯托克斯公式,上述计算有效。

(2) 将 $A=D/2, B=D/4$ 代入式(1)得

$$d_\text{c}=\sqrt{\frac{9\mu\dfrac{D}{2}\left(\dfrac{D}{4}\right)^2\rho}{\pi Nm\rho_\text{p}}}$$

由此可得

$$D=\left(\frac{32\pi d_\text{c}^2 Nm\rho_\text{p}}{9\mu\rho}\right)^{\frac{1}{3}} \tag{2}$$

由式(2)可知，$D\propto m^{\frac{1}{3}}$。

两台相同的旋风分离器并联操作时，每台设备的质量流量 m 变为原来单台的二分之一，即 $m'=m/2$，故

$$D'=\left(\frac{m'}{m}\right)^{\frac{1}{3}}D=\left(\frac{1}{2}\right)^{\frac{1}{3}}D=0.794D$$
$$=0.794\times1.5=1.19\text{m}$$

两台相同的旋风分离器并联操作时，每台直径只需 1.19m。

四台相同的旋风分离器并联操作时：每台设备的质量流量 m 变为原来单台的四分之一，即 $m''=\dfrac{m}{4}$，故

$$D''=\left(\frac{m''}{m}\right)^{\frac{1}{3}}D=\left(\frac{1}{4}\right)^{\frac{1}{3}}D=0.630D=0.945\text{m}$$

四台相同的旋风分离器并联操作时，每台直径只需 0.945m。

【讨论】(1) 将本题的计算结果与例 3-15 的计算结果对比可见，在相同生产能力下，旋风分离器的分离效果比重力降尘室好得多，可以除去更小的尘粒。

附例 3-15 的计算结果：
$d_\text{c}=71.6\mu\text{m}$

一般地，工业上旋风分离器用来分离气体中 $5\sim75\mu\text{m}$ 直径的粒子，而重力沉降设备通常用作预分离设备，置于旋风分离器之前使用，能除去流体中较大的颗粒，如 $d_\text{p}\geqslant75\mu\text{m}$ 的颗粒。

(2) 在设计旋风分离器时，采用两台或多台并联方案，与采用单台方案相比，若分离要求 d_c 不变，则旋风分离器的设计直径将变小。如本题的标准旋风分离器，根据 $D\propto m^{\frac{1}{3}}$ 可知

$$D'=\left(\frac{m'}{m}\right)^{\frac{1}{3}}D=\left(\frac{1}{n}\right)^{\frac{1}{3}}D=1.5n^{-\frac{1}{3}}$$

D'/D 对 n 作表(见表 3-2)，由表可见，D'/D 随 n 的增大逐渐减小，当 $n>4$ 时，变化趋势减缓，即每台设备费减小趋势减慢，而随着 n 的增大，设备个数越来越多，这时的总设备费可能会增大，故不宜采用过多的旋风分离器并联使用。

表 3-2

n	1	2	3	4	5	6	7	8	∞
D'/D	1	0.79	0.69	0.63	0.58	0.55	0.52	0.5	0

流化床计算

【例 3-18】 某厂生产中拟采用流化床反应器,反应气体密度为 0.79kg/m^3,黏度为 0.0319cP。反应器内采用粒度不均一的微球型硅胶为载体的催化剂,平均粒径为 $90\mu\text{m}$,密度为 1068kg/m^3。为设计该流化床反应器,在实验室内用 $20℃$ 常压空气和真实的催化剂颗粒进行冷模实验,测得起始(临界)流化速度为 0.0042m/s,催化剂颗粒带出时空气流速为 0.1m/s。为避免催化剂颗粒带出,则实际反应气体的操作气速范围为多大? 已知 $20℃$ 常压空气密度为 1.205kg/m^3,黏度为 0.018cP。

附:起始流化速度计算式为

$$u_{mf} = \frac{1}{180}\left(\frac{\varepsilon_{mf}^3}{1-\varepsilon_{mf}}\right)\frac{d_p^2(\rho_p-\rho)g}{18\mu} \quad (\text{球形颗粒}, Re = \frac{d_p u_{mf}\rho}{\mu} < 10) \tag{1}$$

式中,ε_{mf} —— 起始流化床空隙率;

d_p —— 颗粒直径;

ρ_p —— 颗粒密度;

ρ —— 流体密度;

μ —— 流体黏度。

【解】 因起始流化床空隙率 ε_{mf} 与流体性质无关,故由式(1)可得实际条件与冷模试验条件下起始流化速度之比

$$\frac{u'_{mf}}{u_{mf}} = \frac{(\rho_p - \rho')/\mu'}{(\rho_p - \rho)/\mu} = \frac{(1068-0.79)/(0.0319\times 10^{-3})}{(1068-1.205)/(0.018\times 10^{-3})} = 0.56$$

实际条件下起始流化速度为 0.0024m/s。

故 $u'_{mf} = 0.56 u_{mf} = 0.56 \times 0.0042 = 0.0024\text{m/s}$

检验雷诺数。

$$Re_{mf} = \frac{d_p u_{mf}\rho}{\mu}$$

$$= \frac{90\times 10^{-6}\times 0.0042\times 1.205}{0.018\times 10^{-3}} = 0.025 < 10$$

$$Re'_{mf} = \frac{d_p u'_{mf}\rho'}{\mu'}$$

$$= \frac{90\times 10^{-6}\times 0.0024\times 0.79}{0.0319\times 10^{-3}} = 0.0053 < 10$$

故以上计算有效。

根据颗粒带出原理,带出速度 $u_0 = u_t$。假设被带出颗粒的粒径为 $d_{p,\min}$,且该颗粒沉降速度符合斯托克斯公式,即

$$u_0 = u_t = \frac{d_{p,min}^2(\rho_p - \rho)g}{18\mu} \quad (2)$$

则实际条件与冷模试验条件下带出速度之比为

$$\frac{u_0'}{u_0} = \frac{(\rho_p - \rho')/\mu'}{(\rho_p - \rho)/\mu} = 0.56$$

$$u_0' = 0.56 \times 0.1 = 0.056 \text{m/s}$$

实际条件下带出速度为 0.056m/s。

检验雷诺数。

由式(2)可计算得

$$d_{p,min} = \sqrt{\frac{18\mu}{(\rho_p - \rho)g} \cdot u_0} = \sqrt{\frac{18 \times 0.018 \times 10^{-3}}{(1068 - 1.205) \times 9.81} \times 0.1}$$
$$= 5.564 \times 10^{-5} \text{m}$$

则 $Re_0 = \dfrac{d_{p,min} u_0 \rho}{\mu} = \dfrac{5.564 \times 10^{-5} \times 0.1 \times 1.205}{0.018 \times 10^{-3}} = 0.37 < 2$

$Re_0 = \dfrac{d_{p,min} u_0' \rho''}{\mu'} = \dfrac{5.564 \times 10^{-5} \times 0.056 \times 0.79}{0.0319 \times 10^{-3}} = 0.077 < 2$

以上计算有效。

由以上计算可知,实际反应气体的操作气速范围为 0.0024～0.056m/s。

实际反应气体的操作气速范围为 0.0024～0.056m/s。

【讨论】(1) 起始流化速度又称临界或最小流化速度,即床内颗粒由彼此接触转到脱离接触时的流体速度。

(2) 因为 ϕ_s、ε_{mf} 的现成数据很少,且难以测定,故一般不直接用经验式[如式(1)]计算 u_{mf},而采用冷模实验方法,用常温常压空气代替实际气体测定 u_{mf},进而推知实际气体的 u_{mf}。

(3) 当气体速度稍大于颗粒的沉降速度时,颗粒便随气流向上运动,进而被带出流化床,故为避免颗粒被带出,流化床的最大气速应小于最小颗粒的沉降速度。

(4) 流化床的操作气速原则上要大于起始流化速度(按平均颗粒直径定),小于带出速度(按不希望被带出的最小直径定出)。但有时为增大设备的生产强度,或增大气、固接触时间,操作气速有时大于一部分颗粒的带出速度,此时可再利用流化床后面的旋风分离器将带出的颗粒回收。

【例 3-19】 某流化床反应器催化剂用量为 350kg,颗粒密度为 1250kg/m³,固定床空隙率为 0.48,反应气体的体积流量为 850m³/h,密度为 1.17kg/m³(皆为操作条件下)。操作中测得

流化床计算

床层两端压差为 500mmH₂O，底部与距底 0.3m 处的压差为 150mmH₂O。试求

(1) 浓相区高度、流化床的直径和操作气速；

(2) 操作一段时间后，床层两端压差降为 400mmH₂O，问催化剂的损失百分率为多少？

忽略流体与床壁的摩擦损失。

【解】(1) 根据流化床的流体力学特性，有

$$\Delta\Gamma = \Delta p - L\rho g = \frac{m_p}{A\rho_p}(\rho_p - \rho)g \tag{1}$$

其中，颗粒体积 $= \dfrac{m_p}{\rho_p} = L(1-\varepsilon)A$，代入上式得

$$\Delta p - L\rho g = L(1-\varepsilon)(\rho_p - \rho)g \tag{2}$$

于是流化床中不同高度之间有如下关系：

$$\frac{\Delta p - L\rho g}{\Delta p_1 - L_1\rho g} = \frac{L(1-\varepsilon)(\rho_p - \rho)g}{L_1(1-\varepsilon)(\rho_p - \rho)g} = \frac{L}{L_1}$$

或写成

$$\frac{\Delta p - L\rho g}{L} = \frac{\Delta p_1 - L_1\rho g}{L_1} \tag{3}$$

将 $L_1 = 0.3\text{m}, \rho = 1.17\text{kg/m}^3, \Delta p_1 = 150\text{mmH}_2\text{O} = 1471.0\text{Pa}$，$\Delta p = 500\text{mmH}_2\text{O} = 4903.2\text{Pa}$ 代入式(3)，并解之得

浓相区高度 1m

$$L = 1\text{m}$$

将 $\Delta p = 500\text{mmH}_2\text{O} = 4903.2\text{Pa}, L = 1\text{m}, \rho = 1.17\text{kg/m}^3$，$m_p = 350\text{kg}, \rho_p = 1250\text{kg/m}^3$ 代入式(1)得

$$A = \frac{m_p}{\rho_p(\Delta p - L\rho g)}(\rho_p - \rho)g$$

$$= \frac{350}{1250 \times (4903.2 - 1 \times 1.17 \times 9.81)} \times (1250 - 1.17) \times 9.81$$

$$= 0.70\text{m}^2$$

故床层直径

流化床直径 0.94m

$$D = \sqrt{\frac{4A}{\pi}} = \sqrt{\frac{4 \times 0.70}{\pi}} = 0.94\text{m}$$

操作气速（床层表观速度）

操作气速 0.34m/s

$$u = \frac{V_s}{A} = \frac{850/3600}{0.70} = 0.34\text{m/s}$$

(2) 床层两端压差降低了，表明有催化剂颗粒被带出了反应器。设有 m_p' kg 颗粒未被带出。由式(1)得

$$\frac{\Delta p' - L'\rho g}{\Delta p - L\rho g} = \frac{m'_p}{m_p}$$

于是

$$m'_p = \frac{\Delta p' - L'\rho g}{\Delta p - L\rho g} m_p$$

将 $\Delta p' = 400\text{mm H}_2\text{O} = 3922.6\text{Pa}$，$\Delta p = 500\text{mm H}_2\text{O} = 4903.2\text{Pa}$，$L \approx L' = 1\text{m}$，$\rho = 1.17\text{kg/m}^3$，$m_p = 350\text{kg}$ 代入上式，并解之得

$$m'_p = 279.8\text{kg}$$

催化剂损失百分率 $= \dfrac{m_p - m'_p}{m_p} \times 100\%$

$= \dfrac{350 - 279.8}{350} \times 100\% = 20.1\%$

床层两端压差降低后，催化剂损失 20.1%。

【讨论】流化床最主要的流体力学特征是压降为常数(忽略流体与床壁的摩擦损失)，数值上等于床层的总质量(即颗粒质量＋流体质量)。

本章主要符号说明

符 号	意 义	单 位
a	洗涤液黏度与滤液黏度之比	—
b	洗涤液量与滤液量之比	m^3/m^3
A	面积	m^2
B	宽度	m
c	滤渣体积与滤液体积之比	m^3/m^3
d_p	颗粒直径	m
D	直径	m
l	长度	m
L	床层高度	m
p	压力	Pa
q	通过单位面积的滤液体积	m^3/m^2
q_e	通过单位面积的当量滤液体积	m^3/m^2
Q	过滤生产能力	m^3/s
r	比阻	$1/m^2$
r_i	半径	m
Re	雷诺数	—
u	过滤速度	m/s
u_t	重力沉降速度	m/s

符号	意义	单位
V	滤液体积	m^3
V_e	过滤介质的当量滤液体积	m^3
V_s	体积流量	m^3/s
ε	床层空隙率	—
μ	黏度	$Pa \cdot s$
ϕ	回转真空过滤机转筒的浸没分数	—
τ	时间	s
ζ_D	曳力系数	—

参考文献

1　何潮洪等. 化工原理操作性问题的分析. 北京:化学工业出版社,1998
2　陈维杻. 传递过程与单元操作(上册). 杭州:浙江大学出版社,1993
3　谭天恩等. 化工原理(上册). 第二版. 北京:化学工业出版社,1990
4　陈敏恒等. 化工原理(上册). 第二版. 北京:化学工业出版社,1999
5　大连理工大学化工原理教研室. 化工原理(上册). 大连:大连理工大学出版社,1993
6　蒋维均等. 化工原理(上册). 北京:清华大学出版社,1992

习　　题

1. 推导过滤基本方程时,一个基本的假设是_____。
   (A)滤液在介质中呈湍流流动　　(B)滤液在介质中呈层流流动
   (C)滤液在滤渣中呈湍流流动　　(D)滤液在滤渣中呈层流流动
2. 在一般过滤操作中,实际上起到主要过滤作用的是_____。
3. 过滤常数 K 与_____无关。
   (A)滤液的黏度　　　　　　　(B)过滤面积
   (C)滤浆的浓度　　　　　　　(D)滤饼的压缩性
4. 过滤介质阻力忽略不计,则间歇式过滤机达到最大生产能力的条件是_____
   _____。
5. 当其他条件都保持不变时,提高回转真空过滤机的转速,则过滤机的生产能力
   _____。
   (A)提高　　(B)降低　　(C)不变　　(D)不一定
6. 在相同操作压力下,当洗涤液与滤液的黏度相同时,板框压滤机的洗涤速率 $\left(\dfrac{dV}{d\tau}\right)_w$ 与最终过滤速率 $\left(\dfrac{dV}{d\tau}\right)_e$ 的比值为_____。
7. 颗粒的自由沉降是指_____。
8. 粒子在重力场中沉降时,受到的力有_____。

9. 在重力场中，微小颗粒的沉降速度与_____无关。
   (A) 粒子的几何形状　　　　　　(B) 粒子的尺寸大小
   (C) 流体与粒子的密度　　　　　(D) 流体的速度
10. 将降尘室用隔板分层后，若能100%除去的最小颗粒直径要求不变，则生产能力将_____，沉降速度_____，沉降时间_____。
    (A) 变大　　(B) 变小　　(C) 不变　　(D) 不确定
11. 旋风分离器的总的分离效率是指_____。
12. 在讨论旋风分离器分离性能时，临界直径是指_____
    _____。
13. 在流化床操作中，流化的类型有_____。
14. 流化床的压降随气速变化的大致规律是_____。
15. 在流化床操作中，当气流速度_____颗粒的沉降速度时，这个气流速度称为带出速度。
16. 用某过滤机过滤固体粉末与水的悬浮液。已测得，过滤面积为 $10m^2$，若在压差 50kPa 下恒压过滤 1h，可得滤液 $10m^3$；若恒速过滤 1h，可得滤液 $16m^3$。介质阻力可忽略不计，压缩指数 $s=0.5$，单位压差下的滤饼比阻 $r_0=1.1\times10^9/m^2$。滤饼体积与滤液体积之比 $c=0.08\ m^3/m^3$，水的黏度 $\mu=1cP$。试分别计算在下面两种操作条件下，过滤常数 K 和压差 Δp 随过滤时间 τ 的变化关系式。
    (1) 恒压过滤。
    (2) 恒速过滤。
17. 用叶滤机过滤某水悬浮液。经实验测得，在 0.3MPa 压差下，过滤常数 $K=5.5\times10^{-5}m^2/s$，$q_e=0.012m^3/m^2$，滤饼可看成是不可压缩的。求以下三种情况下每 m^2 过滤面积获得的滤液量。
    (1) 若先恒速过滤 10min，待压差升至 0.3MPa 后，再继续进行恒压过滤 20min。
    (2) 若以与(1)相同的速度恒速过滤 15min，而后再继续进行恒压过滤 15min。
    (3) 若在 0.3MPa 下恒压过滤 30min。
18. 若滤饼不可压缩，过滤介质阻力可以忽略，洗涤液黏度与滤液黏度相等。试证明，对间歇过滤机，先恒速后恒压过滤过程在恒速所得滤液占总滤液量为一定时的最佳操作周期满足下式：
    $$\tau+\tau_w=\tau_D$$
19. 拟采用回转真空过滤机恒压下过滤 20℃的某悬浮液。悬浮液处理量为 30 m^3/h，过滤常数 $K=6\times10^{-4}m^2/s$，$q_e=0.01m^3/m^2$，滤饼体积与滤液体积之比 $c=0.05m^3/m^3$。浸没角度为 120°，滤饼厚度为 5mm。试求所需的转鼓面积和转速。假设滤饼不可压缩。

20. 采用回转真空过滤机在恒压下过滤钛白粉的水悬浮液,过滤常数 $K=1.7\times 10^{-6}\text{m}^2/\text{s}$,过滤面积为 10m^2,转速为 0.5r/min,转鼓浸没角度为 $120°$,过滤介质阻力可以忽略,滤饼不可压缩。试求在下述操作条件下,过滤机生产能力如何变化。

  (1) 操作压差提高一倍。

  (2) 转鼓转速增大一倍。

  (3) 浸没角度增大为 $150°$。

21. 用板框过滤机在压差 100kPa 下恒压过滤某水悬浮液,悬浮液温度为 $20℃$,过滤 1h 得滤液 10m^3,介质阻力可忽略不计。现将悬浮液预热至 $50℃$,其他条件不变,试求过滤 1h 得滤液多少? 已知 $20℃$ 水的黏度为 1.005cP,$50℃$ 水的黏度为 0.549cP。

22. 拟用板框过滤机恒压过滤 $20℃\text{CaCO}_3$ 水悬浮液。要求每小时处理的悬浮液量至少为 20m^3。滤饼不洗涤,已知滤饼体积/滤液体积 $=0.026\text{m}^3/\text{m}^3$,卸渣、重整等辅助时间为 30min。在相同条件下,于小板框过滤机中进行试验,得到如表 3-3 所示数据。

表 3-3

过滤时间/min	单位面积上的滤液量/(m^3/m^2)
20	0.34
40	0.5

  (1) 试从以下规格的板框过滤机中选出合适的型号。

表 3-4

型号	过滤面积/m^2	框内尺寸	框数/个
A	46.0	635mm×635mm×25mm	57
B	47.2	810mm×810mm	36

  (2) 所选设备的最大生产能力为多大? 其全充满时生产能力又为多大?

  (3) 为了使过滤连续化,现改用回转真空过滤机。测得该回转真空过滤机每一个操作周期内得滤液 0.5m^3。问该机转速为多少时方能使生产能力维持与板框过滤机全充满时相同?

23. 试计算直径为 $25\mu\text{m}$ 的球形石英颗粒在 $20℃$ 水中和空气中的自由沉降速度。若颗粒直径加倍,其沉降速度又为多少? 已知石英密度为 2650 kg/m^3,$20℃$ 水的黏度为 1cP,密度为 1000kg/m^3。$20℃$ 空气的黏度为 $1.81\times 10^{-5}\text{Pa}\cdot\text{s}$,密度为 1.205 kg/m^3。

24. 玻璃管长 0.5m,充满油,现从顶端每隔 1s 加入一滴水,试求
    (1) 若油静止,当加入第 21 滴水时,第一滴正好到底部,则水滴沉降速度为多少米/秒;
    (2) 现油以 0.015m/s 的速度向下运动,加入水滴的速度不变,则第一滴水正好到底部时管内有水多少滴?

25. 某降尘室长 12m,宽 6m,高 3.6m。操作条件下的气体体积流量为 $4.5m^3/s$,气体密度为 $0.85kg/m^3$,黏度为 0.024cP,粉尘密度 $4500kg/m^3$,试求该降尘室能 100% 除去的最小尘粒直径。若将该降尘室用隔板分成 4 层(不计隔板厚度),而需完全除去的最小颗粒要求不变,则降尘室的气体处理能力有何变化?若生产能力不变,则能 100% 除去的最小尘粒直径为多大?

26. 一降尘室用以沉降空气中的球形固体粉尘,固体的密度为 $4000 kg/m^3$。试讨论下列几种情况下,降尘室的生产能力变为原来的多少倍?
    (1) 最小颗粒由 $60\mu m$ 减小为 $40\mu m$;
    (2) 空气温度由 20℃ 升到 100℃;
    (3) 降尘室的底面积由 $10m^2$ 增至 $20m^2$。
    已知 20℃ 和 100℃ 空气黏度分别为 $1.81×10^{-5}Pa·s$ 和 $2.19×10^{-5}Pa·s$。

27. 用某降尘室处理含尘气体,试分析当降尘室与水平方向呈 α 角向下倾斜安装时,与水平安装相比,最小尘粒直径将如何变化?假设沉降过程处在斯托克斯区。

28. 原来采用一个直径为 1.0m 的标准型旋风分离器(入口为矩形管,高 A 为 $D/2$,宽 B 为 $D/4$)除去气流中的固体颗粒,但除尘效率偏低。现生产能力不变,为使临界粒径减小一半以上,有人建议:
    (1) 将两个直径 $D=0.6m$ 的标准型旋风分离器串联使用;
    (2) 将两个直径 $D=0.6m$ 的标准型旋风分离器并联使用;
    (3) 将两个直径 $D=0.4m$ 的标准型旋风分离器并联使用。
    试问,哪一个方案可行且合理?为什么?假设含尘气体的物性为常数。沉降过程属斯托克斯区。

29. 拟用空气流化粒度范围为 $50\sim175\mu m$ 的球型颗粒床层,空气密度为 $1.2 kg/m^3$、黏度为 0.018cP。颗粒密度为 $1200kg/m^3$。测得起始(临界)流化床层空隙率为 $\varepsilon_{mf}=0.4$,起始流化床床层高度为 1m。
    (1) 求为避免催化剂颗粒带出的最大流化速度;
    (2) 求流化床层高度为 1.5m 时的空隙率。

30. 直径为 1.5m 的某反应流化床所用的催化剂颗粒为非球型,颗粒密度为 $\rho_p=2500kg/m^3$,催化剂总质量为 1500kg,流化床浓相区空隙率与表观速度关系为 $\varepsilon=0.47+0.315u^{1.11}$。原料气体的体积流量为 $3000m^3/h$,密度为 $1.4kg/m^3$

（操作状况下）。已测得空隙率为 0.8 时，催化剂颗粒开始被带出。

(1) 试求流化床的浓相区高度；

(2) 若气体流量增大一倍，则床层总压降如何变化？

第4章 热量传递基础[1~9]

基本内容

1. 热传导

傅里叶定律：

$$dQ = -\lambda \frac{\partial t}{\partial n} dA \tag{4-1a}$$

或

$$q = -\lambda \frac{\partial t}{\partial n} \tag{4-1b}$$

固体热传导能量方程通式及一维稳态导热简化式如下。

直角坐标系：

$$\rho c_p \frac{\partial t}{\partial \tau} = \lambda \left[\frac{\partial^2 t}{\partial x^2} + \frac{\partial^2 t}{\partial y^2} + \frac{\partial^2 t}{\partial z^2} \right] + \dot{\Phi}_s \tag{4-2}$$

柱面坐标系：

$$\rho c_p \frac{\partial t}{\partial \tau} = \lambda \left[\frac{1}{r} \frac{\partial}{\partial r} \left(r \frac{\partial t}{\partial r} \right) + \frac{1}{r^2} \frac{\partial^2 t}{\partial \theta^2} + \frac{\partial^2 t}{\partial z^2} \right] + \dot{\Phi}_s \tag{4-3}$$

球面坐标系：

$$\rho c_p \frac{\partial t}{\partial \tau} = \lambda \left[\frac{1}{r^2} \frac{\partial}{\partial r} \left(r^2 \frac{\partial t}{\partial r} \right) + \frac{1}{r^2 \sin\theta} \frac{\partial}{\partial \theta} \left(\sin\theta \frac{\partial t}{\partial \theta} \right) + \frac{1}{r^2 \sin^2\theta} \frac{\partial^2 t}{\partial \phi^2} \right] + \dot{\Phi}_s \tag{4-4}$$

对于无内热源的一维稳态导热可表示为

$$Q = \frac{\Delta t}{\sum_{i=1}^{n} R_i} = \frac{t_1 - t_{n+1}}{\sum_{i=1}^{n} \frac{b_i}{\lambda_i A_{mi}}} = \frac{\Delta t_i}{R_i} = \frac{t_i - t_{i+1}}{\frac{b_i}{\lambda_i A_{mi}}} \tag{4-5}$$

式中，

n 层平壁：
$$A_{mi} = A_i \tag{4-6}$$

n 层圆筒壁：
$$A_{mi} = 2\pi r_{mi} L, \quad r_{mi} = \frac{r_i - r_{i+1}}{\ln \frac{r_i}{r_{i+1}}} \tag{4-7}$$

n 层球壁：
$$A_{mi} = 4\pi r_{mi}^2, \quad r_{mi} = \sqrt{r_i r_{i+1}} \tag{4-8}$$

2. 对流

牛顿冷却公式如下。

流体被加热时，$\qquad Q=\alpha A(t_w-t_f) \qquad$ (4-9)

流体被冷却时，$\qquad Q=\alpha A(t_f-t_w) \qquad$ (4-10)

流体对流时的传热系数经验公式如下。

流体在圆管内作无相变强制湍流时的对流传热系数

$$\alpha = 0.023 \frac{\lambda}{d} Re^{0.8} Pr^n \qquad (4-11)$$

式中，定性尺寸 d 为管内径；定性温度取流体进、出口温度的算术平均值；应用范围：$Re>10000$，$0.7<Pr<120$，管长管径之比 $\geqslant 50$；当流体被加热时，$n=0.4$，当流体被冷却时，$n=0.3$。

至于其他流动状态，非圆形管内及管外强制对流时的对流传热系数，有相变或自然对流时的对流传热系数，对流辐射联合传热系数请参见《化工原理》教材。

3. 热辐射

斯蒂芬-波尔茨曼定律如下。

黑体辐射能力 $\qquad E_b(T)=C_0\left(\dfrac{T}{100}\right)^4 \qquad$ (4-12)

灰体辐射能力 $\qquad E(T)=\varepsilon C_0\left(\dfrac{T}{100}\right)^4 \qquad$ (4-13)

对于两灰体间的辐射传热可表示为

$$Q_{1\text{-}2} = \frac{E_{b1}-E_{b2}}{R_1+R_{1\text{-}2}+R_2} = \frac{E_{b1}-E_{b2}}{\dfrac{1-\varepsilon_1}{A_1\varepsilon_1}+\dfrac{1}{A_1\varphi_{12}}+\dfrac{1-\varepsilon_2}{A_2\varepsilon_2}} \qquad (4-14)$$

$$= \frac{C_0\left[\left(\dfrac{T_1}{100}\right)^4-\left(\dfrac{T_2}{100}\right)^4\right]}{\dfrac{1-\varepsilon_1}{A_1\varepsilon_1}+\dfrac{1}{A_1\varphi_{12}}+\dfrac{1-\varepsilon_2}{A_2\varepsilon_2}}$$

重点与难点

（1）本章重点是平壁、圆筒壁稳态热传导的计算和应用；流体在管内外流动时对流传热系数随各种影响条件而变化的规律；辐射传热的热阻模型的分析，特别是要理解辐射材料表面的热阻。

（2）本章的难点是管壁外保温材料的选择；材料厚度对保温性能的影响；及辐射传热网络的分析。

精选题及解答

【**例 4-1**】如图 4-1 所示,某燃烧炉的平壁由耐火砖、绝热砖和建筑砖三种材料砌成,各层材料的厚度和导热系数依次为 $b_1=200$ mm,$\lambda_1=1.2$ W/(m·K);$b_2=250$ mm,$\lambda_2=0.15$ W/(m·K);$b_3=200$ mm,$\lambda_3=0.85$ W/(m·K)。若已知耐火砖内侧温度为 900℃,绝热砖和建筑砖接触面上的温度为 280℃。试求

多层平壁稳态热传导

(1) 各种材料以单位面积计的热阻;
(2) 燃烧炉热通量及导热总温差;
(3) 燃烧炉平壁中各材料层的温差分布。

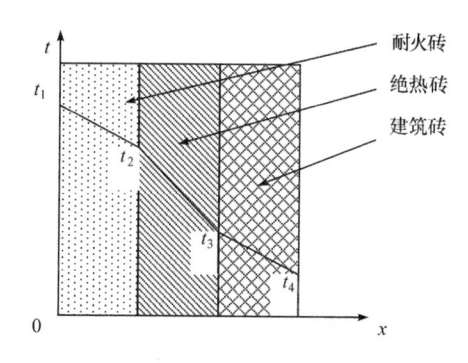

图 4-1 例 4-1 附图

【**解**】(1) 以单位面积计的热阻为

耐火砖: $R_1 = \dfrac{b_1}{\lambda_1 A_1} = \dfrac{0.2}{1.2 \times 1} = 0.167 \text{K/W}$

绝热砖: $R_2 = \dfrac{b_2}{\lambda_2 A_2} = \dfrac{0.25}{0.15 \times 1} = 1.67 \text{K/W}$

建筑砖: $R_3 = \dfrac{b_3}{\lambda_3 A_3} = \dfrac{0.2}{0.85 \times 1} = 0.235 \text{K/W}$

$R_1 = 0.167 \text{K/W}$
$R_2 = 1.67 \text{K/W}$
$R_3 = 0.235 \text{K/W}$

(2) 在稳态条件下通过各材料层的热通量相等。燃烧炉热通量

$$q = \frac{t_1 - t_3}{(R_1 + R_2)} = \frac{900 - 280}{0.167 + 1.67} = 338 \text{W/m}^2$$

燃烧炉导热总温差

$$t_1 - t_4 = q(R_1 + R_2 + R_3)A$$

$$= 338 \times (0.167 + 1.67 + 0.235) \times 1$$
$$= 700 ℃$$
$$q = 338 \text{W/m}^2$$
$$\Delta t = 700 ℃$$

(3) $\Delta t_1 : \Delta t_2 : \Delta t_3 = R_1 : R_2 : R_3$

温差(推动力)与热阻成正比
$$= 0.167 : 1.67 : 0.235$$
$$= 1 : 10 : 1.4$$

可见,在稳态热传导过程中,哪里的热阻大,哪里的温差推动力也必然大。

导热系数随温度变化时的平壁稳态导热

【例 4-2】某平壁厚 400mm,若 $t_1 = 950℃$,$t_2 = 300℃$,导热系数 $\lambda = (1.0 + 0.001t)$,式中,λ 单位为 W/(m·K),t 的单位为℃,试求

(1) 平壁内温度分布;

(2) 请与导热系数按平壁平均温度取为常数时的结果进行比较。

【解】本题目的是考察导热系数线性变化时稳态一维热传导公式能否简化。

(1) 根据傅里叶定律:

$$q = -\lambda \frac{dt}{dx} \quad 即 \quad q dx = -\lambda dt$$

将上式积分得

$$\int_0^b q dx = -\int_{t_1}^{t_2} \lambda dt$$

把 $b = 0.4\text{m}$,$t_1 = 950℃$,$t_2 = 300℃$,$\lambda = 1.0 + 0.001t$ 代入上式得

$$\int_0^{0.4} q dx = \int_{950}^{300} -(1.0 + 0.001t) dt$$

对于平壁上稳态一维热传导,热通量 q 不变,积分得

$$q \times 0.4 = (1.0t + 0.0005t^2)|_{t=950} - (1.0t + 0.0005t^2)|_{t=300}$$
$$q = 2641 \text{W/m}^2$$

把 q 代入傅里叶定律,在 $x_1 = 0$,$t_1 = 950℃$;$x_2 = x$,$t_2 = t$ 之间积分得

$$\int_0^x 2641 dx = \int_{950}^t -(1.0 + 0.001t) dt$$

λ 不为常数时 t 与 x 不成线性关系。

$$2641x = -(1.0t + 0.0005t^2) + (1.0 \times 950 + 0.0005 \times 950^2)$$

则平壁内的温度分布(舍去负值)为

$$t = -1000 + \sqrt{3.802 - 5.282x} \times 10^3 \quad (1)$$

(2) 若导热系数按平壁平均温度 t_m 取为常数,即

$$t_m = \frac{950 + 300}{2} = 625\text{℃}$$

则导热系数平均值

$$\lambda_m = 1.0 + 0.001 \times 625 = 1.625 \text{ W/(m·K)}$$

热通量

$$q = \frac{\lambda_m(t_1 - t_2)}{b}$$
$$= \frac{1.625 \times (950 - 300)}{0.4} = 2641 \text{ W/m}^2$$

与问(1)的 $q=2641$ W/m² 相等,可见误差很小。

又

$$q = \frac{t_1 - t}{x/\lambda_m}$$

故

$$t = t_1 - q\frac{x}{\lambda_m} = 950 - \frac{2641x}{1.625} = 950 - 1625x \quad (2)$$

λ为常数时 t 与 x 成线性关系

由此可见,若取 λ 为常数,则温度分布为直线关系。把上述两个温度分布的计算结果加以比较,如表 4-1 所示。

表 4-1 例 4-2 附表

距离 x/m	0	0.1	0.2	0.3	0.4
温度 t/℃,式(1)	950	809	657	489	300
温度 t/℃,式(2)	950	788	625	463	300

由上可知,取平均温度下的导热系数值并将它作为常数处理,在工程上是可行的。

【例 4-3】某一 $\phi60\text{mm} \times 3\text{mm}$ 的铝复合管,其导热系数为 45W/(m·K),外包一层厚 30mm 石棉后,又包一层 30mm 软木。石棉和软木的导热系数分别为 0.16 W/(m·K) 和 0.04 W/(m·K)。试求

多层圆筒壁的稳态导热

(1) 如已知管内壁温度为 -105℃,软木外侧温度为 5℃,则每米管长上所损失的冷量为多少?

(2) 若将两层保温材料互换,互换后假设石棉外侧的温度仍为 5℃,则此时每米管长上所损失的冷量为多少?

(3) 以(1)为前提,两层保温材料互换后,石棉外侧的实际

温度为多少？此时损失的冷量又如何？设互换前后空气与保温材料之间的对流传热系数不变，并设大气温度为 20℃。

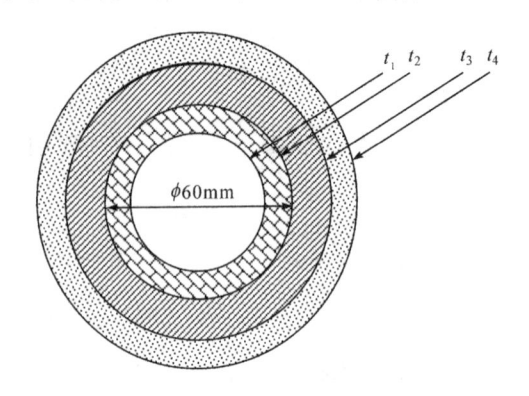

图 4-2 例 4-3 附图

【解】（1）对于三层圆筒壁

$$Q = \frac{t_1 - t_4}{R_1 + R_2 + R_3}$$

式中，

$$R_1 = \frac{b_1}{A_{m1}\lambda_1} = \frac{r_2 - r_1}{2\pi L \dfrac{r_2 - r}{\ln(r_2/r_1)} \lambda_1} = \frac{\ln(r_2/r_1)}{2\pi L \lambda_1}$$

$$R_2 = \frac{\ln(r_3/r_2)}{2\pi L \lambda_2} \qquad R_3 = \frac{\ln(r_4/r_3)}{2\pi L \lambda_3}$$

则每米管长上所损失的冷量

$$q_L = \frac{Q}{L} = \frac{t_1 - t_4}{\dfrac{1}{2\pi L \lambda_1}\ln\dfrac{r_2}{r_1} + \dfrac{1}{2\pi L \lambda_2}\ln\dfrac{r_3}{r_2} + \dfrac{1}{2\pi L \lambda_3}\ln\dfrac{r_4}{r_3}}$$

$$= \frac{(-105-5) \times 2 \times 3.14}{\dfrac{1}{45}\ln\dfrac{60}{54} + \dfrac{1}{0.16}\ln\dfrac{120}{60} + \dfrac{1}{0.04}\ln\dfrac{180}{120}}$$

$$= -47.7 \text{ W/m}$$

$q_L = -47.7 \text{ W/m}$

（2）石棉和软木两种保温材料互换后，热量损失

$$q_L = \frac{(-105-5) \times 2 \times 3.14}{\dfrac{1}{45}\ln\dfrac{60}{54} + \dfrac{1}{0.04}\ln\dfrac{120}{60} + \dfrac{1}{0.16}\ln\dfrac{180}{120}}$$

$$= -34.8 \text{ W/m}$$

$q_L = -34.8 \text{ W/m}$

可见，好的绝热材料应包在管的内层。

可见，互换后每米管长上冷量损失减少，由此可以看出，好的绝热材料应包在管的内层。

(3) 在一维稳态传热下,最外层材料外侧和空气之间进行对流传热,设空气温度为 t_5,则其传热速率

$$Q = \alpha A(t_4 - t_5) = 2\pi r_4 L \alpha(t_4 - t_5) \quad (1)$$

故互换前

$$q_L = \frac{Q}{L} = 2\pi r_4 \alpha(t_4 - t_5) = -47.7 \text{ W/m}$$

得

$$\alpha = \frac{q_L}{2\pi r_4(t_4 - t_5)}$$
$$= \frac{-47.7}{2 \times 3.14 \times 0.09 \times (5-20)}$$
$$= 5.63 \text{ W/(m}^2 \cdot \text{K)}$$

当两种保温材料互换后,因对流传热系数 α 不变,则有(计入对流传热热阻)

导热、对流联合传热的计算

$$q'_L = \frac{Q}{L} = \frac{t_1 - t_5}{\frac{1}{2\pi L \lambda_1}\ln\frac{r_2}{r_1} + \frac{1}{2\pi L \lambda_2}\ln\frac{r_3}{r_2} + \frac{1}{2\pi L \lambda_3}\ln\frac{r_4}{r_3} + \frac{1}{r_4 \alpha}}$$

$$= \frac{(-105-20) \times 2 \times 3.14}{\frac{1}{45}\ln\frac{60}{54} + \frac{1}{0.04}\ln\frac{120}{60} + \frac{1}{0.16}\ln\frac{180}{120} + \frac{1}{5.63 \times 0.09}}$$

$$= -35.9 \text{ W/m}$$

$q'_L = -35.9 \text{W/m}$

根据式(1)

$$t'_4 = t_5 + \frac{q'_L}{2\pi r_4 \alpha t_4} = 20 + [-35.9/(2 \times 3.14 \times 0.09 \times 5.63)]$$
$$= 8.7\text{°C}$$

$t'_4 = 8.7\text{°C}$

因此,互换前后保温层外壁温度会变化。

【讨论】在圆管外包两层厚度相同的保温材料,在保持圆管内壁和最外层保温材料外壁温度不变的情况下,由本题(1)和(2)两种结果看,显然好的绝热材料应包在管的内层,这样每米管长上冷量损失可减少。事实上,即使圆管外两保温层厚度不一样,其结论也相同,具体请读者自行分析。

【例 4-4】有一球形容器,内外壁半径和温度分别为 r_1、t_1 和 r_2、t_2,器壁材料的导热系数 $\lambda = a + bt$,试推导此球形壁内稳态传热速率 Q 的计算公式。

λ 变化时的球壁热传导

【解】对于稳态一维热传导,传热速率 Q 不随半径 r 而变,由傅

里叶定律可得到
$$q = \frac{Q}{4\pi r^2} = -\lambda \frac{\mathrm{d}t}{\mathrm{d}r}$$

即
$$\frac{Q}{4\pi r^2}\mathrm{d}r = -\lambda \mathrm{d}t$$

将上式积分得(注意 Q 不变)

$$Q\int_{r_1}^{r_2}\frac{1}{4\pi r^2}\mathrm{d}r = \int_{t_1}^{t_2}-(a+bt)\mathrm{d}t$$

$$Q = \frac{\int_{t_1}^{t_2}-(a+bt)\mathrm{d}t}{\int_{r_1}^{r_2}\frac{1}{4\pi r^2}\mathrm{d}r} = \frac{-\left(at_2+\frac{1}{2}bt_2^2\right)+\left(at_1+\frac{1}{2}bt_1^2\right)}{\frac{r_1-r_2}{4\pi r_1 r_2}}$$

即
$$Q = \frac{\left[a+\frac{1}{2}b(t_1+t_2)\right](t_2-t_1)}{\frac{r_2-r_1}{4\pi r_1 r_2}}$$

由于 $t=t_1, \lambda_1=a+bt_1$；$t=t_2, \lambda_2=a+bt_2$，故上式也可写成

$$Q = \frac{\frac{\lambda_1+\lambda_2}{2}(t_2-t_1)}{\frac{r_2-r_1}{4\pi r_1 r_2}}$$

令
$$r_\mathrm{m} = \sqrt{r_1 r_2}$$
$$\lambda_\mathrm{m} = \frac{\lambda_1+\lambda_2}{2}$$
$$A_\mathrm{m} = 4\pi r_\mathrm{m}^2$$

则
$$Q = \frac{\lambda_\mathrm{m} A_\mathrm{m}(t_2-t_1)}{r_2-r_1}$$

即
$$Q = \frac{t_2-t_1}{\frac{r_2-r_1}{\lambda_\mathrm{m} A_\mathrm{m}}}$$

$Q = \dfrac{t_2-t_1}{\dfrac{r_2-r_1}{\lambda_\mathrm{m} A_\mathrm{m}}}$ 与平壁的形式一致

【讨论】$\lambda_\mathrm{m} = \dfrac{\lambda_1+\lambda_2}{2} = a+\dfrac{1}{2}b(t_1+t_2)$，可见若 λ 与温度 t 成线性关系,则 λ_m 即为平均温度 $\dfrac{1}{2}(t_1+t_2)$ 下的 λ 值。

【例 4-5】由于化学反应,催化剂内部存在一个均匀的内热源,

假设颗粒直径为 6mm,其发热强度为 500kW/m³。已知颗粒外表面温度为 500℃,颗粒的导热系数为 0.200W/(m·K),并假定所有热量均靠导热移走。试求

(1) 球内部温度的分布规律及球中心温度;
(2) 球体外表面处的热通量。

含有内热源的球壁导热

【解】(1)对于一维稳态导热,球面坐标系下的能量方程可简化为

$$\lambda \frac{1}{r^2} \frac{d}{dr}\left(r^2 \frac{dt}{dr}\right) + \dot{\Phi}_s = 0$$

边界条件: $r = R = 3 \times 10^{-3}$ m, $t = t_w = 500$℃   (1)
      $r = 0$, t 为有限值   (2)

上述方程积分得

$$t = -\frac{\dot{\Phi}_s}{6\lambda}r^2 - \frac{c_1}{r} + c_2$$

根据 $r = 0$ 处 t 为有限值,可得到 $c_1 = 0$,则上述方程变为

$$t = -\frac{\dot{\Phi}_s}{6\lambda}r^2 + c_2$$

把边界条件(1)代入上式得

$$c_2 = 500 + \frac{500 \times 1000}{6 \times 0.2} \times 0.003^2 = 503.8$$

则颗粒内的温度分布为

$$t = -\frac{500 \times 1000}{6 \times 0.2}r^2 + 503.8 = -4.17 \times 10^5 r^2 + 503.8$$

$t = -4.17 \times 10^5 r^2 + 503.8$

可见,球中心 $r = 0$ 处温度 $t = 503.8$℃。

(2) 由傅里叶定律可求得热通量

$$q = -\lambda \frac{dt}{dr} = -0.2 \times (-4.175 \times 10^5) \times 2r = 1.67 \times 10^4 r$$

在催化剂颗粒表面处 $r = 0.003$m,此时的热通量为

$$q = 1.67 \times 10^4 \times 0.003 = 50.1 \text{W/m}^2$$

$q = 50.1 \text{W/m}^2$ 由于内热源的存在,球中心温度最高但热通量为零,球表面处热通量为最大。注意,无内热源时,球表面处热通量为最小。

【讨论】表面处的热通量也可根据热量衡算决定,即 $q \cdot 4\pi R^2 = \dot{\Phi}_s V_{球体}$,可得到同样的结果。

【例 4-6】外径为 25mm 的钢管,其外壁温度保持 350℃不变,为减少其热损失,管外包一层导热系数为 0.2 W/(m·K)的保温层。已知保温层外壁对空气的对流传热系数近似为 10W/(m²·K),空气温度为 20℃。试求

保温层临界厚度

(1) 保温层厚度分别为 2mm、5mm、7mm 时每米管长的热损失以及保温层外表面的温度 t_1。

(2) 保温层厚度为多少时热损失最大？此时单位管长热损失为多少？t_1 为多少？

(3) 若要起到保温作用，保温层厚度至少为多少？设保温层厚度对管外空气对流传热系数的影响可忽略。

【解】(1) 在稳态传热时，管道的热损失

$$Q = \frac{t_w - t_1}{\dfrac{r_2 - r_1}{2\pi r_m \lambda L}} = \frac{t_1 - t_0}{\dfrac{1}{2\pi r_2 L \alpha}} = \frac{t_w - t_0}{\dfrac{r_2 - r_1}{2\pi r_m \lambda L} + \dfrac{1}{2\pi r_2 L \alpha}}$$

$$= \frac{t_w - t_0}{\dfrac{\ln(r_2/r_1)}{2\pi \lambda L} + \dfrac{1}{2\pi r_2 L \alpha}} = \frac{t_w - t_0}{R_1 + R_2}$$

式中，$R_1 = \dfrac{\ln(r_2/r_1)}{2\pi \lambda L}$ 为导热热阻；$R_2 = \dfrac{1}{2\pi r_2 L \alpha}$ 为对流热阻；t_w 为钢管外壁温度；t_0 为空气温度。

每米管长的热损失

$$\frac{Q}{L} = \frac{t_w - t_0}{\dfrac{\ln(r_2/r_1)}{2\pi \lambda} + \dfrac{1}{2\pi r_2 \alpha}}$$

厚度为 0.002m 时，

$\dfrac{Q}{L} = 271.3 \text{W/m}$

$t_1 = 318℃$

当厚度为 0.002m 时，$r_2 = 0.0145\text{m}$，故有

$$\frac{Q}{L} = \frac{350 - 20}{\dfrac{\ln(0.0145/0.0125)}{2 \times 3.14 \times 0.20} + \dfrac{1}{2 \times 3.14 \times 0.0145 \times 10}}$$

$$= 271.3 \text{W/m}$$

$$t_1 = t_0 + \frac{Q}{2\pi r_2 L \alpha} = 20 + \frac{271.3}{2 \times 3.14 \times 0.0145 \times 10}$$

厚度为 0.005m 时，

$\dfrac{Q}{L} = 280.0 \text{W/m}$

$t_1 = 275℃$

$$= 318℃$$

同理，当 $r_2 = 0.0175\text{m}$，可得到

$$\frac{Q}{L} = 280.0 \text{W/m} \qquad t_1 = 275℃$$

当 $r_2 = 0.0195\text{m}$，可得到

厚度为 0.007m 时，

$\dfrac{Q}{L} = 281.6 \text{W/m}$

$t_1 = 250℃$

热损失存在最大值

$$\frac{Q}{L} = 281.6 \text{W/m} \qquad t_1 = 250℃$$

(2) 由上述计算结果可知，当保温层厚度增加时，热损失 Q 也增加，而与通常的结论不一样。究其原因，是因为尽管此时导热热阻 R_1 上升，但对流传热热阻 R_2 下降更快。不过上述趋势不可能一直保持下去，当保温层厚度大到某个值时，热损失 Q 可

达到最大,此时若保温层厚度继续增加,则 Q 将趋于下降。现在来求 Q 最大时的保温层厚度。

$$\frac{dQ}{dr_2} = -\frac{2\pi\lambda L(t_w - t_0)}{\ln(r_2/r_1) + \dfrac{\lambda}{r_2\alpha}} \left(\frac{1}{r_2} - \frac{\lambda}{\alpha r_2^2}\right) = 0$$

可得到 $r_2 = \lambda/\alpha = r_c$,此时热损失为最大。故

$$r_c = 0.20/10 = 0.02 \text{m}$$

临界厚度

$r_c = \lambda/\alpha$

此时　　　绝热层厚 $= 0.02 - 0.0125 = 0.0075$m

最大热损失

$$\frac{Q_{max}}{L} = \frac{t_w - t_0}{\dfrac{\ln(r_2/r_1)}{2\pi\lambda} + \dfrac{1}{r_2\alpha}}$$

$$= \frac{350 - 20}{\dfrac{\ln(0.020/0.0125)}{2 \times 3.14 \times 0.20} + \dfrac{1}{2 \times 3.14 \times 0.020 \times 10}}$$

$$= 281.9 \text{W/m}$$

相应地,$t_1 = 244℃$。

(3) 为了起到保温作用,加保温层后应使热损失小于裸管时的热损失,设此时的保温层外壁半径为 r_2',则

$$\frac{(t_w - t_0)}{\dfrac{\ln(r_2'/r_1)}{2\pi\lambda} + \dfrac{1}{2\pi r_2'\alpha}} = 2\pi r_1 \alpha (t_w - t_0)$$

简化后可得

$$\frac{1}{r_1} - \frac{1}{r_2'} = \frac{\alpha \ln(r_2'/r_1)}{\lambda}$$

代入数据得

$$\frac{1}{0.0125} - \frac{1}{r_2'} = 50 \ln \frac{r_2'}{0.0125}$$

试差得 $r_2' = 0.035$m,此时单位管长热损失、t_1' 分别为

$$\left(\frac{Q}{L}\right)' = 259.1 \text{W/m} \quad t_1' = 76.9℃$$

因此,保温层厚度必须大于 $(0.035 - 0.0125) = 0.0225$m 时,才能起到保温作用。

保温层厚度必须大于 0.0225m。

【讨论】从本题计算结果发现,单位管长热损失 $\dfrac{Q}{L}$ 经历了从小变大,达到最大值之后,逐渐减小的过程。这主要是因为当保温层厚度 r_2 增加时,导热热阻 R_1 上升,但对流传热热阻 R_2 下降,而总

的温差推动力不变。R_1 上升为主时,单位管长热损失 $\dfrac{Q}{L}$ 减小;而当 R_2 下降为主时,单位管长热损失 $\dfrac{Q}{L}$ 增大。因此,并非只要有保温层就能起到保温作用,对于一定材料的保温层,其厚度必须超过某一值,才能起到保温作用。须注意的是,对于管外壁温度 t_1,则随着保温层厚度 r_2 的增加始终不断下降,因为

$$t_1 = t_0 + \frac{Q}{2\pi r_2 \alpha L} = t_0 + \frac{t_w - t_0}{\dfrac{r_2 \alpha \ln(r_2/r_1)}{\lambda} + 1}$$

由此可知,随着 r_2 的增大,上式分式中分母也不断增大,因此,管外壁温度 t_1 也不断减小。

空气强制对流传热系数的计算

【**例 4-7**】常压下空气在内径为 30mm 的管中流动,温度由 170℃ 升高到 230℃,平均流速为 15m/s。试求

(1) 空气与管壁之间的对流传热系数。

(2) 若流速增大为 25m/s,则结果如何?

【**解**】定性温度为 $(170+230)/2=200$℃。常压,200℃ 下空气的物性数据为

$$\lambda = 0.03928 \text{W}/(\text{m}\cdot\text{K}),\ \mu = 2.6\times 10^{-5}\text{N}\cdot\text{s}/\text{m}^2$$

$$\rho = 0.746 \text{kg}/\text{m}^3,\ c_p = 1.026\ \text{kJ}/(\text{kg}\cdot\text{K})$$

(1) 空气平均流速为 15m/s 时,

$$Re = \frac{du\rho}{\mu} = \frac{0.03\times 15\times 0.746}{2.6\times 10^{-5}} = 1.29\times 10^4$$

$$Pr = \frac{c_p\mu}{\lambda} = \frac{1.026\times 10^3\times 2.6\times 10^{-5}}{0.03928} = 0.679$$

故

$$\alpha_1 = 0.023\frac{\lambda}{d}Re^{0.8}Pr^{0.4}$$

$$= 0.023\times\frac{0.03928}{0.03}\times(1.29\times 10^4)^{0.8}\times(0.679)^{0.4}$$

$$= 50\ \text{W}/(\text{m}^2\cdot\text{K})$$

$\alpha_1 = 50\text{W}/(\text{m}^2\cdot\text{K})$

(2) 空气平均流速为 25m/s 时,Pr 数不变,

$$Re = \frac{du\rho}{\mu} = \frac{0.03\times 25\times 0.746}{2.6\times 10^{-5}} = 2.15\times 10^4$$

$\alpha_2 = 75\text{W}/(\text{m}^2\cdot\text{K})$ 故管内仍处于强制对流

$$\alpha_2 = 0.023 \frac{\lambda}{d} Re^{0.8} Pr^{0.4}$$

$$= 0.023 \frac{0.03928}{0.03}(2.15 \times 10^4)^{0.8}(0.679)^{0.4}$$

$$= 75 \text{W}/(\text{m}^2 \cdot \text{K})$$

由此可见,随着流速的增大,空气与管壁之间的对流传热系数也增大。

【讨论】管内强制湍流时的对流传热系数(流体被加热)

$$\alpha = 0.023 \frac{\lambda}{d}\left(\frac{du\rho}{\mu}\right)^{0.8}\left(\frac{c_p\mu}{\lambda}\right)^{0.4} = 0.023 \frac{u^{0.8}}{d^{0.2}} \cdot \frac{\rho^{0.8} c_p^{0.4} \lambda^{0.6}}{\mu^{0.4}}$$

由于管内流量增加一倍,而其他条件不变,故两种情况空气强制对流传热系数的计算下的物性数据和定性尺寸不变,则对流传热系数之比为 $\frac{\alpha_1}{\alpha_2} = \left(\frac{u_1}{u_2}\right)^{0.8} = \left(\frac{15}{25}\right)^{0.8} = 0.665$,这样也可得到 α_2 的值。

【例 4-8】苯以一定流量在管内流动,温度从 55℃ 升高到 65℃,已知此时管内对流传热系数为 300 W/(m²·K)。试求同样体积流量下的水通过该管的对流传热系数为多少?假设两种情况下的流动型态为湍流,水进出口的平均温度为 60℃。 物性对强制对流传热系数的影响

【解】苯在换热器内管的平均温度为 (55+65)/2=60℃,在此温度下的物性常数为

$\lambda_1 = 0.146$ W/(m·K),$\mu_1 = 0.39 \times 10^{-3}$ N·s/m²

$\rho_1 = 840$ kg/m³,$c_{p1} = 1.8$ kJ/(kg·K)

60℃ 时水的有关物性为

$\lambda_2 = 0.659$ W/(m·K),$\mu_2 = 0.47 \times 10^{-3}$ N·s/m²

$\rho_2 = 980$ kg/m³,$c_{p2} = 4.178$ kJ/(kg·K)

由于两种情况下的流动型态皆为湍流,则管内对流传热系数均可用下式计算:

$$\alpha = 0.023 \frac{\lambda}{d}\left(\frac{du\rho}{\mu}\right)^{0.8}\left(\frac{c_p\mu}{\lambda}\right)^{0.4}$$

$$= 0.023 \frac{u^{0.8}}{d^{0.2}} \cdot \frac{\rho^{0.8} c_p^{0.4} \lambda^{0.6}}{\mu^{0.4}}$$

从而得到两种情况下的对流传热系数之比

$$\frac{\alpha_1}{\alpha_2} = \frac{\left(\frac{\rho_1}{\rho_2}\right)^{0.8}\left(\frac{c_{p1}}{c_{p2}}\right)^{0.4}\left(\frac{\lambda_1}{\lambda_2}\right)^{0.6}}{\left(\frac{\mu_1}{\mu_2}\right)^{0.4}}$$

$$= \frac{\left(\frac{840}{980}\right)^{0.8}\left(\frac{1.8\times 10^3}{4.178\times 10^3}\right)^{0.4}\left(\frac{0.146}{0.659}\right)^{0.6}}{\left(\frac{0.39\times 10^{-3}}{0.47\times 10^{-3}}\right)^{0.4}}$$

$$= 0.275$$

故 $\alpha_2 = 300/0.275 = 1090 \text{ W/(m}^2\cdot\text{K)}$

可见,流体物性的差异对管内对流传热系数的影响很大。

自然对流传热系数的计算

【例 4-9】 在管式炉对流段 $\phi 89\text{mm}\times 6\text{mm}$ 的管内通过流速为 0.6m/s 的原油,原油被加热前的平均温度为 40℃,此时原油密度为 800kg/m³,比热容为 2000J/(kg·K),导热系数为 0.15 W/(m·K),黏度为 $25\times 10^{-3}\text{N}\cdot\text{s/m}^2$,体积膨胀系数为 0.0011K^{-1}。已知管长为 6m,管内壁温度为 150℃,原油在此温度下的黏度为 $3\times 10^{-3}\text{N}\cdot\text{s/m}^2$。试求原油在管内的对流传热系数。

【解】 $Re = \dfrac{du\rho}{\mu} = \dfrac{0.077\times 0.6\times 800}{25\times 10^{-3}} = 1478$ （层流）

$Pr = \dfrac{c_p\mu}{\lambda} = \dfrac{2.0\times 10^3\times 25\times 10^{-3}}{0.15} = 333$

$Gr = \dfrac{gd^3\rho^2\beta\Delta t}{\mu^2}$

$= \dfrac{9.81\times 0.077^3\times 800^2\times 0.0011\times (150-40)}{(25\times 10^{-3})^2}$

$= 5.55\times 10^5 > 25000$

层流时对流传热系数可写为(无自然对流)

$\alpha = 1.86\dfrac{\lambda}{d}Re^{1/3}Pr^{1/3}\left(\dfrac{d}{l}\right)^{1/3}\left(\dfrac{\mu}{\mu_w}\right)^{0.14}$

$= 1.86\times \dfrac{0.15}{0.077}\times 1478^{1/3}\times 333^{1/3}\times \left(\dfrac{0.077}{6}\right)^{1/3}\times \left(\dfrac{25}{3}\right)^{0.14}$

$= 90.2\text{W/(m}^2\cdot\text{K)}$

$RePr\dfrac{d}{l} = 1478\times 333\times \dfrac{0.077}{6} = 6316 > 10$

但由于 $Gr > 25000$,自然对流不能忽略

$\phi = 0.8(1+0.015Gr^{1/3})$

$$= 0.8[1 + 0.015 \times (5.55 \times 10^5)^{1/3}]$$
$$= 1.786$$

则实际对流传热系数

$$\alpha' = 1.786\alpha = 1.786 \times 90.2 = 161 \text{ W/(m}^2 \cdot \text{K)}$$

【讨论】一般来说,自然对流时的对流传热系数远小于强制对流,特别是湍流强制对流时的对流传热系数。但当强制对流为层流时,由于流体内部存在温度差导致流体中质量力分布不均匀所引起的自然对流对层流传热的影响通常不能忽略。

【例 4-10】1atm 苯蒸气在一外径为 30mm、长为 3000mm 垂直放置的管外冷凝。已知苯蒸气冷凝温度为 80℃,管外壁温度为 60℃,试求

蒸气冷凝对流传热系数的计算

(1) 苯蒸气的冷凝传热系数。
(2) 若此管改为水平放置,其冷凝传热系数又为多少?
(3) 若管外壁温度适当下降,则结果如何?

【解】(1)定性温度为(60+80)/2=70℃,该温度下液体苯的物性为

$\lambda = 0.131$ W/(m·K),$\mu = 0.34 \times 10^{-3}$ N·s/m^2,$\rho = 830$kg/m^3

苯在饱和温度 80℃时的冷凝潜热

$$r = 3.96 \times 10^5 \text{J/kg}$$

管垂直放置时,先假定为层流,则冷凝传热系数

$$\alpha_v = 1.13 \left(\frac{r\rho^2 g \lambda^3}{\mu H \Delta t} \right)^{1/4}$$

$$= 1.13 \times \left[\frac{3.96 \times 10^5 \times 830^2 \times 9.81 \times 0.131^3}{0.34 \times 10^{-3} \times 3 \times (80-60)} \right]^{1/4}$$

$$= 832 \text{W/m}^2 \cdot \text{K}$$

验算 Re:

注意流态的校核

$$Re = \frac{du\rho}{\mu} = \frac{4\alpha H \Delta t}{r\mu}$$

$$= \frac{4 \times 832 \times 3 \times (80-60)}{3.96 \times 10^5 \times 0.34 \times 10^{-3}}$$

$$= 1485 < 1800$$

为层流,故原假定正确。

(2) 水平放置时,管外液膜一般都处于层流状态,则管外冷凝传热系数

$$\alpha_h = 0.725\left(\frac{r\rho^2 g\lambda^3}{\mu d_0 \Delta t}\right)^{1/4}$$

与垂直管的计算公式相比可得

$$\frac{\alpha_h}{\alpha_v} = \frac{0.725}{1.13}\left(\frac{H}{d_0}\right)^{1/4} = \frac{0.725}{1.13}\left(\frac{3}{0.03}\right)^{1/4} = 2.03$$

水平放置的冷凝对流传热系数大于垂直放置时的冷凝对流传热系数

故 $\alpha_h = 2.03\alpha_v = 2.03 \times 832 = 1688$ W/(m²·K)。

计算结果表明,当液膜流动呈层流时,垂直放置时的冷凝对流传热系数一般小于水平放置的冷凝对流传热系数。

(3) 若管外壁温度适当下降,在工程上通常可忽略定性温度变化对物性的影响。当管垂直放置时,则冷凝传热系数

$$\alpha'_v = 1.13\left(\frac{r\rho^2 g\lambda^3}{\mu H \Delta t}\right)^{\frac{1}{4}} \propto \Delta t^{\frac{1}{4}}$$

故其值减小。

同理,水平放置时,冷凝传热系数也减小。

【讨论】(1) 由本例可见,当液膜流动呈层流时,垂直放置时的冷凝对流传热系数一般小于水平放置的冷凝对流传热系数,因此工业上冷凝器通常采用水平管的布置方案。

(2) 从计算结果可以看出,冷凝液体密度、黏度、导热系数、液膜两侧的温差对冷凝传热系数都有影响,但本题主要的影响因素为液膜两侧的温差。当液膜呈层流流动时,增大液膜两侧温差,将使蒸气冷凝速率增大,冷凝液膜增厚,冷凝传热系数减小。

具有很小凸表面的热辐射

【例 4-11】为测定某物质的黑度,将其制成球体,球体表面积为 0.03m²,球体里面放置一个电加热器。将球体放入内表面积很大、内部抽真空的金属壳体内,金属壳体浸入 100℃ 的沸水。当电加热器的功率为 60W 时,测得小球的表面温度为 320℃,问该物质的黑度为多少?

【解】小球 1 与金属壳体 2 组成一个系统,小球具有凸表面,而且面积远小于壳体的内表面,故根据式(4-14),得

$$Q_{1\text{-}2} = A_1 \varepsilon_1 C_0 \left[\left(\frac{T_1}{100}\right)^4 - \left(\frac{T_2}{100}\right)^4\right]$$

由上式可知

$$\varepsilon_1 = \frac{Q_{1\text{-}2}}{A_1 C_0 \left[\left(\frac{T_1}{100}\right)^4 - \left(\frac{T_2}{100}\right)^4\right]}$$

$$= \frac{60}{0.03 \times 5.67 \times \left[\left(\frac{593}{100}\right)^4 - \left(\frac{373}{100}\right)^4\right]}$$

$$= 0.34$$

$\varepsilon_1 = 0.34$

【例 4-12】 某车间内有一高 0.5m、宽 1m 的铸铁炉门,表面温度为 627℃,室温为 27℃。试求

辐射热屏

(1) 由于炉门辐射而散失的热量;

(2) 为减少炉门的辐射传热,在距炉门前 30mm 外放置一块同等大小的铝板(已氧化)作为热屏,则散热量可下降多少? 已知铸铁的黑度 $\varepsilon_1 = 0.78$,铝板的黑度 $\varepsilon_3 = 0.15$。

【解】 以下标 1、2 和 3 分别代表铸铁炉门、周围四壁及铝板。

(1) 未用铝板时,铸铁炉门 1 为四壁 2 所包围,$\varphi_{12} = 1$,且 $A_1 \ll A_2$,故根据式

$$Q_{1-2} = \frac{C_0\left[\left(\frac{T_1}{100}\right)^4 - \left(\frac{T_2}{100}\right)^4\right]}{\frac{1-\varepsilon_1}{A_1\varepsilon_1} + \frac{1}{A_1\varphi_{12}} + \frac{1-\varepsilon_2}{A_2\varepsilon_2}}$$

有

$$Q_{1-2} = C_0 A_1 \varepsilon_1 \left[\left(\frac{T_1}{100}\right)^4 - \left(\frac{T_2}{100}\right)^4\right]$$

$$= 0.5 \times 1 \times 0.78 \times 5.67 \times \left[\left(\frac{900}{100}\right)^4 - \left(\frac{300}{100}\right)^4\right]$$

$$= 14330 \text{W} \approx 14.3 \text{kW}$$

$Q_{1\text{-}2} = 14.3 \text{kW}$

(2) 放置铝板后,炉门的辐射热量可视为炉门对铝板的辐射散热量,也等于铝板对周围的辐射散热量,即 $Q_{1-3} = Q_{3-2}$。又由于炉门与铝板的距离很小,故可以认为 $\varphi_{13} = 1$。从而

$$\frac{C_0\left[\left(\frac{T_1}{100}\right)^4 - \left(\frac{T_3}{100}\right)^4\right]}{\frac{1-\varepsilon_1}{A_1\varepsilon_1} + \frac{1}{A_1} + \frac{1-\varepsilon_3}{A_3\varepsilon_3}} = A_3\varepsilon_3 C_0\left[\left(\frac{T_3}{100}\right)^4 - \left(\frac{T_2}{100}\right)^4\right]$$

因为 $A_1 = A_3$,上式可简化为

$$\frac{\left(\frac{T_1}{100}\right)^4 - \left(\frac{T_3}{100}\right)^4}{\frac{1}{\varepsilon_1} - 1 + \frac{1}{\varepsilon_3}} = \varepsilon_3\left[\left(\frac{T_3}{100}\right)^4 - \left(\frac{T_2}{100}\right)^4\right]$$

代入有关数据,可得

$$\frac{\left(\frac{900}{100}\right)^4 - \left(\frac{T_3}{100}\right)^4}{\frac{1}{0.78} - 1 + \frac{1}{0.15}} = 0.15\left[\left(\frac{T_3}{100}\right)^4 - \left(\frac{300}{100}\right)^4\right]$$

解之得

$$T_3 = 755\text{K} \qquad t_3 = 755 - 273 = 482℃$$

此时炉门的辐射散热量

$Q_{1\text{-}3} = 1347\text{W}$

$$Q_{1\text{-}3} = 0.5 \times 1 \times 0.15 \times 5.67\left[\left(\frac{755}{100}\right)^4 - \left(\frac{300}{100}\right)^4\right] = 1347\text{W}$$

散热量下降了 $(14330 - 1347)/14330 = 90.6\%$。

由以上计算结果发现，设置热屏是减小辐射散热量的有效方法。

热电偶测高温的误差

【例 4-13】 在一钢管中心装有热电偶测量管内空气的温度。设热电偶的温度读数为 300℃，热电偶的黑度为 0.8，空气与热电偶之间的对流传热系数为 25 W/(m²·K)，钢管内壁温度为 250℃。试求由于热电偶与管壁之间的辐射传热而引起的测温误差，并讨论减小误差的途径。

【解】 热电偶 1 和钢管内壁 2 之间的辐射传热量

$$Q_{1-2} = \frac{C_0\left[\left(\frac{T_1}{100}\right)^4 - \left(\frac{T_2}{100}\right)^4\right]}{\frac{1-\varepsilon_1}{A_1\varepsilon_1} + \frac{1}{A_1\varphi_{12}} + \frac{1-\varepsilon_2}{A_2\varepsilon_2}}$$

由于热电偶被钢管内壁所包围，$A_1 \ll A_2$，$\varphi_{12} = 1$，故有

$$Q_{1\text{-}2} = C_0 A_1 \varepsilon_1 \left[\left(\frac{T_1}{100}\right)^4 - \left(\frac{T_2}{100}\right)^4\right]$$

则辐射热通量

$$q_1 = \frac{Q_{1-2}}{A_1} = C_0 \varepsilon_1 \left[\left(\frac{T_1}{100}\right)^4 - \left(\frac{T_2}{100}\right)^4\right]$$

$$= 5.669 \times 0.8 \times \left[\left(\frac{300+273}{100}\right)^4 - \left(\frac{200+273}{100}\right)^4\right]$$

$$= 1496 \text{ W/m}^2$$

热电偶除对管壁进行辐射外，尚从空气以对流方式取得热量，稳定情况下，这两者的传热量相等。

设空气真实温度为 T_0，由对流传热可得

$$Gr = \frac{g\beta\Delta t d^3}{v^2}$$

$$q = \alpha(T_0 - T_1) = q_1$$

$$T_0 = T_1 + \frac{q_1}{\alpha} = 300 + \frac{1496}{25} = 360\,°C$$

$$(T_0 - T_1) = 360 - 300 = 60\,°C$$

$(T_0 - T_1) = 60\,°C$
测温误差较大

此即由于热电偶与管壁之间的辐射传热而引起的测温误差。

【讨论】为减小测量误差,应增大 α、减小 q_1,前者可将热电偶置于空气流速较大处测量,后者包括减小热电偶黑度、将管壁保温提高管壁温度,以及在热电偶外加热屏套管来减小热辐射。

【例 4-14】有一高为 60cm、宽为 40cm、温度为 95℃ 的垂直平板放置在壁温为 20℃ 的房间内,房间内空气的压力为 1atm,温度也为 20℃,若平板的黑度为 0.8,试计算平板散失的热量。

辐射、对流联合传热

【解】平板(只考虑单面)的热损失可分为两部分,即辐射热损失 Q_R 与自然对流引起的热损失 Q_C。平板在房间内,此为一物体被另一物体包围的情况,$A_1 \ll A_2$,$\varphi_{12}=1$,故有

$$Q_R = C_0 A_1 \varepsilon_1 \left[\left(\frac{T_1}{100}\right)^4 - \left(\frac{T_2}{100}\right)^4 \right]$$

则辐射热负荷

$$Q_R = C_0 \varepsilon_1 A_1 \left[\left(\frac{T_1}{100}\right)^4 - \left(\frac{T_2}{100}\right)^4 \right]$$

$$= 5.669 \times 0.8 \times 0.6 \times 0.4 \times \left[\left(\frac{95+273}{100}\right)^4 - \left(\frac{20+273}{100}\right)^4 \right]$$

$$= 119.3\,W$$

接下来计算 Q_C。

$$\beta = \frac{1}{\frac{1}{2}(T_1 + T_2)} = \frac{1}{0.5 \times (293 + 387)} = \frac{1}{330.5}$$

$$= 3.026 \times 10^{-3}\,K^{-1}$$

空气在 330.5K、1atm 下物性参数为

$v = 1.878 \times 10^{-5}\,m^2/s$

$Pr = 0.701$

$\lambda = 0.029\,W/(m \cdot K)$

$$Gr = \frac{9.8 \times (3.026 \times 10^{-3}) \times (368 - 293) \times 0.5^3}{(18.78 \times 10^{-6})^2} = 7.888 \times 10^8$$

$Gr \cdot Pr = 7.888 \times 10^8 \times 0.701 = 5.53 \times 10^8$

则 $Nu = 0.15(Gr \cdot Pr)^{1/3} = 0.15 \times (0.553 \times 10^9)^{1/3} = 123$

$$\alpha = \lambda \frac{Nu}{d} = 0.029 \times \frac{123}{0.5} = 7.13 \text{ W/(m}^2 \cdot \text{K)}$$

从而自然对流引起的热损失

$$Q_C = \alpha A_1 \Delta T = 7.13 \times 0.6 \times 0.4 \times (368 - 293)$$
$$= 128.3 \text{W}$$

平板总散失的热量

$$Q = Q_R + Q_C = 119.3 + 128.3 = 247.6 \text{W}$$

辐射传热网络分析一

【例 4-15】为了提供足够的能量,宇宙飞船间通常经过连接传递能量。为此每个飞船各有一块边长为 1.5m 的正方形平板,间距为 30cm,可以认为两平板相互平行,假设外部空间为 0K 的黑体,两板温度和黑度分别为 800℃,0.5 及 300℃,0.8。试求飞船间的净换热量。

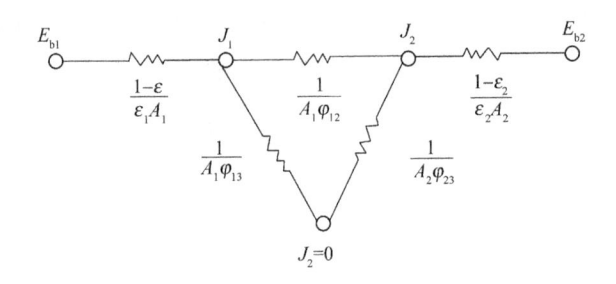

图 4-3 例 4-15 附图

【解】本题的等效网络如图 4-3 所示。

由题可得,$A_1 = A_2 = 1.5^2 = 2.25 \text{m}^2$

$T_1 = 800℃ = 1073\text{K}$,$T_2 = 300℃ = 573\text{K}$,$T_3 = 0\text{K}$

$\varepsilon_1 = 0.5, \varepsilon_2 = 0.8, \varepsilon_3 = 1.0$

依正方形 $x = \frac{l}{b} = \frac{1.5}{0.3} = 5$,查文献[1]图 4-39 得

$\varphi_{12} = 0.7, \varphi_{13} = 1 - \varphi_{12} = 0.3, \varphi_{23} = 0.3$

$E_{b1} = C_0 T_1^4 = (5.5669 \times 10^{-8}) \times 1073^4 = 75146 \text{W/m}^2$

$E_{b2} = C_0 T_2^4 = (5.5669 \times 10^{-8}) \times 573^4 = 6112 \text{W/m}^2$

网络中的热阻为

$$\frac{1 - \varepsilon_1}{\varepsilon_1 A_1} = \frac{1 - 0.5}{0.5 \times 2.25} = 0.4444$$

$$\frac{1}{A_1 \varphi_{12}} = \frac{1}{2.25 \times 0.7} = 0.6349$$

$$\frac{1}{A_1\varphi_{13}} = \frac{1}{2.25 \times 0.3} = 1.481$$

$$\frac{1}{A_2\varphi_{23}} = \frac{1}{2.25 \times 0.3} = 1.481$$

$$\frac{1-\varepsilon_2}{\varepsilon_2 A_2} = \frac{1-0.8}{0.8 \times 2.25} = 0.1111$$

列节点方程式如下。

节点 J_1：

$$\frac{75146-J_1}{0.4444} + \frac{J_2-J_1}{0.6349} + \frac{0-J_1}{1.481} = 0$$

节点 J_2：

$$\frac{J_1-J_2}{0.6349} + \frac{0-J_2}{1.481} + \frac{6112-J_2}{0.1111} = 0$$

解此联立方程得

$$J_1 = 41311 \text{ W/m}^2 \qquad J_2 = 10674 \text{ W/m}^2$$

飞行器间的净换热量

$$q_{12} = \frac{J_2 - E_{b2}}{\dfrac{1-\varepsilon_2}{\varepsilon_2 A_2}} = \frac{9992-5302}{0.1111} = 41058\text{W}$$

【例 4 - 16】 两块面积为 90cm×60cm、间距为 60 cm 的平行平板，一块板是绝热的；另一块板的温度为 550℃、黑度为 0.6。将这两块板置于一个温度为 20℃ 的空间内，试求绝热板的温度。 辐射传热网络分析二

【解】 $A_1 = A_2 = 0.9 \times 0.6 = 0.54\text{m}^2$，$A_3 \rightarrow \infty$

$\varepsilon_1 = 0.6$，$T_1 = 550℃ = 823\text{K}$，$T_3 = 20℃ = 293\text{K}$

依 $x = \dfrac{l}{b} = \dfrac{0.6}{0.8} = 1$ 及房间较大时 x 较大，查文献[1]图 4-39 曲线 2、3 之间得

$$\varphi_{12} = 0.25 \qquad \varphi_{13} = 0.75$$

则 $E_{b1} = C_0 T_1^4 = (5.669 \times 10^{-8}) \times 823^4 = 26007\text{W/m}^2$

$E_{b3} = C_0 T_3^4 = (5.669 \times 10^{-8}) \times 293^4 = 417.8\text{W/m}^2$

网络中的热阻为

$$\frac{1-\varepsilon_1}{\varepsilon_1 A_1} = \frac{1-0.6}{0.6 \times 0.54} = 1.235$$

$$\frac{1}{A_1\varphi_{13}} = \frac{1}{A_2\varphi_{23}} = \frac{1}{0.54 \times 0.75} = 2.469$$

(a)

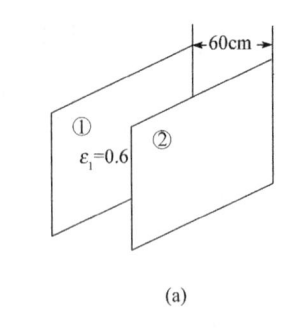

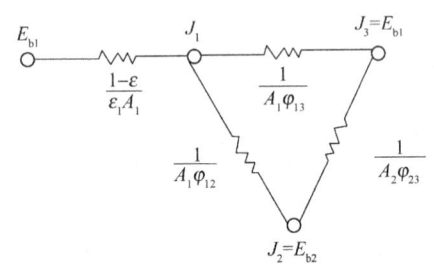

图 4-4 例 4-16 附图

$$\frac{1}{A_1\varphi_{12}} = \frac{1}{0.54 \times 0.25} = 7.407$$

加热平板的热损失

$$q = \frac{E_{b1} - E_{b3}}{\dfrac{1-\varepsilon_1}{\varepsilon_1 A_1} + \dfrac{1}{A_1\varphi_{13} + \dfrac{1}{\dfrac{1}{A_1\varphi_{12}} + \dfrac{1}{A_2\varphi_{23}}}}}$$

$$= \frac{26007 - 417.8}{1.235 + \dfrac{1}{\dfrac{1}{2.469} + \dfrac{1}{7.407 + 2.469}}} = 7971\text{W}$$

因为 $q = \dfrac{E_{b1} - J_1}{\dfrac{1-\varepsilon_1}{\varepsilon_1 A_1}} = \dfrac{26007 - J_1}{1.235} = 7971\text{W}$

所以 $J_1 = 16163\text{W/m}^2$

由于板 2 是绝热的,所以

$$\frac{J_1 - J_2}{1/(A_1\varphi_{12})} = \frac{J_2 - J_3}{1/(A_1\varphi_{13})}$$

即 $\dfrac{16163 - J_2}{7.407} = \dfrac{J_2 - 417.8}{2.469}$

由此解出

$$J_2 = 4354 \text{W/m}^2 \quad E_{b2} = C_0 T_2^4 = J_2 = 4354 \text{W}$$

故绝热板温度
$$T_2 = 526\text{K} = 253℃$$

【例 4-17】直径为 6mm 的不锈钢棒,密度 $\rho=7817\text{kg/m}^3$,比热容 $c=460\text{J/(kg·K)}$,具有 35℃的均匀的初始温度。把不锈钢突然浸入到温度为 160℃的流体中,对流传热系数 α 为 150 W/(m²·K)。试用集总参数法计算棒的温度达到 130℃需要多少时间?

圆柱体的非稳态热传导

【解】按题意:
$$d = 0.006\text{m}, t_0 = 35℃, t_\infty = 160℃, t = 130℃$$

设不锈钢棒的长度为 L,则其表面积
$$A = \pi d L$$

钢棒的体积为
$$V = \frac{\pi d^2}{4} L$$

则有
$$\frac{A}{V} = \frac{4}{d}$$

按集总参数法处理,温度分布可写为
$$\frac{t - t_\infty}{t_0 - t_\infty} = \exp\left(-\frac{\alpha A}{\rho c V}\tau\right)$$

$$\frac{130 - 160}{35 - 160} = \exp\left(\frac{150 \times 4}{7817 \times 460 \times 0.006}\tau\right)$$

$$0.24 = \exp(-0.0278\tau)$$

则有
$$\tau = 51\text{s}$$

【例 4-18】空气在钢管内流动,管外用水蒸气冷凝,请问钢管的壁温接近于空气的温度还是水蒸气的温度?假设管壁清洁,没有污垢。

壁温分析

【解】设水流动方向在距离 x 上某一微元段 dx 处水温为 t_1,管内径为 r_1,管外径为 r_2,管内壁温度为 t_{w1},管外壁温度为 t_{w2},水蒸气温度为 t_2,水的对流传热系数为 α_1,水蒸气的冷凝传热系数为 α_2,钢管的导热系数为 λ。由于是稳态传热,则有

$$\text{d}Q = \frac{t_1 - t_{w1}}{\dfrac{1}{2\pi r_1 \text{d}x \alpha_1}} = \frac{t_{w1} - t_{w2}}{\dfrac{r_2 - r_1}{2\pi r_m \text{d}x \lambda}} = \frac{t_{w2} - t_2}{\dfrac{1}{2\pi r_2 \text{d}x \alpha_2}}$$

式中,
$$r_m = \frac{r_2 - r_1}{\ln \dfrac{r_2}{r_1}}$$

把上式简化则有

$$\frac{t_1 - t_{w1}}{\dfrac{1}{r_1 \alpha_1}} = \frac{t_{w1} - t_{w2}}{\dfrac{\ln(r_2/r_1)}{\lambda}} = \frac{t_{w2} - t_2}{\dfrac{1}{r_2 \alpha_2}}$$

空气强制对流传热系数为 $20 \sim 100 \text{ W}/(\text{m}^2 \cdot \text{K})$，而水蒸气冷凝传热系数为 $5000 \sim 15000 \text{ W}/(\text{m}^2 \cdot \text{K})$，由于钢管热阻可以忽略不计，显然有

$$t_{w1} \approx t_{w2}$$

由于 $\alpha_1 \ll \alpha_2$，热阻主要集中在空气一侧，温差推动力在空气侧较大，因此壁温接近于饱和蒸汽的温度。上述过程也可以直接以平均温度进行分析。

辐射影响分析

【例 4-19】房间内装有一空调，使空气温度稳定在 20℃。问人在屋内，冬天感觉较冷还是夏天感觉较冷？为什么？

【解】冬天感觉较冷。这是因为，人在房间里散失的热量包括两个方面：其一为人和空气的自然对流引起的热损失；其二为人和墙壁的辐射热损失。不管是冬天还是夏天，自然对流引起的热损失基本不变，但辐射热损失会变化，设 T_2 为墙壁温度，可用下式表示：

$$Q_{1\text{-}2} = C_0 A_1 \varepsilon_1 \left[\left(\frac{T_1}{100} \right)^4 - \left(\frac{T_2}{100} \right)^4 \right]$$

冬天感觉较冷

显然，在冬天 T_2 较小，$Q_{1\text{-}2}$ 就较大，总的热损失就增大，人就感觉较冷。

本章主要符号说明

符号	意义	单位
A	传热面积	m^2
b	厚度	m
C_0	黑体辐射系数	$\text{W}/(\text{m}^2 \cdot \text{K}^4)$
d	直径	m
d_0	管外径	m
g	重力加速度	m/s^2
L	特征长度，圆筒壁长度	m
l	长度	m
m	质量流率	kg/s
p	压力	Pa

符号	意义	单位
Q	传热速率	W
q	热通量或热流密度	W/m^2
R	热阻	(m^2·K)/W
r	半径	m
r	潜热	kJ/kg
T	温度	K
t	温度	℃
u	流速(平均速度)	m/s
α	对流传热系数	W/(m^2·K)
β	体积膨胀系数	1/K
ε	发射率或黑度	—
φ	角系数	—
λ	导热系数	W/(m·K)
μ	黏度	Pa·s
v	运动黏度	m^2/s
ρ	密度	kg/m^3
τ	时间	s
$\dot{\Phi}_s$	内热源	W/m^3

下　标

w　　　　　　　　　　壁

参 考 文 献

1　何潮洪,冯霄. 化工原理.北京:科学出版社,2001
2　杨世铭,陶文铨,传热学. 第三版. 北京:高等教育出版社,1998
3　蒋维钧等. 化工原理(上册).北京:清华大学出版社,1992
4　陈维杻. 传递过程与单元操作(上册).杭州:浙江大学出版社,1993
5　大连理工大学化工原理教研室. 化工原理(上册).大连:大连理工大学出版社,1993
6　成都科技大学化工原理编写组. 化工原理(上册).第二版.成都:成都科技大学出版社,1991
7　谭天恩等. 化工原理(上册).第二版.北京:化学工业出版社,1990
8　陈敏恒等. 化工原理(上册).第二版.北京:化学工业出版社,1999
9　王绍亭,陈涛. 化工传递过程基础,北京:化学工业出版社,1987

习　　题

1. 在物体边界上,传热边界条件可分为＿＿＿＿、＿＿＿＿和＿＿＿＿。
2. 为了减少室外设备的热损失,保温层外包的一层金属皮应采用＿＿＿＿。
   (A)表面光滑,色泽较浅　(B)表面粗糙,色泽较深　(C)表面粗糙,色泽较浅

3. 沸腾传热可分为三个区域,它们是_____、_____和_____。工程上宜维持在_____区内操作。

4. 某套管式换热器,管外为饱和蒸汽冷凝,若饱和蒸汽温度与壁温之差增加一倍时,传热速率将增加为原来的_____倍(凝液为层流)。
   (A) $2^{-1/4}$　　(B) $2^{3/4}$　　(C) $2^{1/4}$　　(D) $2^{1/3}$

5. 根据因次分析法,对于湍流强制对流传热,其准数关联式可简化为
   (A) $Nu=f(Re,Pr,Gr)$
   (B) $Nu=f(Re,Pr)$
   (C) $Nu=f(Re,Gr)$

6. 随着温差增加,导热系数变化趋势是,空气_____,水_____,金属_____,非金属_____。
   (A) 变大　　(B) 变小　　(C) 不变　　(D) 不确定

7. 饱和蒸汽冷凝时,传热膜系数突然下降,可能的原因是_____。

8. 两个灰体表面间的辐射传热与_____、_____、_____、_____有关。

9. 试判断下列各组传热膜系数 α 的数值大小(饱和蒸汽的压力相同):
   (1) $\alpha_{弯管}$, $\alpha_{水直管}$　　　　(2) $\alpha_{水蒸气滴状冷凝}$, $\alpha_{水蒸气膜状冷凝}$
   (3) $\alpha_{空气}$, $\alpha_{水}$　　　　　　(4) $\alpha_{水蒸气冷凝}$, $\alpha_{水加热或冷却}$

10. 一外径为 100mm 的蒸汽管,其外先包一层 50mm 绝热材料 A,$\lambda_A=0.017$ W/(m·K);再包一层 25 mm 绝热材料 B,$\lambda_B=0.021$ W/(m·K)。设 A 的内侧温度和 B 的外侧温度分别为 200℃和 40℃。试求每米管长的热损失 q_L 及 A、B 界面处的温度。

11. 某一直径为 3mm、长 1m 的棒式电热器,导热系数为 19 W/(m·K),其单位时间、单位体积的发热量为 5.66×10^3 W/m³。加热器浸没在温度为 90℃的液体中,加热器表面和液体间的对流传热系数为 4000 W/(m²·K)。试求电热器中心温度及加热器横截面的温度分布。

12. 用 101.3kPa、30℃的氦气冷却一块保持为 250℃的 1m 平板。氦气流速为 50m/s。试计算
   (1) 平板总的散热量;
   (2) 当气流离开平板时,边界层的厚度是多少?

13. 一块较大的铜板,具有 100℃的均匀初始温度,铜板表面突然降到 35℃,铜板的导热系数为 386 W/(m·K),对流传热系数为 11.23×10^{-5} W/(m²·K)。计算 5s 后距离表面 6.5cm 平面通过的热流量是多少?

14. 某加热炉为一内衬耐火砖的钢制圆筒,筒外覆盖一层隔热材料。钢板的允许工作温度为 400℃。已知外界大气温度为 35℃,大气一侧的对流传热系数为 10 W/(m²·K);炉内热气体温度为 600℃,内侧对流传热系数为 100

W/(m²·K);各层材料的厚度和导热系数如表 4-2。试问
(1) 通过定量计算确定此炉体设计是否合理;
(2) 定性提出改进措施并阐明理由。

表 4-2 材料导热系数和厚度

	导热系数/[W/(m·K)]	厚度/m
耐火砖	0.38	0.25
钢板	45	0.01
隔热材料	0.10	0.25

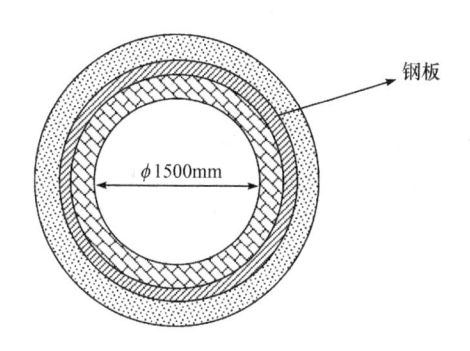

图 4-5 加热炉外包材料示意图

15. 一个 30cm 的方管,温度为 30℃。101.3kPa、50℃的空气以 6m/s 的速度横向流过管子。试计算
    (1) 管子得到的热量;
    (2) 如果气流速度降低一半,试问热流量将下降多少?

16. 某溶液以流量 3m³/h 流过四根内径为 38mm 的蛇管冷却器,使其由 40℃冷却到 6℃,蛇管的平均半径为 300mm。已知该溶液密度为 1200kg/m³,比热容为 3780J/(kg·K),导热系数为 0.544 W/(m·K),黏度为 2.2×10^{-3} N·s/m²。试求该溶液的对流传热系数。

17. 水在电加热的碳钢表面上沸腾,其饱和沸腾时的对流传热系数可用 $\alpha = A\Delta t^{2.5} B_s^\alpha$,单位为 W/(m²·K);$t_s$,饱和沸腾温度,单位为℃。当沸腾温度为 100℃、壁温为 105℃时,每平方米加热面可蒸发水量 1.20kg/min;当沸腾温度为 60℃,壁温为 68℃时,每平方米加热面可蒸发水量 1.25kg/min。试计算在 6×10^5 Pa 压力下沸腾、壁温为 160℃时,每平方米加热面每分钟可蒸发的水量。

18. 平均温度为 140℃的机油在 ϕ108mm×6mm 钢管中流动,大气温度为 20℃。设油对管壁的对流传导系数为 350 W/(m²·K),管壁热阻和污垢热阻可忽略不计。试求

(1) 每米管长的热损失;

(2) 若管外包厚20mm、导热系数为0.06 W/(m·K)的保温层,热损失将减小多少?

19. 两块相互平行的黑体长方形平板,其尺寸为1m×2m,间距为1m。若两平板的表面温度分别为827℃和327℃,试计算两平板间的辐射传热量。

20. 两块1.2m×1.2m的平行平板,间距为1.2m。板的黑度和温度分别为0.4、0.6以及760℃、300℃。有一黑度为0.05的1.2m×1.2m的辐射遮热板等间距地放在两平行板之间,然后把上述装置放到一个温度为40℃的大房间里,试求

(1) 没有辐射遮热板,每块板的换热量;

(2) 有辐射遮热板,每块板的换热量;

(3) 有辐射遮热板的温度。

21. 在壁温为38℃的房间内,有一长6m、直径为12.5cm的水平管道,管道的温度为150℃。房间内的空气温度为20℃,压力为101.3kPa。若管道的黑度为0.7,试计算管道通过对流和辐射一共耗散多少热量?

第5章 传热过程与换热器[1~9]

基本内容

热量传递基础讲述了导热、对流、辐射传热的计算原理,以此为基础,就可以来计算工业生产中的实际传热问题。其典型应用是热流体通过间壁换热器将热量传给冷流体。为简明起见,本章暂不考虑辐射传热,并假设热损失可忽略。

间壁传热过程的数学描述有平均温差推动力法和传热效率-传热单元数法(ε-NTU 法)两种,它们都是基于同一个来源(如图 5-1),但引进的中间组合变量不同:前者引入 Δt_m、P、R;后者则引入 ε、NTU、C_R;其数学描述如下。

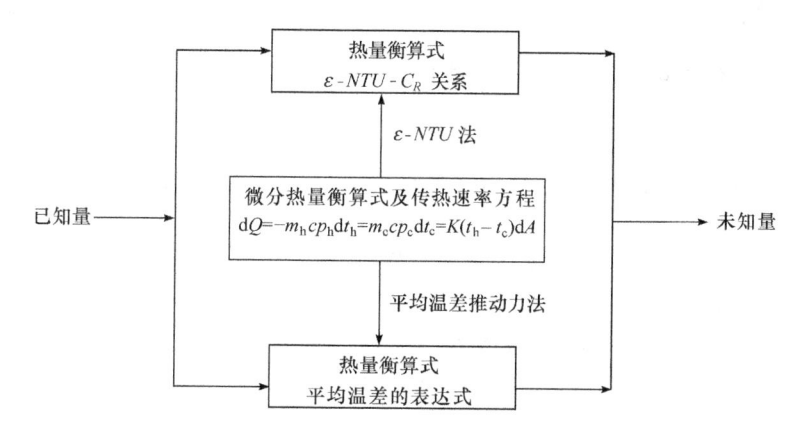

图 5-1 间壁传热过程的数学描述

对于列管式换热器传热系数 K 为(以管外壁为基准)

$$\frac{1}{K}=\frac{d_o}{\alpha_i d_i}+R_{si}\frac{d_o}{d_i}+\frac{bd_o}{\lambda d_m}+\frac{1}{\alpha_o}+R_{so} \tag{5-1}$$

1. 平均温差推动力法

热量衡算式:
$$Q=m_h c_{ph}(t_{h1}-t_{h2})=m_c c_{pc}(t_{c2}-t_{c1}) \tag{5-2}$$

传热速率方程式:
$$Q=KA\Delta t_m \tag{5-3}$$

当传热为逆流、并流时:

$$\Delta t_m = \frac{\Delta t_1 - \Delta t_2}{\ln(\Delta t_1/\Delta t_2)} \tag{5-4}$$

逆流：

$$\Delta t_1 = t_{h1} - t_{c2} \qquad \Delta t_2 = t_{h2} - t_{c1}$$

并流：

$$\Delta t_1 = t_{h1} - t_{c1} \qquad \Delta t_2 = t_{h2} - t_{c2}$$

折流、错流等：

$$\Delta t_m = \psi(P,R)\Delta t_{m,逆} \tag{5-5}$$

式中，

$$P = \frac{t_{c2} - t_{c1}}{t_{h1} - t_{c1}} \qquad R = \frac{t_{h1} - t_{h2}}{t_{c2} - t_{c1}} \tag{5-6}$$

除物性 c_{pc}、c_{ph} 及中间组合变量 Δt_m、P、R、C_R、NTU、ε 外，间壁传热过程共涉及 9 个基本变量：Q、A、K、t_{h1}、t_{h2}、t_{c1}、t_{c2}、m_c 和 m_h。由于受热量衡算式、传热速率方程式共 3 个条件的约束，故自由度数为 6，即需给出其中 6 个独立变量，才能确定另外 3 个因变量。

2. 传热效率-传热单元数法（ε-NTU 法）

热量衡算式：

$$Q = m_h c_{ph}(t_{h1} - t_{h2}) = m_c c_{pc}(t_{c2} - t_{c1}) = \varepsilon(mc_p)_{\min}(t_{h1} - t_{c1}) \tag{5-7}$$

ε-NTU-C_R 关系：

$$\varepsilon = \varepsilon(NTU, C_R) \tag{5-8}$$

逆流：

$$\varepsilon_i = \frac{1 - \exp[NTU_i(1 - C_{Ri})]}{C_{Ri} - \exp[NTU_i(1 - C_{Ri})]} \qquad i = h,c \tag{5-9}$$

并流：

$$\varepsilon_i = \frac{1 - \exp[-NTU_i(1 + C_{Ri})]}{1 + C_{Ri}} \qquad i = h,c \tag{5-10}$$

折流等：

$$\varepsilon_i = \varepsilon(NTU_i, C_{Ri})$$

式中，

$$\varepsilon_h = \frac{t_{h1} - t_{h2}}{t_{h1} - t_{c1}}, NTU_h = \frac{KA}{m_h c_{ph}}, C_{Rh} = \frac{m_h c_{ph}}{m_c c_{pc}}$$

$$\varepsilon_c = \frac{t_{c2} - t_{c1}}{t_{h1} - t_{c1}}, NTU_c = \frac{KA}{m_c c_{pc}}, C_{Rc} = \frac{m_c c_{pc}}{m_h c_{ph}}$$

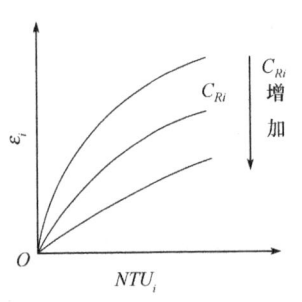

$$\tag{5-11}$$

图 5-2 $\varepsilon_i = \varepsilon(NTU_i, C_{Ri})$ 的变化趋势（$i = h,c$）

当 $C_{Rh} < 1$ 时，传热效率 ε 为 ε_h；当 $C_{Rc} < 1$ 时，传热效率 ε 为 ε_c。

在 ε-NTU 法中，C_{Ri}、NTU_i、$ε_i$ 之间的变化趋势为已知，如图 5-2 所示。若 NTU_i 一定，则 C_{Ri} 增大将使 $ε_i$ 减小；若 C_{Ri} 一定，则 NTU_i 增大将使 $ε_i$ 增大。依据图 5-2，可对传热过程的操作型问题进行如下定性分析：①根据操作条件的改变情况，分析 NTU、C_R 的变化趋势；②利用图 5-2 定出 ε 的变化趋势，随之确定 t_{h2}（或 t_{c2}）的变化趋势；③依据热量衡算式确定 Q 及 t_{c2}（或 t_{h2}）的变化趋势。通常操作型问题定性分析时 ε-NTU 法较简明，因此推荐首先用它。但有时单纯用 ε-NTU 法还较难判别换热结果的变化情况，此时可再联合利用平均温差推动力法。

重点与难点

（1）本章重点是换热器的总传热系数与壁温的计算；传热过程的平均温差计算；换热器设计型和操作型问题的计算和分析；强化传热过程的方法。

（2）本章的难点是在操作型问题的传热计算时，要综合考虑影响传热的因素，不能只考虑一方面的影响，即一定要从热量平衡方程式 $Q=mc_p\Delta t$ 和传热速率方程式 $Q=KA\Delta t_m$ 两方面考虑求解；热交换器串联、并联、串并联等组合时对传热过程行为的影响。

精选题及解答

【例 5-1】 温度为 99℃ 的热水进入一个逆流式换热器，并将 4℃ 的冷水加热到 32℃。冷水的流量为 1.3kg/s，热水的流量为 2.6kg/s，总传热系数为 830 W/(m²·K)，试计算所需的换热器面积。

逆流换热器传热面积的计算

【解】 根据题意，

$$t_{h1}=99℃, t_{c1}=4℃, t_{c2}=32℃$$
$$m_h=2.6\text{kg/s}, m_c=1.3\text{kg/s}$$

99 ⟶ 85
32 ⟵ 4

因为

$$Q=m_h c_{ph}(t_{h1}-t_{h2})$$
$$=m_c c_{pc}(t_{c2}-t_{c1})$$
$$c_{ph}=c_{pc}=4175 \text{ J/(kg·K)}$$

所以

$$t_{h2}=t_{h1}-\frac{m_c}{m_h}(t_{c2}-t_{c1})=99-\frac{1.3}{2.6}\times(32-4)$$
$$=85℃$$

对数平均温度差

$$\Delta t_m = \frac{\Delta t_1 - \Delta t_2}{\ln(\Delta t_1/\Delta t_2)}$$

$$= \frac{(99-32)-(85-4)}{\ln\frac{99-32}{85-4}}$$

$$= 73.8\text{℃}$$

换热器的面积

$A = 2.48\text{m}^2$

$$A = \frac{Q}{K\Delta t_m} = \frac{1.3 \times 4175 \times (32-4)}{830 \times 73.8}$$

$$= 2.48 \text{ m}^2$$

套管换热器管长的计算

【例 5-2】 在一钢制套管式换热器中，用冷却水将 1kg/s 的苯由 65℃冷却至 15℃，冷却水在 ϕ25mm×2.5mm 的内管中逆流流动，其进出口温度为 10℃和 45℃。已知苯和水的对流传热系数分别为 0.82×10^3 W/(m²·K) 和 1.7×10^3 W/(m²·K)，在定性温度下水和苯的比热容分别为 4.18×10^3 J/(kg·K) 和 1.88×10^3 J/(kg·K)，钢材导热系数为 45 W/(m·K)，又两侧的污垢热阻可忽略不计。试求

(1) 冷却水消耗量；
(2) 所需的总管长。

【解】 (1) 由热量衡算方程

65 ⟶ 15
45 ⟵ 10
20　　5

$$Q = m_h c_{ph}(t_{h1} - t_{h2})$$
$$= m_c c_{pc}(t_{c2} - t_{c1})$$

则　$1 \times 1.88 \times 10^3 \times (65-15) = m_c \times 4.18 \times 10^3 \times (45-10)$

解之得

$m_c = 0.643\text{kg/s}$

$$m_c = 0.643\text{kg/s}$$

(2) 求所需的总管长

逆流时的平均温度差

$$\Delta t_m = \frac{\Delta t_1 - \Delta t_2}{\ln(\Delta t_1/\Delta t_2)} = \frac{20-5}{\ln(20/5)} = 10.8\text{℃}$$

以管外面积为计算基准，忽略污垢热阻，则总传热系数

$$\frac{1}{K} = \frac{d_o}{\alpha_i d_i} + \frac{b d_o}{\lambda d_m} + \frac{1}{\alpha_o}$$

$$= \frac{25}{1.7\times10^3 \times 20} + \frac{0.0025 \times 25}{45 \times 22.5} + \frac{1}{0.82\times10^3}$$

$K = 496\text{W/(m}^2\cdot\text{K)}$

由传热速率方程可得传热面积

$$A = \frac{Q}{K\Delta t_m} = \frac{m_h c_{ph}(t_{h1}-t_{h2})}{K\Delta t_m}$$

$$= \frac{1 \times 1.88 \times 10^3 \times (65-15)}{496 \times 10.8} = 17.5 \text{ m}^2$$

计算 L 时应以 d_o 为基准。

由于 K 以管外的传热面积为基准，计算 L 时应以 d_o 为基准。故所需总管长

$$L = \frac{A}{\pi d_o} = \frac{17.5}{3.14 \times 0.025} = 224 \text{ m}$$

$L = 224$ m

实际上，上述总管长 L 的实现也可通过管路的并联实现，如列管式换热器。

【例 5-3】 用 25℃、流量为 330 kg/h 的水将 180℃ 的油降温到 72℃，已知油的比热容为 2.1×10^3 J/(kg·K)，其流量为 396 kg/h，今有以下两个列管式换热器，传热面积均为 0.8 m²。换热器 1：总传热系数为 650 W/(m²·K)，单壳程、双管程；换热器 2：总传热系数为 520 W/(m²·K)，单壳程、单管程。为满足传热需要，应选用哪一个换热器？

换热器的选择

【解】 $Q_{需} = m_h c_{ph}(t_{h1}-t_{h2}) = \frac{396}{3600} \times 2.1 \times 10^3 \times (180-72)$

$= 2.495 \times 10^4$ W

水的出口温度

$$t_{c2} = t_{c1} + \frac{Q}{m_c c_{pc}} = 25 + \frac{2.495 \times 10^4}{330/3600 \times 4.184 \times 10^3} = 90 ℃$$

$$\Delta t_{m逆} = \frac{\Delta t_1 - \Delta t_2}{\ln(\Delta t_1/\Delta t_2)} = \frac{90-47}{\ln(90/47)} = 66.2 ℃$$

180 ⟶ 72
90 ⟵ 25
90　　47

对换热器 1 需求温差校正系数 ψ

$$P = \frac{t_{c2}-t_{c1}}{t_{h1}-t_{c1}} = \frac{90-25}{180-25} = 0.419$$

温差校正系数的求法

$$R = \frac{t_{h1}-t_{h2}}{t_{c2}-t_{c1}} = \frac{180-72}{90-25} = 1.662$$

查参考文献[1]，可得 $\psi = 0.42$，则

$$\Delta t_m = 66.2 \times 0.42 = 27.8 ℃$$

换热器 1 的可传热量

$$Q_1 = 650 \times 0.8 \times 27.8 = 1.446 \times 10^4 \text{ W} < Q_{需}$$

而换热器 2 的可传热量

$$Q_2 = 520 \times 0.8 \times 66.2 = 2.754 \times 10^4 \text{ W} > Q_{需}$$

选用换热器 2

故应选用换热器 2。

蒸气冷凝、冷却过程换热器的校核

【例 5-4】一列管式换热器,管径为 $\phi 25\text{mm} \times 2.5\text{mm}$,传热面积为 10 m^2(按管外径计)。今拟用于使 80℃ 的饱和苯蒸气冷凝、冷却到 50℃。苯走管外,流量为 1.25 kg/s;冷却水走管内与苯逆流,流量为 6 kg/s,进口温度为 10℃。现已估算出苯冷凝、冷却时的对流传热系数分别为 1600 W/(m²·K)、850 W/(m²·K);水的对流传热系数为 2500 W/(m²·K)。忽略管两侧污垢热阻和管壁热阻。已知水、苯(液体)的比热容分别为 4.18×10^3 J/(kg·K)、1.76×10^3 J/(kg·K);苯蒸气在 80℃ 的冷凝潜热为 395×10^3 J/kg。问此换热器是否合用?

采用设计型的解题思路

【解】本题可分为冷凝段和冷却段,先分别计算所需的传热面积 A_1 和 A_2,再比较 $(A_1 + A_2)$ 与现有传热面积(10m^2)的大小。

如图 5-3,设冷凝段与冷却段交界处的水温为 t_{12},可把冷凝、冷却过程描述如下。

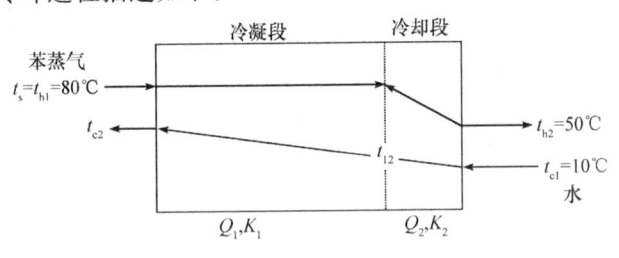

图 5-3 冷凝冷却过程示意图

先求出冷凝、冷却段交界处的水温

则冷凝段传热量 $Q_1 = m_h r_h = m_c c_{pc}(t_{c2} - t_{12})$

冷却段传热量 $Q_2 = m_h c_{ph}(t_s - t_{h2}) = m_c c_{pc}(t_{12} - t_{c1})$

将已知数据代入有

$Q_1 = 1.25 \times 395 \times 10^3 = 6 \times 4.18 \times 10^3 (t_{c2} - t_{12})$

$Q_2 = 1.25 \times 1.76 \times 10^3 (80 - 50) = 6 \times 4.18 \times 10^3 (t_{12} - 10)$

解上两式得到

$Q_1 = 494 \text{kW}, Q_2 = 66.0 \text{kW}, t_{12} = 12.6℃, t_{c2} = 32.3℃$

对冷凝段:

冷凝段的传热量的计算

$\Delta t_m = \dfrac{(80 - 32.3) - (80 - 12.6)}{\ln[(80 - 32.3)/(80 - 12.6)]} = 56.9℃$

$\dfrac{1}{K_1} = \dfrac{d_o}{\alpha_i d_i} + \dfrac{1}{\alpha_o} = \dfrac{25}{20} \times \dfrac{1}{2500} + \dfrac{1}{1600}$

$K_1 = 889 \text{ W/(m}^2\text{·K)}$

$$A_1 = \frac{Q_1}{K_1 \Delta t_m} = \frac{494 \times 10^3}{889 \times 56.9} = 9.77 \text{ m}^2$$

冷凝所需的传热面积为9.77m^2。

对冷却段：

$$\Delta t_m = \frac{(80-12.6)-(50-10)}{\ln[(80-12.6)/(50-10)]} = 52.5 \text{℃}$$

冷却段的计算

$$\frac{1}{K_2} = \frac{d_o}{\alpha_i d_i} + \frac{1}{\alpha_o} = \frac{25}{20} \times \frac{1}{2500} + \frac{1}{850}$$

$$K_2 = 596 \text{ W}/(\text{m}^2 \cdot \text{K})$$

$$A_2 = \frac{Q_2}{K_2 \Delta t_m} = \frac{66.0 \times 10^3}{596 \times 52.5} = 2.11 \text{ m}^2$$

冷却段所需的传热面积为2.11m^2。

$$A = A_1 + A_2 = 9.77 + 2.11 = 11.88 \text{ m}^2 > 10 \text{ m}^2$$

由此可见，该换热器面积稍小而不能适用。

【例 5-5】 某厂需将 7500kg/h 的丁二烯蒸气冷凝。已知其冷凝温度为 40℃，冷凝潜热为 373 kJ/kg。所用冷却水的进、出口温度分别为 15℃ 和 25℃，水侧和蒸气侧的污垢热阻可分别取 5.8×10^{-4} $\text{m}^2 \cdot \text{K/W}$ 和 1.76×10^{-4} $\text{m}^2 \cdot \text{K/W}$。设丁二烯蒸气的冷凝传热系数可近似按单根管外冷凝公式计算再乘 0.5。试选用一台合适的水平列管式冷凝器。

列管式冷凝器的设计

【解】(1) 热负荷 Q 及冷却水量 m_c

丁二烯冷凝传热量 $Q = 280 \times 10^4$ kJ/h

冷却水平均温度为 $(15+25)/2 = 20$℃，该定性温度下水的比热容为 $c_{pc} = 4.183$ kJ/(kg·K)，则冷却水量

$$m_c = \frac{Q}{c_{pc}(t_{c2}-t_{c1})} = \frac{280 \times 10^4}{4.184 \times (25-15)} = 6.69 \times 10^4 \text{kg/h}$$

选用换热器的步骤通常为

(1) 热量平衡计算；

(2) 假设传热系数，估算传热面积；

(2) 平均温度差 Δt_m

$$\Delta t_1 = t_{h2} - t_{c1} = 40 - 15 = 25 \text{℃}$$

$$\Delta t_2 = t_{h1} - t_{c2} = 40 - 25 = 15 \text{℃}$$

$$\Delta t_m = \frac{\Delta t_1 + \Delta t_2}{2} = \frac{25+15}{2} = 20 \text{℃}$$

(3) 初选换热器型号；

(4) 校核换热器面积；

(5) 确定换热器。

(3) 估算传热面积 A

参考传热系数取值的有关经验数据，取 $K = 400$ W/(m²·K)，初步估算所需传热面积如下。

$$A = \frac{Q}{K \Delta t_m} = \frac{777 \times 10^3}{400 \times 20} = 97.1 \text{ m}^2$$

(4) 初选换热器型号

对冷凝器,一般是管外冷凝,管内通冷却介质。因为冷凝传热系数与流速无关,而且饱和蒸气在管外也有利于散热;冷却介质在管内,有利于提高流速,增大其对流传热系数。

参考管壳式热交换器系列标准,取规格 $\phi 25\text{mm} \times 2.5\text{mm}$ 钢管。管内水流速取 1.0m/s,初步计算每程管数 n 和管程数。

冷却水的体积流量

$$V = \frac{m_c}{3600\rho} = \frac{6.69 \times 10^4}{3600 \times 10^3} = 0.0186 \text{ m}^3/\text{s}$$

由

$$V = n\frac{\pi}{4}d_i^2 u$$

得管数

$$n = \frac{V}{0.785 d_i^2 u} = \frac{0.0186}{0.785 \times 0.02^2 \times 1.0} = 59.2$$

由估算的面积可求得总管长

$$L = \frac{A}{\pi d_o n} = \frac{97.1}{3.14 \times 0.025 \times 59.2} = 21\text{m}$$

换热器每程管长取 $l = 6\text{m}$,则管程数 $n = L/l = 21/6 = 3.5$,取 $n = 4$。

综合上述结果,查有关手册可选型号 G600-110-25-4 固定管板式换热器一台。其总管数为 242 根,故每程管数为 $242/4 = 61$ 根。

(5)校核选用的换热器

①计算换热器的 K 值

(a)管内侧 α_i

水在定性温度 $t_m = 20℃$ 下的物性常数为

$\lambda = 0.5935 \text{ W/(m·K)}, \mu = 1 \times 10^{-3} \text{N·s/m}^2$

$$u = \frac{V}{0.785 d_i^2 n} = \frac{0.0186}{0.785 \times 0.02^2 \times 61}$$

$$= 0.97 \text{ m/s}$$

$$Re = \frac{d_i u \rho}{\mu} = \frac{0.02 \times 0.97 \times 1000}{1 \times 10^{-3}} = 1.936 \times 10^4$$

$$Pr = \frac{c_p \mu}{\lambda} = \frac{4.183 \times 10^3 \times 1 \times 10^{-3}}{0.5986} = 6.99$$

$$\alpha_i = 0.023 \frac{\lambda}{d_i} Re^{0.8} Pr^{0.4}$$

$$= 0.023 \times \frac{0.5985}{0.02} \times (1.936 \times 10^4)^{0.8} \times (6.99)^{0.4}$$

$= 4028 \text{ W/(m}^2 \cdot \text{K)}$

(b)管外侧 α_o

设管壁温 $t_w = 33℃$，则膜温
$$t_m = (t_S + t_w)/2 = (40+33)/2 = 36.5℃$$

此时丁二烯的物性常数为
$$\rho = 603.6 \text{ kg/m}^3, \mu = 0.1485 \times 10^{-3} \text{ N} \cdot \text{s/m}^2$$
$$\lambda = 0.1096 \text{ W/(m} \cdot \text{K)}, r = 373 \text{ kJ/kg} (40℃ 时值)$$

又 $\Delta t = t_s - t_w = 40 - 33 = 7℃$

由题意知，丁二烯饱和蒸气在水管外的冷凝传热系数按单根管计算再乘 0.5 作为管群的平均值，故有

$$\alpha_o = 0.5 \times 0.725 \left(\frac{r\rho^2 g \lambda^3}{\mu d_o \Delta t} \right)^{\frac{1}{4}}$$

$$= 0.5 \times 0.725 \left(\frac{373 \times 10^3 \times 603.6^2 \times 9.81 \times 0.1096^3}{0.1485 \times 10^{-3} \times 0.025 \times 7} \right)^{\frac{1}{4}}$$

$$= 1032 \text{ W/(m}^2 \cdot \text{K)}$$

已知水侧污垢热阻 $R_{si} = 5.8 \times 10^{-4} \text{ m}^2 \cdot \text{K/W}$

蒸汽侧污垢热阻 $R_{so} = 1.76 \times 10^{-4} \text{ m}^2 \cdot \text{K/W}$

管壁钢的导热系数 $\lambda = 45 \text{ W/(m} \cdot \text{K)}$

管壁厚 $b = 0.0025 \text{m}$

管平均直径 $d_m = (20+25)/2 = 22.5 \text{mm}$

则以管外径为基准的传热系数

$$\frac{1}{K} = \frac{d_o}{\alpha_i d_i} + R_{si} \frac{d_o}{d_i} + \frac{bd_o}{\lambda d_m} + \frac{1}{\alpha_o} + R_{so}$$

$$= \frac{25}{4028 \times 20} + 0.00058 \times \frac{25}{20} + \frac{0.0025 \times 25}{45 \times 22.5}$$

$$+ \frac{1}{1032} + 0.000176$$

$K = 446 \text{ W/(m}^2 \cdot \text{K)}$

验算所设壁温
$$KA\Delta t_m = \alpha_o A(t_s - t_w)$$

故有 $t_w = t_s - \dfrac{K\Delta t_m}{\alpha_o} = 40 - \dfrac{446 \times 20}{1032} = 31.4℃$

上述所得壁温与所设温度有些差别，再设 $t_w = 31℃$ 重新计算 α_o，则膜温为 $t_m = (t_s + t_w)/2 = (40+31)/2 = 35.5℃$，此时丁二烯的物性常数为

$$\rho = 605.2 \text{ kg/m}^3, \mu = 0.1495 \times 10^{-3} \text{ N} \cdot \text{s/m}^2$$

$$\lambda = 0.1102 \text{ W/(m·K)}, r = 373 \text{kJ/kg}(40℃时值)$$

又 $\Delta t = t_s - t_w = 40 - 31 = 9℃$

$$\alpha_o = 0.5 \times 0.725 \left(\frac{373 \times 10^3 \times 605.2^2 \times 9.81 \times 0.1102^3}{0.1495 \times 10^{-3} \times 0.025 \times 9} \right)^{\frac{1}{4}}$$

$$= 973 \text{ W/(m}^2 \cdot \text{K)}$$

$$\frac{1}{K} = \frac{25}{4028 \times 20} + 0.00058 \times \frac{25}{20} + \frac{0.0025 \times 25}{45 \times 22.5} + \frac{1}{973} + 0.000176$$

$$K = 435 \text{ W/(m}^2 \cdot \text{K)}$$

再验算壁温 $t_w = 40 - \dfrac{435 \times 20}{973} = 31℃$

与所设壁温相同,故得到 $K = 435$ W/(m² · K),较原查得的 $K = 400$ W/(m² · K)稍大。

② 校核换热器面积

需要的传热面积

$$A = \frac{Q}{K \Delta t_m} = \frac{777 \times 10^3}{435 \times 20} = 89.3 \text{ m}^2$$

选 G600-110-25-4 固定管板式换热器

实际面积为 110 m²,故其比需要面积大,余量为 $(110-89.3)/89.3 = 23\%$。因此,选用的换热器适用,通过比较无其他更佳的型号。

无相变传热过程的定性分析。

【例 5-6】 冷、热流体在套管式换热器中进行无相变的逆流传热,管内走热流体,管外走冷流体,管内、外两侧对流传热系数的数量级相近,问热流体进口温度增大而其他条件不变的情况下,换热器传热量、冷流体和热流体的出口温度将如何变化?

【解】 本题可采用传热效率-传热单元数法(ε-NTU 法)或平均温差推动力法分析。

(1) ε-NTU 法

因为 m_h、m_c 不变,且通常可忽略流体物性变化对 α 的影响,因此可认为管内、外两侧对流传热系数基本不变,从而可认为 K 不变。则 $NTU_h = KA/(m_h c_{ph})$ 不变;又 $C_{Rh} = m_h c_{ph}/(m_c c_{pc})$ 不变,根据图 5-2 中 ε-NTU-C_R 关系,得 ε_h 不变。

根据 $\varepsilon_h = \dfrac{t_{h1} - t_{h2}}{t_{h1} - t_{c1}}$,可得 $t_{h2} = (1 - \varepsilon_h) t_{h1} + \varepsilon_h t_{c1}$。因为 ε_h、t_{c1} 不变,t_{h1} 增大,所以 t_{h2} 增大。

$$Q = m_h c_{ph}(t_{h1} - t_{h2}) = \varepsilon_h m_h c_{ph}(t_{h1} - t_{c1})$$

当 m_h、ε_h、t_{c1} 不变,t_{h1} 增大时,可知 Q 增大;进一步,因为 m_c、

t_{c1} 不变,Q 增大,所以根据 $Q=m_c c_{pc}(t_{c2}-t_{c1})$ 可知,t_{c2} 增大。

结论:Q 增大、t_{c2} 增大、t_{h2} 增大。

(2)平均温差推动力法

热量衡算式:
$$Q=m_h c_{ph}(t_{h1}-t_{h2})=m_c c_{pc}(t_{c2}-t_{c1}) \quad (1)$$

传热速率方程式:
$$Q=KA\Delta t_m \quad (2)$$

当 t_{h1} 增大时,由式(1)、(2)较难直接看出 Q、t_{c2}、t_{h2} 的变化情况,此时可采用反证法。

设 Q 不变,根据式(1)得 t_{c2} 不变、t_{h2} 增大,从而 $\Delta t_1=(t_{h1}-t_{c2})$ 增大,$\Delta t_2=(t_{h2}-t_{c1})$ 增大,所以 Δt_m 增大。此时,由于 K 不变,由式(2)知 Q 增大,故与原设"Q 不变"矛盾。同理可证"Q 减小"也是错误的。所以必有 Q 增大,再联合利用式(1)、(2)可得 t_{c2} 增大、t_{h2} 增大(步骤略)。由此可见,平均温差推动力法的分析过程较为繁琐。

结论:Q 增大、t_{c2} 增大、t_{h2} 增大。

t_{h1} 增大将使 Q 增大、t_{c2} 增大、t_{h2} 增大

用平均推动力法分析时常采用反证法

结论:Q 增大、t_{c2} 减小。

【例 5-7】在一列管式换热器中用饱和水蒸气预热某有机溶液(无相变),蒸汽走壳程,见图 5-4。问:(1)若饱和水蒸气压力 p_s 增大,有机溶液流量 m_c 和入口温度 t_{c1} 不变;(2)若有机溶液流量 m_c 增加而入口温度 t_{c1}、饱和水蒸气压力 p_s 不变,则传热量 Q 和有机溶液出口温度 t_{c2} 将如何变化?

冷凝传热过程的定性分析

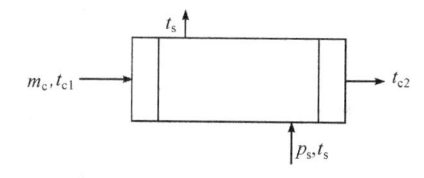

图 5-4 例 5-7 附图

【解】(1)饱和水蒸气压力 p_s 增大,意味着饱和水蒸气温度 t_s 增大。由于 m_c 不变,管内、外传热系数可认为近似不变,则列管式换热器内总传热系数 K 近似不变,从而 $NTU_c=\dfrac{KA}{m_c c_{pc}}$ 不变。另外,蒸汽热容量为无穷大,故 $C_{Rc}=0$ 不变,根据 ε-NTU-C_R 关系(图 5-2),ε_c 不变。又

$$\varepsilon_c = \frac{t_{c2}-t_{c1}}{t_s-t_{c1}}$$

p_s 增大（m_c、t_{c1} 不变）将使 Q、t_{c2} 都增大。

因为 t_{c1} 不变、t_s 增大，结合 ε_c 不变，可知 t_{c2} 增大。由

$$Q = m_c c_{pc}(t_{c2}-t_{c1})$$

m_c、t_{c1} 不变，所以 Q 增大。

结论：Q、t_{c2} 都增大。

（2）有机溶液流量 m_c 增大使溶液侧的对流传热系数增大，因此，总传热系数 K 增大。由热量传递基础可知，K 的增大幅度要比 m_c 小（K 充其量与 $m_c^{0.8}$ 成正比），所以 $NTU_c = \frac{KA}{m_c c_{pc}}$ 减小。又 $C_{Rc}=0$ 不变，根据 ε-NTU-C_R 关系，ε_c 减小。由于 t_s、t_{c1} 不变，由 ε_c 表达式可知 t_{c2} 减小。

m_c 增大（p_s、t_{c1} 不变）将使 Q 增大、t_{c2} 减小。

用 ε-NTU 法无法分析 Q 的变化时，可再结合平均推动力法进行分析。

$Q = m_c c_{pc}(t_{c2}-t_{c1})$，因为 m_c 增大、t_{c2} 减小，所以暂不能由此式判断 Q 的变化趋势。此时可再结合平均温差推动力法进行分析：因为 t_{c2} 减小，所以 $\Delta t_2 = (t_s-t_{c2})$ 增大；而 $\Delta t_1 = (t_s-t_{c1})$ 不变，所以 Δt_m 增大，结合 K 增大，则 $Q = KA\Delta t_m$ 增大。

并联换热器组传热过程的定性分析。

【例 5-8】 冷、热两流体通过两个相同的列管式换热器 1、2 进行传热，如图 5-5 所示。问：当（1）m_h 增大（t_{c1}、t_{h1}、m_c 不变）；（2）t_{h1} 减小（t_{c1}、m_h、m_c 不变）时，$Q_{总}$、t_{c2}、t_{h2} 将如何变化（$Q_{总}$ 指通过两个换热器的总传热量）？

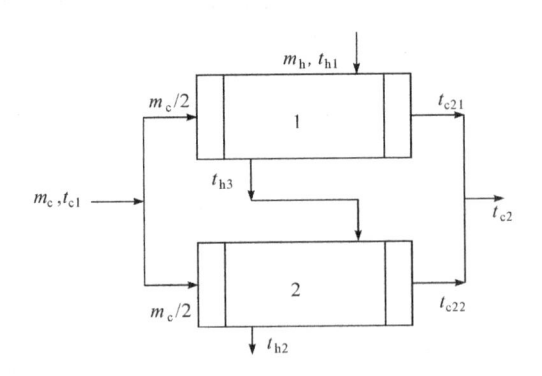

图 5-5 并联换热器的流程示意图

【解】（1）对于换热器 1：m_h 增大使热流体侧的对流传热系数增大，因此，总传热系数 K 增大。由于 K 的增大幅度要比 m_h 小，所以 $NTU_h = KA/(m_h c_{ph})$ 减小，又 $C_{Rh} = m_h c_{ph}/(m_c c_{pc})$ 增大。

根据 ε-NTU-C_R 关系，ε_h 减小。由于 t_{c1}、t_{h1} 不变，因 $\varepsilon_h = (t_{h1}-t_{h3})/(t_{h1}-t_{c1})$，故 t_{h3} 增大。同理，$NTU_c = KA/m_c c_{pc}$ 增大，$C_{Rc} = m_c c_{pc}/(m_h c_{ph})$ 减小，故 $\varepsilon_c = (t_{c21}-t_{c1})/(t_{h1}-t_{c1})$ 增大，因为 t_{c1}、t_{h1} 不变，故 t_{c21} 增大。

对于换热器 2：此时，m_h 增大、t_{h3} 增大，而 t_{c1}、m_c 不变。因为 m_h 增大（t_{h3}、t_{c1}、m_c 不变）将使 t_{h2} 增大、t_{c22} 增大（与上述换热器 1 的分析过程相同）；t_{h3} 增大（m_h、t_{c1}、m_c 不变）会使 t_{h2} 增大、t_{c22} 增大（例 5-6 结果），所以 m_h 增大、t_{h3} 增大、（t_{c1}、m_c 不变）将使 t_{h2} 增大、t_{c22} 增大。由于 $t_{c2} = (t_{c21}+t_{c22})/2$，所以 t_{c2} 增大。

对于并联换热器的总的传热量，根据公式
$$Q_{总} = m_c c_{pc}(t_{c2}-t_{c1})$$
因为 t_{c1}、m_c 不变，而 t_{c2} 增大，故 $Q_{总}$ 增大。

结论：t_{c2} 增大、t_{h2} 增大、$Q_{总}$ 增大。

m_h 增大将使 t_{c2} 增大、t_{h2} 增大、$Q_{总}$ 增大。

(2) 利用例 5-6 同样的方法，可知对于换热器 1：t_{h1} 减小（m_h、t_{c1}、m_c 不变）将使 t_{h3} 减小、t_{c21} 减小；对于换热器 2：t_{h3} 减小（m_h、t_{c1}、m_c 不变）将使 t_{h2} 减小、t_{c22} 减小。因 $t_{c2} = (t_{c21}+t_{c22})/2$，所以 t_{c2} 减小。

对于并联换热器的总的传热量，根据公式
$$Q_{总} = m_c c_{pc}(t_{c2}-t_{c1})$$
因为 t_{c1}、m_c 不变，而 t_{c2} 减小，故 $Q_{总}$ 减小。

t_{c2} 减小、t_{h2} 减小、$Q_{总}$ 减小。

结论：t_{c2} 减小、t_{h2} 减小、$Q_{总}$ 减小。

【例 5-9】某一换热器，用柴油加热原油，柴油和原油的进口温度分别为 245℃ 和 125℃。已知逆流操作时，柴油出口温度为 156℃，原油出口温度为 165℃，试求其平均温度差。若采用并流，而且柴油和原油的进口温度不变，它们的流量和换热器的总传热系数也与逆流时相同，此时的平均温度差将为多少？

操作过程中逆流变并流对平均温度差的影响

【解】(1) 逆流时，
$$\Delta t_m = \frac{\Delta t_1 - \Delta t_2}{\ln(\Delta t_1/\Delta t_2)}$$
$$\Delta t_m = \frac{80-31}{\ln(80/31)} = 51.7℃$$

245 ⟶ 156
165 ⟵ 125
 80   31
$\Delta t_m = 51.7℃$

(2) 并流操作时的平均温度差为 $\Delta t'_m$，则
$$\Delta t'_m = \frac{\Delta t'_1 - \Delta t'_2}{\ln(\Delta t'_1/\Delta t'_2)}$$

注意:由于 A 给定,故并流时出口温度与逆流时不同

$245 \to t'_{h2}$

$125 \to t'_{c2}$

式中,
$$\Delta t'_1 = t_{h1} - t_{c1} = 245 - 125 = 120℃$$
$$\Delta t'_2 = t'_{h2} - t'_{c2}$$

由于 t'_{h2} 和 t'_{c2} 均为未知,需要找出两个关系。由热量衡算方程可得

$$Q' = m_h c_{ph}(t_{h1} - t'_{h2}) = m_c c_{pc}(t'_{c2} - t_{c1}) \tag{1}$$

由传热速率方程式可得

$$Q' = KA\Delta t'_m \tag{2}$$

由式(1)、(2)得

$$\frac{t_{h1} - t'_{h2}}{\Delta t'_m} = \frac{KA}{m_h c_{ph}} \tag{3}$$

$$\frac{t'_{c2} - t_{c1}}{\Delta t'_m} = \frac{KA}{m_c c_{pc}} \tag{4}$$

根据题意,并流时 KA、$m_h c_{ph}$、$m_c c_{pc}$ 皆与逆流时相同,故式(3)、(4)可表示为

$$\frac{t_{h1} - t'_{h2}}{\Delta t'_m} = \frac{KA}{m_h c_{ph}} = \left(\frac{t_{h1} - t_{h2}}{\Delta t_m}\right)_{逆流} = \frac{245 - 156}{51.7} = 1.721$$

$$\frac{t'_{c2} - t_{c1}}{\Delta t'_m} = \frac{KA}{m_c c_{pc}} = \left(\frac{t_{c2} - t_{c1}}{\Delta t_m}\right)_{逆流} = \frac{165 - 125}{51.7} = 0.774$$

上述两式相加,可得到

$$\frac{t_{h1} + t'_{c2} - t_{c1} - t'_{h2}}{\Delta t'_m} = 1.721 + 0.774 = 2.495$$

因为
$$t_{h1} + t'_{c2} - t_{c1} - t'_{h2} = \Delta t'_1 - \Delta t'_2$$

从而
$$\frac{\Delta t'_1 - \Delta t'_2}{(\Delta t'_1 - \Delta t'_2)/\ln(\Delta t'_1/\Delta t'_2)} = 2.495$$

所以 $\Delta t'_2 = \Delta t'_1 \exp(-2.495) = 120 \times 0.0825 = 9.90℃$

$\Delta t'_m = 44.1℃$

故 $\Delta t'_m = \dfrac{120 - 9.90}{\ln(120/9.90)} = 44.1℃$

【讨论】(1)本例结果表明,当进口温度不变,并流和逆流的流量和换热器的总传热系数相同时,并流的平均温度差比逆流的小,亦即逆流的传热量大。因此,在换热器内流动一般采用逆流方式。

(2)本例题也可采用传热效率-传热单元数法(ε-NTU 法)进行求解。

【例 5-10】 有一空气冷却器,冷却管为 $\phi25\text{mm}\times2.5\text{mm}$ 的钢管,钢的导热系数 $\lambda=45\ \text{W/(m·K)}$。空气在管内流动。已知管外冷却水的对流传热系数为 $2800\ \text{W/(m}^2\text{·K)}$,管内空气对流传热系数为 $50\ \text{W/(m}^2\text{·K)}$。试求:(1)总传热系数;(2)若管外对流传热系数增大一倍,其他条件不变,则总传热系数增大百分之几?(3)若管内传热系数增大一倍,则结果如何?已知冷却水侧污垢热阻可取为 $0.60\times10^{-3}\ \text{(m}^2\text{·K)/W}$,空气侧污垢热阻可取为 $0.50\times10^{-3}\ \text{(m}^2\text{·K)/W}$。

换热器热阻的分配

【解】 (1)根据以管外表面积为基准的总传热系数表达式:

$$\frac{1}{K}=\frac{d_\text{o}}{\alpha_\text{i}d_\text{i}}+R_\text{si}\frac{d_\text{o}}{d_\text{i}}+\frac{bd_\text{o}}{\lambda d_\text{m}}+\frac{1}{\alpha_\text{o}}+R_\text{so}$$

代入数据得

$$\frac{1}{K}=\frac{1}{50}\times\frac{25}{20}+0.50\times10^{-3}\times\frac{25}{20}+\frac{0.0025}{45}\times\frac{25}{22.5}+\frac{1}{2800}$$
$$+0.50\times10^{-3}$$
$$=0.025+0.000625+0.000062+0.00060+0.000357$$
$$=0.02664$$

$K=37.5\ \text{W/(m}^2\text{·K)}$

管壁热阻很小,可忽略不计

从以上计算可看出,管壁热阻占总热阻百分率为 $(0.000062/0.026644)\times100\%=0.233\%$。因此,通常管壁热阻可忽略不计。

(2)若 α_o 增大一倍,即 $\alpha_\text{o}=5600\ \text{W/(m}^2\text{·K)}$,此时,

$$\frac{1}{K'}=\frac{1}{50}\times\frac{25}{20}+0.50\times10^{-3}\times\frac{25}{20}+\frac{0.0025}{45}\times\frac{25}{22.5}+\frac{1}{5600}$$
$$+0.50\times10^{-3}$$
$$=0.025+0.000625+0.000062+0.00060+0.000179$$
$$=0.02647$$

$K'=37.8\ \text{W/(m}^2\text{·K)}$

减小热阻较小侧的热阻对增大 K 起不到明显作用。

则 K 值增加的百分率为 $[(37.8-37.5)/37.5]\times100\%=0.8\%$。

$K'=37.8\text{W/(m}^2\text{·K)}$

(3)若 α_i 增大一倍,即 $\alpha_\text{i}=100\ \text{W/(m}^2\text{·K)}$,则

$$\frac{1}{K''}=\frac{1}{100}\times\frac{25}{20}+0.50\times10^{-3}\times\frac{25}{20}+\frac{0.0025}{45}\times\frac{25}{22.5}+\frac{1}{5600}$$
$$+0.50\times10^{-3}$$
$$=0.0125+0.000625+0.000062+0.00060+0.000179$$

减小主要热阻对增大 K 的作用明显。

$K''=70.7\text{W/(m}^2\text{·K)}$

= 0.01414

$K'' = 70.7 \text{ W}/(\text{m}^2 \cdot \text{K})$

可见,要提高总的传热系数,就要设法减小主要热阻(如本题为空气侧)。

污垢热阻对传热的影响

【例 5-11】用 133℃的饱和水蒸气将 20℃的水在列管式换热器内预热至 80℃,水走管程,流速 0.6m/s,管尺寸为 $\phi 25\text{mm} \times 2.5\text{mm}$。设水蒸气冷凝的对流传热系数为 $10^4 \text{W}/(\text{m}^2 \cdot \text{K})$,水侧污垢热阻为 $6 \times 10^{-4} \text{ m}^2 \cdot \text{K/W}$,蒸汽侧的污垢热阻和管壁热阻可忽略不计。试求

(1)此换热器的传热系数;

(2)设操作 1 年后,由于水垢积累。换热能力降低,出口水温只能升至 70℃,试求此时的传热系数及水侧的污垢热阻。

【解】(1)先计算管内水的对流传热系数 α_i,在平均温度 $t_{cm}=(20+80)/2=50℃$,查得水的物性参数为

$\rho = 998.1 \text{kg/m}^3$, $c_p = 4.174 \times 10^3 \text{J}/(\text{kg} \cdot \text{K})$

$\mu = 0.549 \times 10^{-3} \text{N} \cdot \text{s/m}^2$, $\lambda = 0.6473 \text{ W}/(\text{m} \cdot \text{K})$

故 $Re = \dfrac{d_i u \rho}{\mu} = \dfrac{0.02 \times 0.6 \times 998.1}{0.549 \times 10^{-3}}$

$= 2.16 \times 10^4$

$Pr = \dfrac{c_p \mu}{\lambda} = \dfrac{4.174 \times 10^3 \times 0.549 \times 10^{-3}}{0.6475} = 3.54$

$\alpha_i = 0.023 \dfrac{\lambda}{d_i} Re^{0.8} Pr^{0.4}$

$= 0.23 \times \dfrac{0.6473}{0.02} (2.16 \times 10^4)^{0.8} (3.54)^{0.4}$

$= 3622 \text{W}/(\text{m}^2 \cdot \text{K})$

$\alpha_o = 10000 \text{W}/(\text{m}^2 \cdot \text{K})$

现以管外表面为基准计算传热系数。忽略管壁热阻,则

$$\dfrac{1}{K} = \dfrac{d_o}{\alpha_i d_i} + R_{si} \dfrac{d_o}{d_i} + \dfrac{1}{\alpha_o}$$

$$= \dfrac{25}{3622 \times 20} + 0.6 \times 10^{-3} \times \dfrac{25}{20} + \dfrac{1}{1000}$$

$K = 837 \text{W}/(\text{m}^2 \cdot \text{K})$

故 $K = 837 \text{W}/(\text{m}^2 \cdot \text{K})$

(2)求操作 1 年后的传热系数及污垢热阻。

操作初期为 $K = \dfrac{Q}{A \Delta t_m}$

操作 1 年后 $K' = \dfrac{Q'}{A \Delta t'_m}$

从而

$$\dfrac{K'}{K} = \dfrac{Q' \Delta t_m}{Q \Delta t'_m} = \dfrac{m_c c_{pc}(t'_{c2} - t_{c1}) \Delta t_m}{m_c c_{pc}(t_{c2} - t_{c1}) \Delta t'_m} = \dfrac{(70-20) \Delta t_m}{(80-20) \Delta t'_m}$$

$$\Delta t_m = \dfrac{(133-20)-(133-80)}{\ln[(133-20)/(133-80)]} = 79.25 \text{℃}$$

$$\Delta t'_m = \dfrac{(133-20)-(133-70)}{\ln[(133-20)/(133-70)]} = 85.58 \text{℃}$$

故 $K' = \dfrac{837 \times 50 \times 79.25}{60 \times 85.58} = 646 \text{W/(m}^2 \cdot \text{K)}$

设 1 年后的污垢热阻为 R'_{si}，则以管外表面为基准的传热系数

$$\dfrac{1}{K'} = \dfrac{d_o}{\alpha_i d_i} + R'_{si} \dfrac{d_o}{d_i} + \dfrac{1}{\alpha_o}$$

故

$$\dfrac{1}{646} = \dfrac{25}{3622 \times 20} + R'_{si} \dfrac{25}{20} + \dfrac{1}{10000}$$

$$R'_{si} = 8.82 \times 10^{-4} \text{m}^2 \cdot \text{K/W}$$

【例 5 - 12】在传热面积为 10m^2 的管壳式换热器中，用工业水冷却用于轴封离心泵的冷却用水，工业水走管程，进口温度为 22℃；轴封冷却水走壳程，进口温度为 75℃，采用逆流操作方式。当工业水流量为 1.0kg/s 时，测得工业水和轴封冷却水的出口温度分别为 45℃ 与 30℃，当工业水流量增加一倍时，测得轴封冷却水出口温度为 26℃。假设管壁两侧刚经过清洗，试计算(1)两种工况下的总传热系数；(2)管程和壳程的对流传热系数各为多少？设管壁较薄，管内、外流动 Re 均大于 10^4。

从换热结果计算管程、壳程的对流传热系数

【解】(1)当工业水流量为 1.0kg/s 时，则

$$\dfrac{m_h c_{ph}}{m_c c_{pc}} = \dfrac{t_{c2} - t_{c1}}{t_{h1} - t_{h2}} = \dfrac{45-22}{75-30} = 0.511$$

$$\Delta t_m = \dfrac{(t_{h2} - t_{c1}) - (t_{h1} - t_{c2})}{\ln \dfrac{t_{h2} - t_{c1}}{t_{h1} - t_{c2}}}$$

$$= \dfrac{(30-22)-(75-45)}{\ln \dfrac{30-22}{75-45}} = 16.7 \text{℃}$$

$75 \longrightarrow 30$
$45 \longleftarrow 22$
$30 \quad\quad 8$

$$K = \frac{m_c c_{pc}(t_{c2} - t_{c1})}{A \Delta t_m}$$

$$= \frac{1 \times 4200 \times (45 - 22)}{10 \times 16.7} = 579.5 \text{W}/(\text{m}^2 \cdot \text{K})$$

$K = 579.5 \text{W}/(\text{m}^2 \cdot \text{K})$

当工业水流量增加一倍时,则

$$\frac{m_h c_{ph}}{2 m_c c_{pc}} = \frac{t'_{c2} - t_{c1}}{t_{h1} - t'_{h2}}$$

$$\frac{0.511}{2} = \frac{t'_{c2} - 22}{75 - 26}$$

则

$$t'_{c2} = 34.5 \text{℃}$$

$$\Delta t'_m = \frac{(t'_{h2} - t_{c1}) - (t_{h1} - t'_{c2})}{\ln \frac{t'_{h2} - t_{c1}}{t_{h1} - t'_{c2}}}$$

$$= \frac{(26 - 22) - (75 - 34.5)}{\ln \frac{26 - 22}{75 - 34.5}} = 15.8 \text{℃}$$

$$K' = \frac{2 m_c c_{pc}(t'_{c2} - t_{c1})}{A \Delta t'_m}$$

$$= \frac{2 \times 4200 \times (34.5 - 22)}{10 \times 15.79} = 666 \text{W}/(\text{m}^2 \cdot \text{K})$$

(2)设壳程和管程的对流传热系数分别为 α_o 和 α_i,因污垢热阻为零,且管壁较薄,即 $d_o = d_i$,管壁热阻可忽略,得

$$\frac{1}{579.5} = \frac{1}{\alpha_o} + \frac{1}{\alpha_i}$$

$$\frac{1}{666} = \frac{1}{\alpha_o} + \frac{1}{2^{0.8} \alpha_i}$$

由以上两式可求出

$$\alpha_o = 833.6 \text{ W}/(\text{m}^2 \cdot \text{K})$$

$$\alpha_i = 1900 \text{ W}/(\text{m}^2 \cdot \text{K})$$

从本例计算可以看出,换热器内的对流传热系数可以通过类似的实验方法求得。

热阻较小侧流体的流量变化对换热的影响

【例 5-13】有一套管式换热器进行逆流操作,管内通流量为 0.6kg/s 的冷水,冷水的进口温度为 30℃,管间通流量为 2.52kg/s 的空气,进出口温度分别为 130℃ 和 70℃。已知水侧

和空气侧的对流传热系数分别为 2000 W/(m²·K)、50 W/(m²·K),水和空气的平均热容分别为 4200 J/(kg·K)、1000 J/(kg·K)。试求水量增加一倍后换热器热流量与原来之比。假设管壁较薄,污垢热阻忽略不计,流体流动 Re 均大于 10^4。

【解】因为管壁较薄,污垢热阻忽略不计,则在原工况下:

$$K = \frac{1}{\frac{1}{\alpha_o} + \frac{1}{\alpha_i}} = \frac{1}{\frac{1}{50} + \frac{1}{2000}} = 48.8 \text{W/(m}^2 \cdot \text{K)}$$

$$\frac{m_h c_{ph}}{m_c c_{pc}} = \frac{0.6 \times 4200}{2.52 \times 1000} = 1.0$$

由于两端温度差相等,则平均传热推动力

$$\Delta t_m = t_{h2} - t_{c1} = 70 - 30 = 40\text{℃}$$

由热量衡算式得

$$t_{c2} = t_{c1} + \frac{m_h c_{ph}}{m_c c_{pc}}(t_{h1} - t_{h2}) = 30 + 1 \times (130 - 70) = 90\text{℃}$$

$$\begin{array}{c} 130 \leftarrow 70 \\ \underline{90 \rightarrow 30} \\ 40 \quad 40 \end{array}$$

若 $\Delta t_1 = \Delta t_2$,则 $\Delta t_m = \Delta t_1 = \Delta t_2$

又

$$\frac{KA}{m_h c_{ph}} = \frac{t_{h1} - t_{h2}}{\Delta t_m} = \frac{130 - 70}{40} = 1.5$$

在新工况下:

$$K' = \frac{1}{\frac{1}{\alpha'_1} + \frac{1}{\alpha'_2}} = \frac{1}{\frac{1}{50} + \frac{1}{2^{0.8} \times 2000}} = 49.3 \text{W/(m}^2 \cdot \text{K)}$$

热量衡算式为

$$t'_{c2} = t_{c1} + \frac{m_h c_{ph}}{m'_c c_{pc}}(t_{h1} - t'_{h2}) = 30 + \frac{1}{2} \times (130 - t'_{h2}) \quad (1)$$

且有

$$m_h c_{ph}(t_{h1} - t'_{h2}) = K'A \frac{(t_{h1} - t'_{c2}) - (t'_{h2} - t_{c1})}{\ln \frac{t_{h1} - t'_{c2}}{t'_{h2} - t_{c1}}}$$

$$= K'A \frac{(t_{h1} - t'_{h2}) - (t'_{c2} - t_{c1})}{\ln \frac{t_{h1} - t'_{c2}}{t'_{h2} - t_{c1}}} \quad (2)$$

由式(1)、(2)得到

$$\ln \frac{t_{h1} - t'_{c2}}{t'_{h2} - t_{c1}} = \frac{K'A}{m_h c_{ph}}\left(1 - \frac{m_h c_{ph}}{2m_c c_{pc}}\right)$$

$$= \frac{K'}{K} \cdot \frac{KA}{m_h c_{ph}}\left(1 - \frac{m_h c_{ph}}{2m_c c_{pc}}\right)$$

$$\ln\frac{130-t'_{c2}}{t'_{h2}-30}=\frac{4.93\times10^{-2}\times1.5}{4.88\times10^{-2}}\times(1-0.5)=0.758$$

$$130-t'_{c2}=2.13(t'_{h2}-30) \tag{3}$$

由式(1)、(3)得

$$t'_{c2}=64.7℃ \qquad t'_{h2}=60.6℃$$

在新的工况下的传热推动力

$$\Delta t'_m=\frac{(130-64.7)-(60.6-30)}{\ln\frac{(130-64.7)}{(60.6-30)}}=45.8℃$$

两工况下的热流量之比

$$\frac{Q'}{Q}=\frac{K'A\Delta t'_m}{KA\Delta t_m}=\frac{4.93\times10^{-2}\times45.8}{4.88\times10^{-2}\times40}=1.156\approx\frac{\Delta t'_m}{\Delta t_m}$$

$\dfrac{Q'}{Q}=1.156$

由此例可以看出,增加热阻较小(即对流传热系数较大)侧流体的流量,总传热系数变化很小,热流量的增加主要是由传热推动力增大而引起的,即此时传热过程的调节主要靠 Δt_m 的变化。

主要热阻侧流体的流量变化对换热的影响

【例 5-14】在例 5-13 所述的换热器中,若保持其他条件不变而将空气的流量增加一倍,试用传热单元数法计算换热器的热流量的变化?

【解】在原工况下(参见例 5-13):

原工况:管内通流量为 0.6kg/s 的冷水,冷水的进口温度为 30℃,管间通流量为 2.52kg/s 的空气,进出口温度分别为 130℃ 和 70℃。

$$C_{Rh}=\frac{m_h c_{ph}}{m_c c_{pc}}=1.0$$

$$NTU_h=\frac{KA}{m_{h1}c_{ph}}=\frac{t_{h1}-t_{h2}}{\Delta t_m}=\frac{130-70}{40}=1.5$$

$$K=48.8\ W/(m^2\cdot K)$$

$$\Delta t_m=40℃$$

当气体流量增加一倍时,

$$C'_{Rh}=\frac{m'_h c_{ph}}{m_c c_{pc}}=\frac{2m_h c_{ph}}{m_c c_{pc}}=2.0$$

$$K'=\frac{1}{\frac{1}{2000}+\frac{1}{2^{0.8}\times50}}=83.4W/(m^2\cdot K)$$

$$NTU'_h=\frac{K'A}{2m_h c_{ph}}=\frac{K'}{K}\cdot\frac{KA}{2m_h c_{ph}}$$

$$=\frac{8.34\times10^{-2}}{4.88\times10^{-2}}\times\frac{1.5}{2}=1.282$$

$$\varepsilon'_h = \frac{t_{h1} - t'_{h2}}{t_{h1} - t_{c1}} = \frac{1 - \exp[NTU'_h(1 - C'_{Rh})]}{C'_{Rh} - \exp[NTU'_h(1 - C'_{Rh})]}$$

$$= \frac{1 - \exp[1.282(1-2)]}{2 - \exp[1.282(1-2)]} = 0.419$$

$$t'_{h2} = t_{h1} - \varepsilon'_h(t_{h1} - t_{c1}) = 130 - 0.419 \times (130 - 30) = 88.1\ ℃$$

$$t'_{c2} = t_{c1} + C'_{Rh}(t_{h1} - t'_{h2}) = 30 + 2 \times (130 - 88.1) = 113.8\ ℃$$

$$\Delta t'_m = \frac{(t'_{h2} - t_{c1}) - (t_{h1} - t'_{c2})}{\ln \dfrac{t'_{h2} - t_{c1}}{t_{h1} - t'_{c2}}}$$

$$= \frac{(88.1 - 30) - (130 - 113.8)}{\ln \dfrac{88.1 - 30}{130 - 113.8}} = 32.8\ ℃$$

两工况下的热流量之比

$$\frac{Q'}{Q} = \frac{K'A\Delta t'_m}{KA\Delta t_m} = \frac{K'\Delta t'_m}{K\Delta t_m} = \frac{8.34 \times 10^{-2} \times 32.8}{4.88 \times 10^{-2} \times 40} = 1.4$$

$\dfrac{Q'}{Q} = 1.4$ 而水增加一倍,热量只增加 1.156 倍。

【讨论】从此例可以看出,增加热阻较大侧(即对流传热系数较小)的流体的流量,总的传热系数 K 明显增加,而平均传热推动力 Δt_m 反而可能减小,但总结果使热流量增大,其效果比增加热阻较小侧流体的流量更为显著,此时,传热过程的调节是传热系数 K 与传热推动力 Δt_m 共同作用所致。

【例 5-15】在冬季,一定流量的冷却水进入换热器时的温度为 10℃,离开换热器时的温度为 70℃,可将热油从 120℃ 冷却至 60℃。已知油侧的对流传热系数为 1000 W/(m²·K),水侧的对流传热系数为 3000 W/(m²·K),冷热流体呈逆流流动,冷却水走管程,若在夏季,冷却水进口温度升至 30℃,热油的流量和进口的温度不变,为保证热油出口温度不变,试求冷却水的流量应增加多少?假设流体在换热器内呈湍流状态。管壁较薄,污垢热阻忽略不计。

换热过程的调节

【解】在冬季操作时,

$$\frac{m_h c_{ph}}{m_c c_{pc}} = \frac{t_{c2} - t_{c1}}{t_{h1} - t_{h2}} = \frac{70 - 10}{120 - 60} = 1$$

由于两端温度差相等,得到

$$\Delta t_m = t_{h1} - t_{c2} = 120 - 70 = 50\ ℃$$

$$K = \frac{1}{\dfrac{1}{\alpha_o} + \dfrac{1}{\alpha_i}} = \frac{1}{\dfrac{1}{1000} + \dfrac{1}{3000}} = 750\ W/(m^2 \cdot K)$$

$120 \longrightarrow 60$
$\underline{70 \longleftarrow 10}$
5050

$$\frac{KA}{m_{\mathrm{h}}c_{ph}} = \frac{t_{\mathrm{h1}} - t_{\mathrm{h2}}}{\Delta t_{\mathrm{m}}} = \frac{120 - 60}{50} = 1.2$$

在夏季操作时，设所需冷却水量为 m'_{c}，则据题意可得

$$m_{\mathrm{h}}c_{ph}(t_{\mathrm{h1}} - t_{\mathrm{h2}}) = m'_{\mathrm{c}}c_{pc}(t'_{\mathrm{c2}} - t'_{\mathrm{c1}})$$

$$\frac{m'_{\mathrm{c}}c_{pc}}{m_{\mathrm{h}}c_{ph}} = \frac{m'_{\mathrm{c}}}{m_{\mathrm{c}}} \cdot \frac{m_{\mathrm{c}}c_{pc}}{m_{\mathrm{h}}c_{ph}} = \frac{m'_{\mathrm{c}}}{m_{\mathrm{c}}} \times 1$$

从而

$$\frac{m'_{\mathrm{c}}}{m_{\mathrm{c}}} = \frac{t_{\mathrm{h1}} - t_{\mathrm{h2}}}{t'_{\mathrm{c2}} - t'_{\mathrm{c1}}} = \frac{120 - 60}{t'_{\mathrm{c2}} - 30} = \frac{60}{t'_{\mathrm{c2}} - 30} \tag{1}$$

又

$$m_{\mathrm{h}}c_{ph}(t_{\mathrm{h1}} - t_{\mathrm{h2}}) = K'A \frac{(t_{\mathrm{h1}} - t'_{\mathrm{c2}}) - (t_{\mathrm{h2}} - t'_{\mathrm{c1}})}{\ln \frac{t_{\mathrm{h1}} - t'_{\mathrm{c2}}}{t_{\mathrm{h2}} - t'_{\mathrm{c1}}}}$$

得到

$$\ln \frac{t_{\mathrm{h1}} - t'_{\mathrm{c2}}}{t_{\mathrm{h2}} - t'_{\mathrm{c1}}} = \frac{K'}{K} \cdot \frac{KA}{m_{\mathrm{h}}c_{ph}} \cdot \frac{(t_{\mathrm{h1}} - t'_{\mathrm{c2}}) - (t_{\mathrm{h2}} - t'_{\mathrm{c1}})}{(t_{\mathrm{h1}} - t_{\mathrm{h2}})}$$

$$= \frac{K'}{K} \cdot \frac{KA}{m_{\mathrm{h}}c_{ph}} \left(1 - \frac{t'_{\mathrm{c2}} - t'_{\mathrm{c1}}}{t_{\mathrm{h1}} - t_{\mathrm{h2}}}\right)$$

$$\ln \frac{120 - t'_{\mathrm{c2}}}{30} = \frac{1.2K'(90 - t'_{\mathrm{c2}})}{0.75 \times 60} \tag{2}$$

由于流体在换热器内呈湍流状态，故

$$\frac{1}{K'} = \frac{1}{\alpha_{\mathrm{o}}} + \frac{1}{\left(\frac{m'_{\mathrm{c}}}{m_{\mathrm{c}}}\right)^{0.8} \alpha_{\mathrm{i}}} = \frac{1}{1000} + \frac{1}{3000\left(\frac{m'_{\mathrm{c}}}{m_{\mathrm{c}}}\right)^{0.8}} \tag{3}$$

由以上三式可求出 $\frac{m'_{\mathrm{c}}}{m_{\mathrm{c}}}$、$t'_{\mathrm{c2}}$、$K'$ 三个未知数。设 $t'_{\mathrm{c2}} = 57.6\,°\!\mathrm{C}$，由式(2)可求得

$$K' = 847.6\,\mathrm{W/(m^2 \cdot K)}$$

由式(3)可求得

$$\frac{m'_{\mathrm{c}}}{m_{\mathrm{c}}} = 2.164$$

由式(1)可求得

$$t'_{\mathrm{c2}} = 57.7\,°\!\mathrm{C}$$

与假定结果基本相同，不必再试。

$t'_{\mathrm{c2}} = 57.6\,°\!\mathrm{C}$。因 t'_{c2} 的计算值与假设值相符，以上计算结果有效，即冷却水流量增加 172%。

【例 5-16】在一带夹套的搅拌釜内一次加入质量为 m、比热容为 c_{pc} 的冷流体,冷流体的初始温度为 t_{c1},夹套内通以流量为 m_h 比热容为 c_{ph} 的热流体,热流体的进口温度为 t_{h1}。已知总传热系数为 K,传热面积为 A,釜内液温均一,热损失可以忽略,试推导釜内液温 t_c 与加热时间 τ 的关系。

带夹套搅拌釜的传热过程

【解】物料的分批加热或冷却系非定态传热过程,这种传热过程仍可通过联立求解热量衡算式和传热速率方程式获得解决。不过,对于非定态传热,热量衡算式应以微元时段 $d\tau$ 为基准。

设某一时刻 τ,此时釜液温度为 t_c,热流体出口温度为 t_{h2},则

$$m_h c_{ph}(t_{h1}-t_{h2})d\tau = mc_{pc}dt_c \quad (1)$$

由于釜温随时间变化,故热流体的出口温度 t_{h2} 也随时间而变化。

又 $m_h c_{ph}(t_{h1}-t_{h2})=KA\Delta t_m$,由此式可化简得

$$\ln\frac{t_{h1}-t_c}{t_{h2}-t_c}=\frac{KA}{m_h c_{ph}} \quad (2)$$

得

注意:釜温均匀。

$$t_{h2}=t_c+\frac{t_{h1}-t_c}{\exp\left(\dfrac{KA}{m_h c_{ph}}\right)}$$

将此式代入式(1)积分得

$$\int_0^\tau d\tau = \frac{mc_{pc}}{m_h c_{ph}\left[1-\exp\left(\dfrac{-KA}{m_h c_{ph}}\right)\right]}\int_{t_{c1}}^{t_c}\frac{dt_c}{t_{h1}-t_c}$$

$$\tau = \frac{mc_{pc}}{m_h c_{ph}\left[1-\exp\left(\dfrac{-KA}{m_h c_{ph}}\right)\right]}\ln\frac{t_{h1}-t_{c1}}{t_{h1}-t_c}$$

【例 5-17】在一夹套式换热器中,夹套内通以进口温度为 30℃ 的冷却水,釜内连续加入温度为 125℃ 的热油。两流体呈并流流动,当无搅拌时,热油和冷却水的出口温度分别为 95℃ 和 55℃。若釜内加以搅拌使釜内温度均匀而其他条件不变,试求 (1)如搅拌不剧烈,总的传热系数与搅拌时相差不大,则两流体的出口温度各为多少?传热过程的平均温差为多少? (2)若强烈搅拌使油侧对流传热系数增大,而使总传热系数提高两倍,两流体的出口温度分别为多少?

搅拌对传热的影响

【解】(1)当无搅拌时,

$$\Delta t_m = \frac{\Delta t_1 - \Delta t_2}{\ln(\Delta t_1/\Delta t_2)}$$

125 ⟶ 95
30 ⟶ 55
95   40

$$\Delta t_{\mathrm{m}} = \frac{95-40}{\ln(95/40)} = 63.6℃$$

$$\frac{KA}{m_c c_{pc}} = \frac{t_{c2}-t_{c1}}{\Delta t_{\mathrm{m}}} = \frac{55-30}{63.6} = 0.393$$

$$\frac{m_h c_{ph}}{m_c c_{pc}} = \frac{t_{c2}-t_{c1}}{t_{h1}-t_{h2}} = \frac{55-30}{125-95} = 0.833$$

设在搅拌情况下釜内液温为 t_h，冷却水出口温度为 t'_{c2}，则

$t_h \longrightarrow t_h$
$30 \longrightarrow t'_{c2}$

$$m_c c_{pc}(t'_{c2}-t_{c1}) = KA\Delta t'_{\mathrm{m}} = KA\frac{(t_h-t_{c1})-(t_h-t'_{c2})}{\ln\dfrac{t_h-t_{c1}}{t_h-t'_{c2}}}$$

故有

$$\frac{KA}{m_c c_{pc}} = \frac{t_{c2}-t_{c1}}{\Delta t'_{\mathrm{m}}} = \ln\frac{t_h-t_{c1}}{t_h-t'_{c2}} = \ln\frac{t_h-30}{t_h-t'_{c2}} = 0.393 \quad (1)$$

$$\frac{m_h c_{ph}}{m_c c_{pc}} = \frac{t'_{c2}-t_{c1}}{t_{h1}-t_h} = \frac{t'_{c2}-30}{125-t_h} = 0.833 \quad (2)$$

热油出口温度增加了 4.8℃，冷却水的出口温度降低了 2.3℃。

联立求解以上两式，得

$$t_h = 99.8℃ \qquad t'_{c2} = 52.7℃$$

$$\Delta t'_{\mathrm{m}} = \frac{(99.8-30)-(99.8-52.7)}{\ln\dfrac{99.8-30}{99.8-52.7}} = 58.2℃$$

(2) 因搅拌使传热系数增加两倍，故类似式(1)有

$$\frac{2KA}{m_c c_{pc}} = \ln\frac{t'_h-30}{t'_h-t'_{c2}} = 2\times 0.393 = 0.786 \quad (3)$$

热油出口温度降低了 13.3℃，冷却水的出口温度增加了 2℃。

联立求解式(2)、式(3)可得到

$$t_h = 81.7℃ \qquad t'_{c2} = 57℃$$

【讨论】从本例计算可以看出，搅拌造成的混合使进口釜液热量很快传递，温度迅速降低，导致平均传热推动力下降，甚至比并流还低。似乎搅拌是对传热不利的，但实际上，强烈的搅拌往往会使传热系数 K 大幅度增加，因而可强化传热过程。可见，搅拌在传热过程中有很大的作用。

串联换热器组传热的计算

【例 5-18】如图 5-6 所示，流量为 0.5kg/s、温度为 20℃ 的水 $[c_p=4.18\mathrm{kJ/(kg\cdot K)}]$ 流过串联的两列管换热器，用于冷却流量为 0.8 kg/s、温度为 120℃ 的某溶液 $[c_p=2\mathrm{kJ/(kg\cdot K)}]$，测得该溶液的出口温度为 70℃。现因气温下降，进口水温变为 10℃，问此时溶液的出口温度为多少？

为防止溶液的出口温度过低，把逆流改成并流，如图 5-7

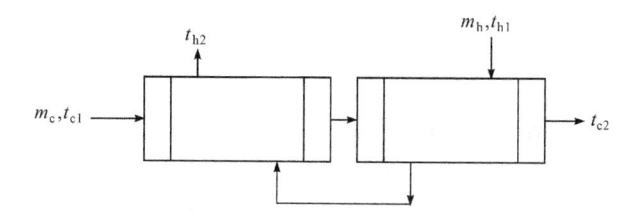

图 5-6 串联换热器组逆流传热

所示,则溶液的出口温度又为多少? 已知溶液的进口温度不变,溶液与水的流量不变,逆流和并流时的传热系数相同。

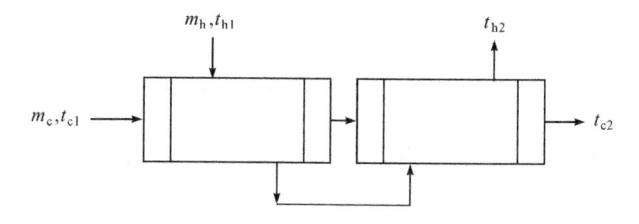

图 5-7 串联换热器组并流传热

【解】对于串联换热器,用 $\varepsilon\text{-}NTU$ 法较简单。

(1) 逆流时

以溶液为计算基准。对于串联换热器:

$$C_{Rh} = \frac{m_h c_{ph}}{m_c c_{pc}}$$

$$NTU_h = \frac{K_1 A_1 + K_2 A_2}{m_h c_{ph}}$$

当 t_{c1} 下降时,由于 m_h、m_c 不变,所以 K_1、K_2 不变,则 NTU_h 不变,又 C_{Rh} 不变,因此串联换热器组传热效率 ε_h 不变,即

$$\varepsilon_h = \varepsilon'_h$$

进口水温对换热器组的传热效率无影响

则有

$$\frac{t_{h1}-t_{h2}}{t_{h1}-t_{c1}} = \frac{t_{h1}-t'_{h2}}{t_{h1}-t'_{c1}}$$

即

$$\frac{120-70}{120-20} = \frac{120-t'_{h2}}{120-10}$$

$t'_{h2} = 65\text{℃}$,即溶液的出口温度将降至 65℃。

(2) 若改成并流

此时因 m_h、m_c 不变,所以 NTU_h、C_{Rh} 同逆流时的一样(但 ε_h

不同),

$$C_{Rh}=\frac{m_h c_{ph}}{m_c c_{pc}}=\frac{2\times 0.8}{2.09}=0.766$$

NTU_h 可根据逆流时的结果求出

$$NTU_h=\frac{KA}{m_h c_{ph}}=\left(\frac{t_{h1}-t'_{h2}}{\Delta t'_m}\right)_{逆流}$$

$$t_{h1}=120\ ℃,\ t'_{h2}=65\ ℃,\ t'_{c1}=10\ ℃$$

$$t'_{c2}=t'_{c1}+\frac{m_h c_{ph}(t_{h1}-t'_{h2})}{m_c c_{pc}}$$

$$=10+\frac{1.6}{2.09}\times(120-65)=52.1\ ℃$$

根据逆流时的结果有

$$\Delta t'_m=\frac{(120-52.1)-(65-10)}{\ln[(120-52.1)/(65-10)]}=61.4\ ℃$$

$$NTU_h=\frac{t_{h1}-t'_{h2}}{\Delta t'_m}=\frac{120-65}{61.4}=0.89$$

根据并流时的传热效率

$$\varepsilon'_h=\frac{1-\exp[-NTU_h(1+C_{Rh})]}{1+C_{Rh}}$$

得

$$\varepsilon'_h=\frac{1-\exp[-0.89\times(1+0.766)]}{1+0.766}=0.453$$

$$\varepsilon'_h=\frac{t_{h1}-t''_{h2}}{t_{h1}-t'_{c1}}$$

$$0.453=\frac{120-t''_{h2}}{120-10}$$

$$t''_{h2}=70.2\ ℃$$

即并流时溶液的出口温度为 70.2 ℃。

【讨论】对于串联换热器组,不管冷、热流体的流向如何安排,若可忽略物性的少量变化对对流传热系数的影响,则单纯的进口温度变化并不影响串联换热器组的总传热效率[如(1)所示],这一点对问题的分析很有帮助。如对于先并流后逆流的串联换热器组,t_{c1} 改变时(冷、热流体的流量不变),仍有

$$\frac{t_{h1}-t_{h2}}{t_{h1}-t_{c1}}=\frac{t_{h1}-t''_{h2}}{t_{h1}-t'_{c1}}$$

$$\frac{t_{c2}-t_{c1}}{t_{h1}-t_{c1}}=\frac{t'_{c2}-t'_{c1}}{t_{h1}-t'_{c1}}$$

【例 5-19】换热器1,由 38 根 $\phi 25mm \times 2.5mm$ 长 4m 的无缝钢管组成。110℃的饱和水蒸气走壳程,用于加热流量为 8kg/s、初温为 25℃的甲苯,可使甲苯的出口温度高于 70℃,满足工艺要求,此时甲苯侧的对流传热系数为 1100 W/(m²·K),蒸汽的冷凝对流传热系数为 10^4 W/(m²·K)。现因生产需要,甲苯的处理量增加 60%,问:(1)此时甲苯的出口温度为多少?(2)仓库中另有换热器2,它由 38 根 $\phi 25mm \times 2.5mm$ 长 3m 的无缝钢管组成,拟将其与换热器1并联使用,如图 5-8 所示,且甲苯流量均匀分配($m_{c1} = m_{c2}$),则甲苯的出口温度为多少?(3)若 $m_{c1} : m_{c2} = 2 : 1$,结果又如何? 已知甲苯的流动均在完全湍流区,且污垢热阻、管壁热阻可忽略。

并联换热器组的流量分配对传热的影响

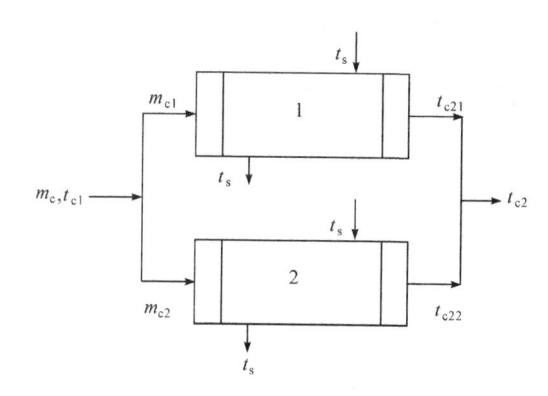

图 5-8 不同换热器的并联传热

【解】(1) $A_1 = n_1 \pi d_1 L_1 = 38 \times 3.14 \times 0.025 \times 4 = 11.9 m^2$

$m_c = 8 \times (1+0.6) = 12.8 kg/s$

$\alpha_i = 1100 \times 1.6^{0.8} = 1602$ W/(m²·K)

$$K = \cfrac{1}{\cfrac{1}{\alpha_o} + \cfrac{1}{\alpha_i} \cfrac{d_o}{d_i}} = \cfrac{1}{\cfrac{1}{10^4} + \cfrac{1}{1602} \times \cfrac{25}{20}} = 1136 W/(m^2 \cdot K)$$

用 ε-NTU 法求解,$C_{Rc} = 0$

$$\varepsilon_c = \frac{t_{c2} - t_{c1}}{t_s - t_{c1}} = 1 - \exp\left(-\frac{KA_1}{m_c c_{pc}}\right)$$

$$\frac{t_{c2} - 25}{110 - 25} = 1 - \exp\left(-\frac{1136 \times 11.9}{12.8 \times 1840}\right)$$

得到　　　$t_{c2} = 62.1℃ < 70℃$

(2) $m_{c1} = m_{c2} = 12.8/2 = 6.4 kg/s$

对换热器1:

$$K_1 = 686 \text{ W/(m}^2 \cdot \text{K)}$$

$$\varepsilon_{c1} = \frac{t_{c21} - t_{c1}}{t_s - t_{c1}} = 1 - \exp\left(-\frac{K_1 A_1}{m_{c1} c_{pc}}\right)$$

$$\frac{t_{c21} - 25}{110 - 25} = 1 - \exp\left(-\frac{686 \times 11.9}{6.4 \times 1840}\right)$$

得到 $\qquad t_{c21} = 67.5\text{℃}$

对换热器 2：
$$A_2 = n_2 \pi d_2 L_2$$
$$= 38 \times 3.14 \times 0.025 \times 3 = 8.95 \text{m}^2$$

由于管数、管径、流量均与换热器 1 相同，故有
$$K_2 = K_1 = 686 \text{W/(m}^2 \cdot \text{K)}$$

$$\varepsilon_{c2} = \frac{t_{c22} - t_{c1}}{t_s - t_{c1}} = 1 - \exp\left(-\frac{K_2 A_2}{m_{c2} c_{pc}}\right)$$

$$\frac{t_{c22} - 25}{110 - 25} = 1 - \exp\left(-\frac{685.6 \times 8.95}{6.4 \times 1840}\right)$$

得到 $\qquad t_{c22} = 59.5\text{℃}$

$$t_{c2} = \frac{m_{c1} t_{c21} + m_{c2} t_{c22}}{m_c}$$
$$= \frac{67.5 + 59.5}{2} = 63.5\text{℃} < 70\text{℃}$$

(3) 此时
$$m'_{c1} = \frac{2}{3} \times 12.8 = 8.533 \text{kg/s}$$

$$m'_{c2} = \frac{1}{3} \times 12.8 = 4.267 \text{kg/s}$$

同理，对换热器 1 有 $\qquad t'_{c21} = 65.3\text{℃}$
对换热器 2 有 $\qquad t'_{c22} = 62.2\text{℃}$
最后得到
$$t'_{c2} = \frac{2 t'_{c21} + t'_{c22}}{3}$$

$t_{c2} = 64.3\text{℃}$
$$= \frac{2 \times 65.3 + 62.2}{3} = 64.3\text{℃}$$

本题结果表明，对于并联换热器组，其传热量的大小跟流量分配有关，并存在着一个最优流量分配，使换热器组的总传热量达到最大。通常，总热阻较小的换热器，流量可分配多一些[请比较(2)、(3)的结果]。自然，若二换热器性能完全一样，则流量均匀分配时其传热量达到最大。

本章主要符号说明

符　号	意　　义	单　位
A	传热面积	m^2
b	厚度	m
c_p	定压比热容	$J/(kg \cdot K)$
C_R	热容量比	
d	直径	m
d_o	管外径	m
K	传热系数	$W/(m^2 \cdot K)$
l	长度	m
m	质量流率	kg/s
NTU	传热单元数	—
Q	传热速率	W
q	热通量或热流密度	W/m^2
R	热阻	$m^2 \cdot K/W$
r	半径	m
r	气(汽)化潜热	kJ/kg
R_s	污垢热阻	$m^2 \cdot K/W$
t	温度	℃
α	对流传热系数	$W/(m^2 \cdot ℃)$
Δt	传热温差	℃或K
Δt_m	传热平均温差(推动力)	℃或K
ε	传热效率	—
φ	温差修正系数	—
λ	导热系数	$W/(m \cdot K)$

下　标		
c	冷流体	
h	热流体	
i	管内	
o	管外	
1	进口	
2	出口	

参 考 文 献

1　何潮洪等. 化工原理操作型问题的分析. 北京:化学工业出版社,1998
2　何潮洪,冯霄. 化工原理. 北京:科学出版社,2001
3　史美中,王中铮. 热交换器原理与设计,第二版. 南京:东南大学出版社,1996

4 杨世铭,陶文铨. 传热学. 第三版. 北京:高等教育出版社,1998
5 蒋维钧等. 化工原理(上册). 北京:清华大学出版社,1992
6 陈敏恒,丛德滋,方图南,齐鸣斋. 化工原理(上册). 第二版. 北京:化学工业出版社,1999
7 大连理工大学化工原理教研室. 化工原理(上册). 大连:大连理工大学出版社,1993
8 谭天恩等. 化工原理(上册). 第二版. 北京:化学工业出版社,1990
9 阎皓峰,甘永平. 新型换热器与传热强化. 北京:宇航出版社,1991

习　　题

1. 间壁两侧流体的传热过程 α_o、α_i 值相差很大（$\alpha_o \ll \alpha_i$），K 值接近_____。
2. 在间壁列管式换热器中,用饱和水蒸气加热空气,则传热管的壁温接近_____,总传热系数 K 值接近_____。
3. 固定筛板式列管换热器中,压力高、腐蚀性强、不清洁的物料应走_____程。
4. $Q = KA\Delta t$ 和 $Q = c_p m \Delta t$ 二式中 Q、Δt 的区别是:_____
_____。
5. 在一套管式换热器中,用水冷却空气,空气走管外,水走管内。为了强化传热,加翅片在管上,翅片应加在管的_____侧,原因是_____。
6. 用饱和蒸汽加热水,经过一段时间后,发现传热的阻力迅速加大,这可能是由于_____、_____所引起的。
7. 有两台同样的管壳式换热器,拟作气体冷却器用,在气、液流量及进口温度一定时,为使气体温度降到最低,宜采取流程为_____。
   (A)气体走管内,气体串联逆流操作
   (B)气体走管内,气体并联逆流操作
   (C)气体走管外,气体并联逆流操作
8. 某一套管式换热器,用管间饱和蒸汽加热管内空气,设饱和蒸汽温度为 100℃,空气进口温度为 20℃,出口温度为 80℃,此时套管换热器内壁温应是_____。
   (A)接近空气的平均温度
   (B)接近饱和蒸汽与空气的平均温度
   (C)接近饱和蒸汽的温度
9. 有相变时的对流传热系数比无相变时_____,黏度值大,对流传热系数_____,热壁面在冷空气之上比热壁面在冷空气之下时的对流传热系数_____。
10. 在一列管式换热器中用水来冷却某有机溶液。现希望有机溶液的出口温度降低一些(溶液的流量、进口温度不变),采取的措施有_____。
11. 在换热器设计中,用冷水冷却一热流体,冷水的进口温度可根据_____来确定,而其出口温度可根据_____来确定。

12. 在一套管式换热器中,用冷却水将 1.25kg/s 的苯由 350K 冷却至 300K,冷却水在 ϕ25mm×2.5mm 的管内流动,其进出口温度分别为 290K 和 320K。已知水和苯的对流传热系数分别为 850W/(m²·K) 和 1700W/(m²·K),忽略污垢热阻,试求所需管长和冷却水的消耗量。

13. 用一单程列管式换热器冷凝 1.5kg/s 的有机蒸气。蒸气在管外的冷凝热阻可以忽略,冷凝温度为 60℃,冷凝潜热为 395kJ/kg。管束由 n 根 ϕ25mm×2.5mm 的钢管组成,管内通入 25℃ 的冷却水,不计污垢和管壁的热阻,试计算①冷却水的用量(选择冷却水的出口温度为 45℃);②管数 n 及管长(水在管内的流速为 1.0m/s);③若保持上述计算所得的总管数不变,将上述换热器制成双管程换热器投入使用,冷却水流量及进口温度仍维持原设计值,求操作时有机蒸气的冷凝量。

14. 某列管式冷凝器,管内流冷却水,管外为有机蒸气冷凝。在新使用时,冷却水的进、出口温度分别为 20℃ 和 30℃。使用一段时间后,在冷却水进口温度与流量相同的条件下,冷却水的出口温度降为 26℃。求此时换热器的污垢热阻。已知换热器的传热面积为 16.5 m²,有机蒸气的冷凝温度为 80℃,冷却水的流量为 2.5 kg/s。

15. 一换热器,用热柴油加热原油。柴油和原油的进口温度分别为 243℃ 和 128℃。已知逆流操作时,柴油的出口温度为 155℃,原油的出口温度为 162℃,试求其传热的平均温差。若采用并流,则传热平均温差又是多少?设柴油和原油的进口温度不变,它们的流量和换热器的传热系数也与逆流时相同。

16. 在一单壳程、单管程列管式换热器中进行水-水换热,热水流量为 2000kg/h,冷水流量为 3000kg/h,热水和冷水的进口温度分别为 80℃ 和 10℃。如果要求将冷水加热到 30℃,试计算采用并流和逆流时的平均传热温差。若改用单壳程、双管程换热器,冷水走壳程,热水走管程,则传热温差变为多少?

17. 单相冷、热流体在套管式换热器中作逆流传热。管内、环隙内的流体对流传热系数数量级相同。试分析以下两种情况,冷、热流体的出口温度及传热速率如何变化?

    (1)当冷流体的进口温度和冷、热流体的质量流量不变,热流体的进口温度升高时。

    (2)当冷、热流体的进口温度和冷流体的质量流量不变,热流体的质量流量增加时。

18. 某冷凝器的传热面积为 20m²,用来冷凝 100℃ 的饱和水蒸气。冷流体的进口温度为 40℃,流量为 0.917kg/s,比热容为 4kJ/(kg·℃)。换热器的传热系数为 125W/(m²·℃)。求水蒸气的冷凝量。

19. 一列管式换热器用 110℃ 的饱和蒸汽加热甲苯,可使甲苯由 30℃ 加热到 100℃。今甲苯的流量增加 50%,试求①甲苯的出口温度;②在原来的设备条件下,可采用何种措施以使甲苯出口温度仍然维持在 100℃?

20. 一套管式换热器,冷、热流体的进口温度分别为 40℃ 和 100℃。已知并流操作时冷流体的出口温度为 60℃,热流体为 80℃。试问逆流操作时,冷热流体的出口温度各为多少?设传热系数为定值。

21. 一台列管式换热器,管子为 $\phi 25\text{mm} \times 2.5\text{mm}$,冷、热流体在换热器中作逆流流动。冷流体走管内,进出口温度分别为 20℃ 和 80℃;热流体走管外,进出口温度为 200℃ 和 120℃。已知冷、热流体的对流传热系数均为 $900\text{W}/(\text{m}^2 \cdot ℃)$。运行一年后,发现热流体的出口温度变为 130℃,而冷、热流体的流量和进口温度均未变化。为了使热流体的出口温度维持在 120℃ 以下,拟将冷流体的流量增大 60%,问此时热流体的出口温度为多少?设冷流体的流动雷诺数大于 10000,忽略管壁热阻。

22. 有一列管式换热器,传热面积为 40m^2,管子为 $\phi 25\text{mm} \times 2.5\text{mm}$ 的钢管。用 0.2MPa(绝压)的饱和水蒸气将油从 40℃ 加热到 80℃,油走管内,处理量为 25t/h,流动为湍流状态。已知冷凝传热系数为 $1.2 \times 10^4 \text{W}/(\text{m}^2 \cdot ℃)$,油的平均比热容为 $2.1\text{kJ}/(\text{kg} \cdot ℃)$。试计算

(1) 如果用该换热器加热一种黏度更大的油,黏度提高一倍,油的处理量仍为 25t/h,假设其他物性不变,流动仍为湍流,问油的出口温度为多少?

(2) 如果换热器的运行时间较长,油侧集聚了一层厚度为 2mm、导热系数为 $0.2 \text{W}/(\text{m} \cdot ℃)$ 的污垢,问油的出口温度为多少?

第6章 蒸 发[1~10]

基本内容

蒸发是一种特殊的传热过程,蒸发的计算除涉及传热内容外,还要考虑到浓度与浓缩焓等对过程的影响。

1. 蒸发计算基础

(1)蒸发中的温度差损失 Δ

$$\Delta = \Delta' + \Delta'' + \Delta''' \tag{6-1}$$

式中,

$$\Delta' = t - T'$$
$$\Delta'' = t_m - t'$$
$$\Delta''' = 1 \sim 1.5 ℃$$

式中,t_m 为平均压强 $p_m = p + \dfrac{\rho g L}{2}$ 下的水的沸点。

注意:当二次蒸汽温度直接根据蒸发室压力来确定,则无 Δ''' 影响;当二次蒸汽温度根据冷凝器压力得到,则有 Δ''' 影响,同时溶液的沸点是指冷凝器压力下的沸点。

(2)蒸发过程的传热系数

$$\frac{1}{K} = \frac{1}{\alpha_o} + \frac{1}{\alpha_i} + R_w + R_s \tag{6-2}$$

(3)溶液的浓缩热及焓浓图

以 0℃ 为热焓计算基础。对于稀溶液,两状态的焓差

$$\Delta H = c_p t_2 - c_p t_1 \tag{6-3}$$

对于浓缩的浓度较大,需考虑浓缩热。这时,进行蒸发计算时,其溶液的焓值就必须通过焓浓图查取,可查阅教材及其他相关文献。

2. 单效蒸发的计算

单效蒸发的计算涉及蒸发器的物料衡算方程、热量衡算方程及传热速率方程。单效蒸发过程示意见图 6-1 所示。

(1)物料衡算

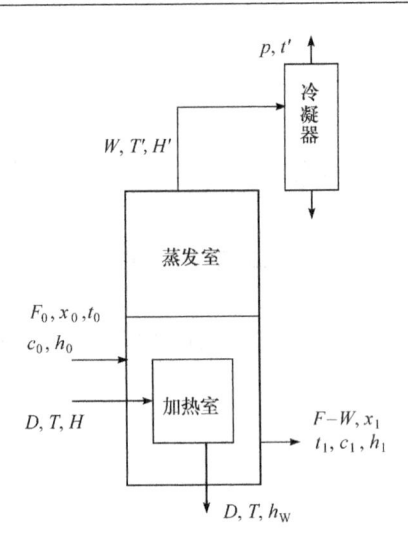

图 6-1 单效蒸发示意图

$$Fx_0 = (F-W)x_1 \qquad (6-4)$$

(2) 热量衡算

忽略浓缩热，溶液的比热容可按式(6-5)求得，即

$$c = c_W(1-x) + c_B x \qquad (6-5)$$

设加热蒸汽的冷凝液在饱和温度下排出，则蒸发器的热量衡算可表示为(见图 6-1)

$$DH + Fh_0 = WH' + (F-W)h_1 + Dh_W + Q_L \qquad (6-6a)$$

简化为

$$D = \frac{Fc_0(t_1-t_0) + Wr' + Q_L}{r} \qquad (6-6b)$$

若原料在沸点下进入蒸发器，即 $t_0 = t_1$，并且蒸发器的热损失可以忽略，即 $Q_L = 0$，则由式(6-6b)得到单位蒸汽消耗量

$$\frac{D}{W} = \frac{r'}{r} \qquad (6-7)$$

蒸发器的传热量或热负荷

$$Q = Dr = Fc_0(t_1-t_0) + Wr' + Q_L \qquad (6-8)$$

(3) 传热面积

$$A = \frac{Q}{K\Delta t_m} = \frac{Dr}{K(T-t_1)} \qquad (6-9)$$

3. 多效蒸发

根据溶液与二次蒸汽的流向，可有不同的加料方法与相应的流程，如并流加料流程、逆流加料流程、平流加料流程，在实际生产中，还常根据具体情况采用上述流

程的变型。

多效(如 m 效)蒸发时生蒸汽的经济性较高,但多效蒸发时的生产能力小于单效时的生产能力,而传热面积又等于单效时的 m 倍,所以,多效时的生产强度远较单效蒸发时的为小。基于上述理由,实际的多效蒸发过程,效数不是很多。

多效蒸发计算与单效蒸发相似,详见例题及有关教材。

重点与难点

(1)本章重点是蒸发器由于沸点升高而损失的温度差的计算,包括杜林规则的应用,单效蒸发的计算。

(2)本章的难点是溶液沸点升高的分析和计算,多效蒸发时逆流、并流及逆流和并流联合使用等流程的比较以及多效特别是三效逆流蒸发流程的计算。

精选题及解答

溶液的沸点计算　【例 6-1】用一单效蒸发器浓缩氯化钙水溶液,操作压力为 1atm。已知蒸发器中氯化钙水溶液的浓度为 40.8%(质量浓度),其密度为 1340kg/m³,若蒸发时的液面高度为 1m,试求此时溶液的沸点。已知常压下 40.8% 的氯化钙水溶液为 120℃。

【解】本题目考察蒸发中的温度差损失。

温度差损失必须注意二次蒸汽温度是来自蒸发室压力还是冷凝器压力。本题是直接来自蒸发室压力。

据题,　　　　　$\Delta' = 120 - 100 = 20℃$

又蒸发器中的平均静压力差

$$p_m - p = \frac{\rho g L}{2} = \frac{9.81 \times 1340 \times 1}{2} = 6572 \text{ N/m}^2$$

得　　　　$p_m = 1.013 \times 10^5 + 6572 = 1.08 \times 10^5 \text{N/m}^2$

查饱和水蒸气表知,　　$t_m = 102℃$

从而静压温差损失　　$\Delta'' = 102 - 100 = 2℃$

$t = 122℃$　　故溶液沸点为　　$t = 100 + 20 + 2 = 122℃$

杜林规则的应用　【例 6-2】已知在 101.33kPa 压强下,23.08%NaOH 水溶液的沸点为 110℃,利用杜林规则求该溶液在 60 kPa 下的沸点。

【解】由水蒸气表查出 60 kPa 及 101.33kPa 时水的沸点分别为 85.6℃ 和 100℃。在 NaOH 水溶液的杜林线图上,见文献[1]

图 6-11，用内插法确定浓度为 23.08% 的关系线，在横坐标上找出温度为 85.6℃ 的点，由此点向上作垂线与 23.08% 的杜林线相交，从交点向左作水平线，交点所示的温度约为 94.7℃，即为 60 kPa 下 23.08%NaOH 水溶液的沸点。

本题还可以采用经验公式及利用沸点升高的方法求算。 $t=94.7℃$

【例 6-3】 一单效蒸发器需将 2000 kg/h 的 NaOH 水溶液由 15%（质量浓度，下同）浓缩至 25%。已知蒸发压力为 1atm（绝压），蒸发器内溶液沸点为 113℃，加热蒸汽压力为 392 kN/m²（绝压）。现有以下三种加料情况：(1)20℃；(2)沸点；(3)130℃，试计算每种进料情况下所需的加热蒸汽消耗量和单位蒸汽消耗量 D/W。

进料状态不同对蒸发的影响

【解】 蒸发器内溶液的蒸发量可通过物料衡算得

$$W=F\left(1-\frac{x_0}{x_1}\right)=2000\times\left(1-\frac{15}{25}\right)=800\text{kg/h}$$

加热蒸汽消耗量 D 可通过热量衡算得

$$D=[(F-W)h_1+WH'-Fh_0]/r$$

由相关文献可查得 392 kN/m²（绝压）加热蒸汽的潜热

$$r=2140\text{ kJ/kg}$$

蒸发室压力(1atm)下二次蒸汽的热焓

$$H'=2675\text{ kJ/kg}$$

完成液（113℃、25%NaOH 水溶液）的热焓

$$h_1=410\text{ kJ/kg}$$

(1)料液于 20℃ 加入，由相关文献可查得其热焓为 $h_0=65$ kJ/kg。故

$$D=\frac{(2000-800)\times 410+800\times 2675-2000\times 65}{2140}$$

$$=1170\text{ kg/h}$$

$$\frac{D}{W}=\frac{1170}{800}=1.46$$

(1)
$D=1170\text{kg/h}$
$D/W=1.46$

(2)料液于沸点加入，由相关文献可查得其热焓为 $h_0=425$ kJ/kg。故

$$D=\frac{(2000-800)\times 410+800\times 2675-2000\times 425}{2140}$$

$$=835\text{ kg/h}$$

(2)
$D=835\text{kg/h}$
$D/W=1.04$

(3)
$D=778$ kg/h
$D/W=0.97$

$$\frac{D}{W}=\frac{835}{800}=1.04$$

(3)料液于 20℃加入,由相关文献可查得其热焓为 $h_0=485$ kJ/kg。故

$$D=\frac{(2000-800)\times 410+800\times 2675-2000\times 485}{2140}$$

$$=778 \text{ kg/h}$$

$$\frac{D}{W}=\frac{778}{800}=0.97$$

【讨论】上述计算表明,随着进料温度的增加,加热蒸汽的消耗量不断减少,单位蒸汽消耗量 D/W 也减少。

蒸发器的传热面积计算

【例 6-4】用一单效蒸发器将 1000 kg/h 的 NaCl 水溶液由 5%（质量浓度,下同）浓缩至 30%,蒸发压力为 19.6 kN/m²（绝压）,蒸发器内溶液的沸点为 75℃,加热蒸汽压力为 118 kN/m²（绝压）。已知进料温度为 30℃,氯化钠的比热容为 0.95×10^3 J/(kg·K),蒸发器的传热系数为 1500 W/(m²·K)。若不计热损失及浓缩热,试求加热蒸汽消耗量及蒸发器的传热面积。

【解】蒸发器内溶液的蒸发量可通过物料衡算得

$$W=F\left(1-\frac{x_0}{x_1}\right)=1000\times\left(1-\frac{5}{30}\right)=833.3 \text{ kg/h}$$

浓缩液量 $L=F-W=1000-833.3=166.7$ kg/h

对于 118 kN/m²（绝压）的加热蒸汽,其饱和温度和汽化潜热分别为

$$T=104.2℃ \quad r=2247\text{kJ/kg}$$

对于 19.6 kN/m²（绝压）的蒸汽,其汽化潜热

$$r=2356\text{kJ/kg}$$

5%NaCl 水溶液的比热容

$$c_0=0.95\times 10^3\times 5\%+4.187\times 10^3\times 95\%$$
$$=4.03\times 10^3 \text{ J/(kg·K)}$$

30%氯化钠水溶液的比热容

$$c_1=0.95\times 10^3\times 30\%+4.187\times 10^3\times 70\%$$
$$=3.22\times 10^3 \text{ J/(kg·K)}$$

加热蒸汽消耗量 D 可通过热量衡算得

$$D=\frac{F(c_1 t_1-c_0 t_0)+Wr'}{r}$$

$$= \frac{1000\times(3.22\times75-4.03\times30)+833.3\times2356}{2247}$$

$$=927\text{kg/h}$$

从而传热面积

$$A=\frac{Dr}{K(T-t_1)}=\frac{2247\times1000\times927/3600}{1500(104.2-75)}=13.2\text{m}^2 \qquad A=13.2\text{m}^2$$

【例6-5】某单效蒸发器开始投入使用时,在加热蒸汽为 196.2kPa(绝对)、冷凝器压强为 19.62kPa(绝对)的条件下,可将温度为 20℃、流量为 3000kg/h 的 NH_4Cl 水溶液从 20% 浓缩至 40%。已知因溶液静压和二次蒸汽流动阻力,可造成的温度差损失约为 5℃,蒸发器的传热面积为 30m²。

物料结垢的影响与传热系数的测定

(1)试求开始投入使用时,此蒸发器的传热系数为多少?

(2)操作一段时间后,因物料在传热面上结垢,为完成同样蒸发任务,需将加热蒸汽的压强提高至 490.5kPa(绝对),问此时蒸发器的传热系数为多少?

已知固体 NH_4Cl 的比热容可用下式计算:

$$c_B=41.0+0.154T$$

式中,T 单位为 K;c_B 单位为 $J/(\text{mol}\cdot\text{K})$。

【解】水蒸发量

$$W=F\left(1-\frac{x_0}{x_1}\right)=\frac{3000}{3600}\times\left(1-\frac{20}{40}\right)=0.417\text{kg/s}$$

在 19.62kPa 下,水蒸气的饱和温度与汽化热分别为 $t'=59.7℃$,$r=2355.9\text{kJ/kg}$。

从无机溶液在大气压下的沸点数据表查得,40% 的 NH_4Cl 水溶液在常压下的沸点为 106.4℃。故在操作压强下,因溶液沸点上升而造成的温差损失

$$\Delta'=0.0162\times\frac{(59.7+273)^2}{2355.9}\times(106.4-100)=4.9℃$$

溶液沸点 $\qquad t=t'+\Delta=59.7+4.9+5=69.6℃$

20℃ 固体 NH_4Cl 的比热容

$$c_B=\frac{41.0+0.154T}{M_{NH_4Cl}}$$

$$=\frac{41.0+0.154\times(20+273)}{53.5}=1.61\text{kJ}/(\text{kg}\cdot\text{K})$$

料液的平均比热容

$$c_0 = c_w(1-x_0) + c_B x_0 = 4.18 \times (1-0.2) + 1.61 \times 0.2$$
$$= 3.67 \text{kJ/(kg·K)}$$

(1) 开始使用时，196.2kPa 加热蒸汽的饱和温度 $T = 119.6℃$，由传热速率与热量衡算两式可得

$$K = \frac{Fc_0(t_1-t_0) + Wr}{A(T-t_1)}$$

$$= \frac{\frac{3000}{3600} \times 3.67 \times (69.6-20) + 0.417 \times 2355.9}{30 \times (119.6-69.6)}$$

$K = 0.756 \text{ kW/(m}^2\text{·K)}$

$$= 0.756 \text{kW/(m}^2\text{·K)}$$

(2) 使用一段时间后，490.5kPa 加热蒸汽的饱和温度 $T' = 151.1℃$，故传热系数

$$K' = \frac{Fc_0(t_1-t_0) + Wr}{A(T'-t_1)}$$

$$= \frac{\frac{3000}{3600} \times 3.67 \times (69.6-20) + 0.417 \times 2355.9}{30 \times (151.1-69.6)}$$

$K' = 0.464 \text{ kW/(m}^2\text{·K)}$

$$= 0.464 \text{kW/(m}^2\text{·K)}$$

蒸发器操作周期的确定

【例 6-6】 某蒸发器在操作时的加热蒸汽温度 T 与溶液沸点 t 均保持不变。检修后刚投入运转时测得其传热系数为 $K_0 = 0.8 \text{kW/(m}^2\text{·K)}$，连续操作 45 天后，传热系数降为 $K = 0.65 \text{kW/(m}^2\text{·K)}$。若规定蒸发器的传热系数降至初始值 K_0 的 60% 时，停工清垢，问该蒸发器还可操作多长时间？假定垢层厚度与已汽化的溶剂量成正比。

【解】 传热总热阻

$$\frac{1}{K} = R_s + \left(\frac{1}{\alpha_i} + R_w + \frac{1}{\alpha_o}\right)$$

式中，括弧内三项热阻在操作时不变，用常数 C 表示。

由于假定垢层厚度与已汽化的溶剂量成正比，也就是与已传递的总热量 Q^* 成正比，故上式可简化为

$$\frac{1}{K} = aQ^* + C$$

微分得
$$a\text{d}Q^* = -\frac{1}{K^2}\text{d}K$$

代入传热速率式
$$\frac{\text{d}Q^*}{\text{d}\tau} = KA(T-t)$$

得
$$-\frac{dK}{aK^3}=A(T-t)d\tau$$

对上式积分
$$-\int_{K_0}^{K}\frac{dK}{aK^3}=A(T-t)\int_0^{\tau}d\tau$$

$$\frac{1}{2a}\left(\frac{1}{K^2}-\frac{1}{K_0^2}\right)=A(T-t)\tau$$

将常数归并得
$$\frac{1}{K^2}-\frac{1}{K_0^2}=b\tau$$

已知 $K_0=0.8\mathrm{kW/(m^2 \cdot K)}, K=0.65\mathrm{kW/(m^2 \cdot K)}$,
$$\tau=45\times24\times3600=3.888\times10^6 \mathrm{s}$$

常数
$$b=\frac{1}{\tau}\left(\frac{1}{K^2}-\frac{1}{K_0^2}\right)$$
$$=\frac{1}{3.888\times10^6}\left(\frac{1}{0.65^2}-\frac{1}{0.8^2}\right)$$
$$=0.2\times10^{-6}$$

停工清垢前的传热系数
$$K_1=0.8\times0.6=0.48\mathrm{kW/(m^2 \cdot K)}$$

因
$$\left(\frac{1}{K_1^2}-\frac{1}{K^2}\right)=b\tau_1$$

尚可继续操作的时间
$$\tau_1=\frac{1}{b}\left(\frac{1}{K_1^2}-\frac{1}{K^2}\right)$$
$$=\frac{10^6}{0.2}\times\left(\frac{1}{0.48^2}-\frac{1}{0.65^2}\right)$$
$$=9.870\times10^6\mathrm{s}(或115d)$$

$\tau_1=9.870\times10^6\mathrm{s}$

蒸发器结垢使传热恶化,这可用加大传热温差来补偿,但操作中的传热温差受现场种种条件限制。事实上实际蒸发器在相当长的时间内是在恒定的最大温差下操作,因此,在此阶段内的处理量必将逐渐下降。传热系数下降的百分数相当于处理量下降的百分数。

【例6-7】某 NaOH 水溶液的流量为 25kg/s,初始流量为 5%(质量分率,下同),欲通过蒸发浓缩至 50%,已知加料温度为 20℃,加热蒸汽温度为 170℃,冷凝器内的压强为 7.38kPa,试计算

单效与多效蒸发过程的比较

(1)若采用三效并流蒸发过程,每效所需加热面积(要求各效传热面相等)、生蒸汽用量及生蒸汽经济性为多少?已知各效因液体静压强引起的温差损失分别为1℃、2℃、4℃,因二次蒸汽流动阻力引起的温差损失皆为1℃,各效的传热系数分别为2500W/(m²·k)、1800 W/(m²·k)、1000 W/(m²·k),各效均无额外蒸汽引出,热损失可忽略不计。

(2)若采用单效蒸发流程,蒸发器的传热系数为 1000 W/(m²·k),因溶液静压及二次蒸汽流动阻力引起的温差损失分别为4℃和1℃,皆与三效蒸发过程的末效相同,求所需加热面积与生蒸汽用量各为多少?与并流操作的三效蒸发过程相比,蒸发过程的有效温差、生产强度及蒸汽的经济性有何变化?

【解】(1)多效蒸发过程的设计型计算可按以下步骤进行,计算时所涉及的参数如图 6-2 所示。

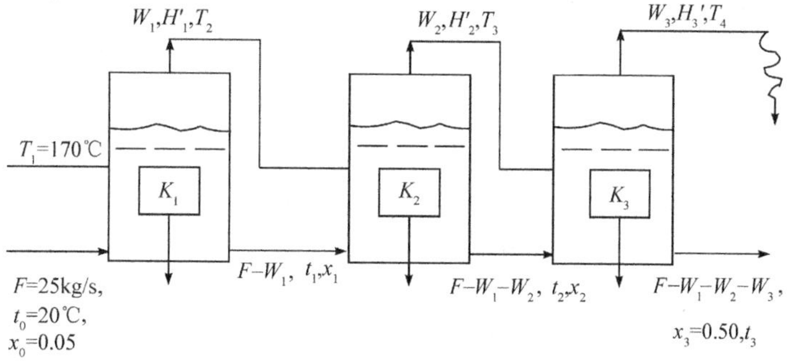

图 6-2 例 6-7 附图

①以等蒸发量为初值,计算各效溶液浓度

$$W = F\left(1 - \frac{x_0}{x_3}\right) = 25\left(1 - \frac{0.05}{0.5}\right) = 22.5 \text{kg/s}$$

$$W_1 = W_2 = W_3 = \frac{W}{3} = \frac{22.5}{3} = 7.5 \text{kg/s}$$

由物料衡算式可求出各效溶液浓度

$$x_1 = \frac{Fx_0}{F - W_1} = \frac{25 \times 0.05}{25 - 7.5} = 0.0714$$

$$x_2 = \frac{Fx_0}{F - W_1 - W_2} = \frac{25 \times 0.05}{25 - 7.5 - 7.5} = 0.125$$

②计算各效温差损失

忽略压强对溶液沸点升高的影响,各效溶液的沸点升高皆可取常压下的数值。由 x_1、x_2、x_3 的数值,查阅相关文献得各效

溶液沸点升高为
$$\Delta_1' = 2℃ \quad \Delta_2' = 5℃ \quad \Delta_3' = 40℃$$

各效的温差损失为
$$\Delta_1 = \Delta_1' + \Delta_1'' + \Delta_1''' = 2+1+1 = 4℃$$
$$\Delta_2 = \Delta_2' + \Delta_2'' + \Delta_2''' = 5+2+1 = 8℃$$
$$\Delta_3 = \Delta_3' + \Delta_3'' + \Delta_3''' = 40+4+1 = 45℃$$
$$\sum \Delta_i = 4+8+45 = 57℃$$

③总有效温差及其在各效的预分配

由冷凝器操作压强查得冷凝器蒸汽温度 $t' = 40℃$，总有效温差为
$$\sum \Delta t = (T_1 - t') - \sum \Delta_i = (170-40) - 57 = 73℃$$

$$\Delta t_1 = \sum \Delta t \cdot \frac{\frac{1}{K_1}}{\frac{1}{K_1} + \frac{1}{K_2} + \frac{1}{K_3}} = 73 \times \frac{\frac{1}{2500}}{\frac{1}{2500} + \frac{1}{1800} + \frac{1}{1000}}$$
$$= 15.0℃$$

$$\Delta t_2 = 73 \times \frac{\frac{1}{1800}}{\frac{1}{2500} + \frac{1}{1800} + \frac{1}{1000}} = 20.7℃$$

$$\Delta t_3 = 37.3℃$$

④计算各效汽、液相温度如下。
$$t_1 = T_1 - \Delta t_1 = 170 - 15 = 155℃$$
$$T_2 = t_1 - \Delta_1 = 155 - 4 = 151℃$$
$$t_2 = T_2 - \Delta t_2 = 151 - 20.7 = 130.3℃$$
$$T_3 = t_2 - \Delta_2 = 130.3 - 8 = 122.3℃$$
$$t_3 = T_3 - \Delta t_3 = 122.3 - 37.3 = 85℃$$
$$T_4 = t' = 40℃$$

⑤由热量衡算求各效水分蒸发量

根据各效蒸发器的浓度、温度查得有关物性数据如表 6-1 所示。

对各效作热量衡算可得
$$W_1(H_1' - h_1) - Dr_1 = F(h_0 - h_1)$$
$$W_1(h_1 - h_2 - r_2) + W_2(H_2' - h_2) = F(h_1 - h_2)$$
$$W_1(h_2 - h_3) + W_2(h_2 - h_3 - r_3) + W_3(H_3' - h_3) = F(h_2 - h_3)$$

第 6 章 蒸 发

表 6-1 例 6-7 附表 1

效数	x	t /℃	h /(kJ/kg)	T /℃	H' /(kJ/kg)	r /(kJ/kg)
0（非效数）	0.05	20	80	170	—	—
1	0.0714	155	600	151	2752	2054
2	0.125	130.3	490	122.3	2713	2115
3	0.5	85	480	40	2569	2199

$$W_1+W_2+W_3=W$$

将表 6-1 中数据代入得

$$2152W_1-2054D=-13000$$
$$-2005W_1+2223W_2=2750$$
$$10W_1-2189W_2+2089W_2=250$$
$$W_1+W_2+W_3=22.5$$

解此线性方程组得

$$W_1=6.98\text{kg/s} \quad W_2=7.54\text{kg/s}$$
$$W_3=7.98\text{kg/s} \quad D=13.6\text{kg/s}$$

$W_i=7.5\text{kg/s}$　　$W_1 \sim W_3$ 的计算值与原假定值 $W_i=7.5\text{kg/s}$ 相差不大，故不需重算各效溶液的浓度与温度。

⑥计算传热面积

$$A_1=\frac{D_1 r_1}{K_1 \Delta t_1}=\frac{13.6\times 2054\times 10^3}{2500\times 15}=745\text{m}^2$$

$$A_2=\frac{W_1 r_2}{K_2 \Delta t_2}=\frac{6.98\times 2115\times 10^3}{1800\times 20.7}=396\text{m}^2$$

$$A_3=\frac{W_2 r_3}{K_3 \Delta t_3}=\frac{7.54\times 2199\times 10^3}{1000\times 37.3}=445\text{m}^2$$

三个蒸发器面积不等，说明第 3 步所分配的各效温度差不能满足传热面相等的要求。

⑦重新调整温度差分配

根据第一次试算结果，温度差可按下式重新分配：

$$\Delta t'_1=(A\Delta t_1)\cdot\frac{\sum \Delta t}{\sum(A_i\cdot\Delta t_i)}$$

$$=\frac{(745\times 15)\times 73}{745\times 15+396\times 20.7+445\times 37.3}$$

$$=22.7℃$$

同理求得 $\Delta t'_2 = 16.6℃$ $\Delta t'_3 = 33.7℃$

⑧重复第 4 步计算各效汽、液相温度,查得有关物性数据如表 6-2 所示。

表 6-2　例 6-7 附表 2

效数	x	t /℃	h /(kJ/kg)	h /℃	H' /(kJ/kg)	r /(kJ/kg)
0 (非效数)	0.05	20	80	170	—	—
1	0.0714	147.3	570	143.3	2740	2054
2	0.125	126.7	490	118.7	2706	2143
3	0.5	85	480	40	2569	2211

由热量衡算方程式组解得

$W_1 = 7.06 \text{kg/s}$ $W_2 = 7.48 \text{kg/s}$

$W_3 = 7.96 \text{kg/s}$ $D = 13.4 \text{kg/s}$

⑨计算传热面积

$$A_1 = \frac{D_1 r_1}{K_1 \Delta t'_1} = \frac{13.4 \times 2054 \times 10^3}{2500 \times 22.7} = 485 \text{m}^2$$

同理求得　　　$A_2 = 506 \text{m}^2$　　$A_3 = 491 \text{m}^2$

各效传热面比较接近,取 $A = 500 \text{m}^2$。

⑩生蒸汽经济性

$$\frac{W}{D} = \frac{22.5}{13.4} = 1.68$$

(2) 采用单效蒸发过程

此时,只有一效,则 $x_1 = 0.5$。水蒸发量

$$W = F\left(1 - \frac{x_0}{x_1}\right) = 25 \times \left(1 - \frac{5}{50}\right) = 22.5 \text{kg/s}$$

冷凝器蒸汽温度和热焓分别为

$t' = 40℃$　　$H' = 2569 \text{kJ/kg}$

由 $x_1 = 0.5$、$t' = 40℃$,查得因溶液沸点升高而引起的温差损失

$$\Delta' = 78 - 40 = 38℃$$

溶液的沸点

$$t = t' + \Delta = 40 + 38 + 5 = 83℃$$

由 $x_1 = 0.5$、$t_1 = 83℃$ 查得,完成液的焓

$$h_1 = 480 \text{kJ/kg}$$

由 $x_0 = 0.05$、$t_0 = 20℃$ 查得,料液的焓

$$h_0 = 80 \text{kJ/kg}$$

加热蒸汽的温度和汽化热分别为

$$T = 170℃ \qquad r = 2054 \text{kJ/kg}$$

单效所需加热面积

$$A = \frac{F(h_1 - h_0) + W(H' - h_1)}{K(T - t_1)}$$

$$= \frac{5 \times (480 - 80) + 22.5 \times (2568.6 - 480)}{1 \times (170 - 83)}$$

$$= 655 \text{m}^2$$

蒸汽消耗量

$$D = \frac{KA(T - t_1)}{r} = \frac{1 \times 655 \times (170 - 83)}{2054} = 27.7 \text{kg/s}$$

单效蒸发的有效温差

$$\Delta t = T - t' - \Delta = 170 - 40 - 38 - 5 = 87℃$$

单效蒸发器的生产强度

$$U = \frac{W}{A} = \frac{22.5}{655} = 3.435 \times 10^{-2} \text{kg/(m}^2 \cdot \text{s)}$$

单效蒸发的蒸汽经济性

$$\frac{W}{D} = \frac{22.5}{27.7} = 0.81$$

由本例(1)的计算结果可知,三效蒸发的有效温差

$$\sum \Delta t = (T - t') - \sum \Delta = (170 - 40) - 57 = 73℃$$

三效蒸发器的生产强度

$$U = \frac{W}{\sum A} = \frac{22.5}{485 + 506 + 491} = 1.52 \times 10^{-2} \text{kg/(m}^2 \cdot \text{s)}$$

三效蒸发的蒸汽经济性

$$\frac{W}{D} = \frac{22.5}{13.4} = 1.68$$

从本例计算结果可以看出,多效蒸发的总有效传热推动力和生产强度都小于单效蒸发,但多效蒸发的蒸汽经济性则大为提高。可见,多效蒸发蒸汽经济性的提高是以牺牲设备的生产强度为代价的。

本章主要符号说明

符 号	意 义	单 位
A	传热面积	m^2
c	比热容	$kJ/(kg \cdot K)$
D	加热蒸汽消耗量	kg/s, kg/h
F	进料量	kg/h
g	重力加速度	m/s^2
H	蒸气(汽)的焓	kJ/kg
h	液体的焓	kJ/kg
K	总传热系数	$W/(m^2 \cdot K)$
L	液面高度	m
L	完成液量	kg/s
p	压力	Pa
Q	传热速率	W
R	热阻	$m^2 \cdot K/W$
r	蒸发潜热	kJ/kg
T	蒸气(汽)温度	℃
t	液体温度	℃
U	生产强度	$kg/(m^2 \cdot s)$
W	蒸发量	kg/s
x	溶液的浓度(质量分率)	
α	对流传热系数	$W/(m^2 \cdot K)$
Δ	温度差损失(带上标)	℃, K

下 标		
B	溶质	
w	冷凝水	
m	平均	
i	效序号	
1	出料或状态或效序号	
2	状态或效序号	

上 标		
′	二次蒸汽	

参 考 文 献

1 何潮洪,冯霄. 化工原理. 北京:科学出版社,2001

2 成都科技大学化工原理编写组. 化工原理(上册). 第二版. 成都:成都科技大学出版社,1991
3 谭天恩等. 化工原理(上册). 第二版. 北京:化学工业出版社,1990
4 大连理工大学化工原理教研室. 化工原理(上册). 大连:大连理工出版社,1993
5 陈敏恒等. 化工原理(上册). 第二版. 北京:化学工业出版社,1999
6 姚玉英. 化工原理例题与习题. 第二版. 北京:化学工业出版社,1990
7 时钧,汪家鼎,余国琮等. 化学工程手册. 北京:化学工业出版社,1996
8 苏发福. 化工原理. 上海:上海科学技术出版社,1998
9 Foust A S et al. Principles of Unit Operations. 2nd ed. New York:John Wiley and Sons, Inc, 1980
10 Geankoplis C J. Transport Processes and Unit Operations, Boston:Allyn and Bacon, Inc, 1983

习　　题

1. 为了使蒸发器更适合用于蒸发黏度较大、易结晶或结垢严重的溶液,并提高溶液循环速度以延长操作周期和减少清洗次数,常用_____蒸发和_____蒸发。

2. 多效蒸发中效数有一定限制,这是由于_____。

3. 为了提高蒸发器强度,可_____。
   (A)采用多效蒸发
   (B)增加换热面积
   (C)加大加热蒸汽侧对流传热系数
   (D)提高沸腾侧对流传热系数

4. 料液随浓度和温度变化较大时,若采用多效蒸发,则需采用
   (A)并流加料流程　　　　(B)逆流加料流程　　　　(C)平流加料流程

5. 从手册中查得在 101.33kPa 压强下,23.08% NaOH 水溶液的沸点为 110℃,试求该溶液在 50 kPa 下的沸点。

6. 在中央循环管蒸发器内,将 $CaCl_2$ 水溶液由 10% 浓缩到 20%,蒸发器内液层深度为 2m,二次蒸汽绝对压强为 40 kPa,试求该溶液在操作时的沸点。

7. 某溶液在单效蒸发器中进行蒸浓,用饱和蒸汽加热,需加热蒸汽 2500kg/h,加热蒸汽的温度为 120℃,其汽化潜热为 2205kJ/kg。已知蒸发器内二次蒸汽的冷凝温度为 81℃,各项温差损失共为 9℃,取饱和蒸汽冷凝的传热系数为 8000 W/(m^2·K),沸腾溶液的传热膜系数为 3500W/(m^2·K),求该换热器的传热面积。假定该换热器是新造的,且管壁较薄,因此垢层热阻和管壁热阻均可不考虑,热损失可忽略不计。

8. 在双效蒸发器内将流量为 7200kg/h、浓度为 25% 的 NaOH 溶液浓缩到 50%(皆为质量分率),料液进口温度为 20℃,冷凝器压强为 11.77kPa(绝压),两效传热面积皆为 126m^2。
   (1)在并流操作时,第一效的传热系数为 1.3kW/(m^2·K),第二效的传热

系数为 0.7kW(m²·K)，两效因蒸汽流动阻力和溶液静压所造成的温差损失分别为 3℃和 8℃，试求两效的蒸发量 W_1 和 W_2 以及生蒸汽的温度与用量各为多少？

(2) 逆流操作时，第一效（按蒸汽流动方向计）传热系数为 1.1kW/(m²·K)，第二效传热系数为 1.3kW/(m²·K)，两效因蒸汽流动的阻力和溶液静压所造成的温差损失分别为 8℃和 3℃，试求两效的蒸发量 W_1 和 W_2 以及生蒸汽的温度与用量各有何变化？

9. 在题 8 所示的并流流程中，若从第一效引出流量为 0.2kg/s 的蒸汽作其他设备的加热介质。原料液的流量与状态、完成液的浓度要求、冷凝器的压强及各效的传热系数皆保持不变，问所需的生蒸汽的流量有何变化？

第7章 流体流动与传热实验[1~5]

基本内容

7.1 管道流体阻力的测定

本实验要求掌握测定管道流体阻力的方法及流体阻力与流体 Re 的关系。

7.2 离心泵特性曲线的测定

本实验要求了解离心泵的构造、操作,测定一定转速下泵的操作特性,即泵的扬程、轴功率、效率与流量的关系(泵的特性曲线)。

7.3 管内强制对流传热系数的测定

本实验测定空气在圆形直管内作强制对流时的传热系数,并使用近似法、Willson 法将实验数据整理成 $Nu = aRe^n$ 形式的准数方程式,并与公认关系式 $Nu = 0.02Re^{0.8}$ 相比较。

7.4 包、裸管热损失及导热系数的测定

本实验测定立式和卧式包管和裸管的对流辐射联合传热系数,并测定包管保温材料的导热系数及绝热效率。

7.5 旋转式黏度计测定液体的黏度

通过实验掌握旋转式黏度计测定液体黏度的基本原理和方法。

7.6 空气纵掠平板时流动边界层、热边界层的测量

通过实验掌握流动边界层内速度分布和热边界层内温度分布的规律,加深对边界层理论的理解。

精选题及解答

一、管道流体阻力的测定

如图 7-1 为测定管道流体阻力的实验装置示意图,装置 a

| 管道流体阻力的测定 | 管道规格为 $\phi32\text{mm}\times2.5\text{mm}$，用文氏管流量计测定流体的流量，以 90°弯头作为待测管件；装置 b 管道规格为 $\phi48\text{mm}\times3.5\text{mm}$，用孔板流量计测定流体的流量，以截止阀作为待测管件。每套管路出口处设调节阀以调节流量，水银温度计显示管路中流体（水）的温度，每套管路上有三组 U 型差压计，分别用于测定流量、直管阻力和管件局部阻力相应的静差压 R、R_f 和 R'_f，根据所测得的若干组实验数据，验证在本实验条件下雷诺数 Re 范围内，直管阻力系数 λ 和雷诺数 Re 之间的关系曲线以及管件局部阻力系数 ζ 和雷诺数 Re 之间的关系（ε/d 为定值）。|

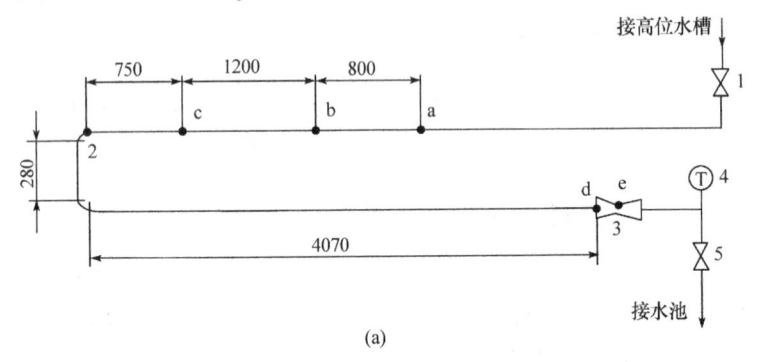

(a)

1—限流阀；2—90°弯头；3—文氏管流量计；4—温度计；5—调节阀；abcde—测压孔

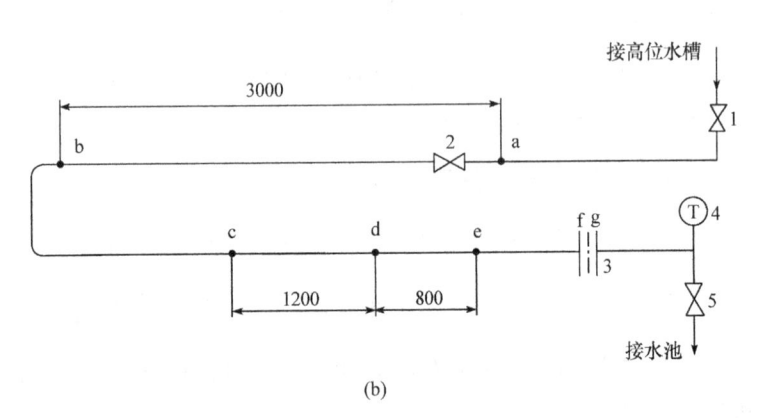

(b)

1—限流阀；2—待测阀门；3—孔板流量计；4—温度计；5—调节阀；abcdefg—测压孔

图 7-1 管道流体阻力测定装置示意图

| U 型差压计指示液的选择 | 1. U 型差压计的指示液应如何选择？
答：首先 U 型差压计的指示液应与管路中的流体互不相溶；其次为了提高实验的精度，根据待测压差可能的最大值（U 型差压计指示板的高度）选定密度合理的指示液，待测压差较大 |

的就应选择密度较大的指示液。本实验中由于在相同流量下的直管阻力较管件的局部阻力小得多,因此用来测量管件局部阻力的 U 型差压计的指示液选用水银,而测量直管阻力的则选用密度较小的四氯化碳作为指示液。(注:为了方便读数,可在四氯化碳中加入少许有色颜料。)

2. 本实验装置的流量调节阀为什么要安装在出口的下端?

流量调节阀的安装位置

答:本实验需测定直管摩擦系数 λ 与 Re、局部阻力系数 ζ 与 Re 的关系,Re 计算中的特征长度采用管内径,前提条件是各个流量下流体都始终能充满整个管路进行稳定、连续的流动。流量调节阀安装在出口的下端,便可以使得流体即使在流量很小的情况下也能充满整个测试管路。

3. 若 U 型差压计的引压管中积存有空气,则对测量结果有何影响?如何排出空气?

空气对测量结果的影响

答:U 型差压计中无积存空气时,显示的读数是差压计两个引出点之间的静压和位压之和(即广义压力 Γ)的差值,即 $R = \dfrac{\Gamma_a - \Gamma_b}{(\rho_0 - \rho)g}$,但其中若存有空气(图 7-2),由于空气的可压缩性,则读数就不能反映真实值。

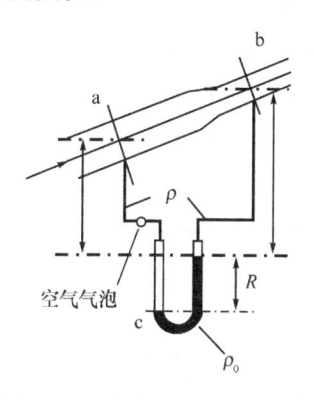

图 7-2 差压计引压管中积存空气

因此开始读取实验读数前一定要将主管路和引压管中的残存空气全部排尽,为此可将差压计上的引压阀 A、B 和平衡阀 C 以及主管路上的调节阀、限流阀打开(图 7-3),这样就可以使得差压计的引压管线与主管路形成并联管路,从而在排出主管路空气的同时也将引压管线中的气泡排尽。然后关闭 C 阀,在流量为零的情况下(即关闭主管路上的流量调节阀),以此时 U 型差压计的读数是否为零判定引压管线中的气泡是否排尽,最后打开主管路上的流量调节阀,U 型差压计就可以正确地显示不同流量下的实际广义压差。

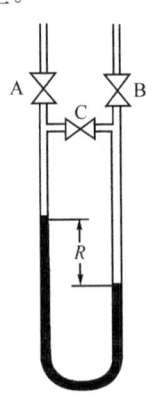

图 7-3 U 型差压计

局部阻力引压点的确定

4. 为测定管件的局部阻力,U 型差压计的两引压点可否从紧靠管件的两边引出?为什么?

答:紧靠管件前后的压差是由流体通过管件的部分局部阻力损失和速度变化所构成,因管件所引起的流体速度大小和方向的变化而产生的涡流,必须经过相当长的直管段之后才能消除,而由此在管件前后造成的流体阻力损失是管件造成的,为了准确测取包括直管在内的总阻力损失,必须将 U 型差压计的两引压点安装在管件前 $l \geqslant 5d$ 和管件后 $l \geqslant (20 \sim 50)d$ 处。

位差对 U 型差压计读数的影响

5. U 型差压计 a、b 两个引压点的位差对 U 型差压计的读数是否有影响?为什么?

答:没有影响。

普遍而言,U 型差压计的读数只与 a、b 管段的阻力损失及速度变化有关。具体分析如下(参见图 7-4)。

在 a、b 截面间列柏努利方程:

$$z_a \rho g + p_a + \frac{\rho u_a^2}{2} = z_b \rho g + p_b + \frac{\rho u_b^2}{2} + h_f \rho g$$

即 $\qquad (p_a + \rho g z_a) - (p_b + \rho g z_b) = \frac{1}{2}\rho(u_a^2 - u_b^2) + h_f \rho g \qquad (1)$

设 U 型差压计中指示液液面高度差为 R,则由静力学方程

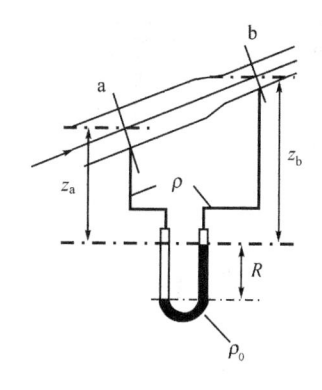

图 7-4 U 型差压计和引压点 a、b

可得
$$p_a + \rho g(z_a + R) = p_b + \rho g z_b + \rho_0 g R$$
即
$$(p_a + \rho g z_a) - (p_b + \rho g z_b) = (\rho_0 - \rho) g R \tag{2}$$
根据广义压力的定义,并结合式(1)、(2)可得
$$\varGamma_a - \varGamma_b = \frac{1}{2}\rho(u_a^2 - u_b^2) + h_f \rho g = (\rho_0 - \rho) g R$$

广义压力包含了静压能和位能,显然 U 型差压计的读数 R 反映了被测两点间广义压力之差,并只与阻力损失、速度变化有关,而与位差无关。

对本实验的等径管而言,$u_a = u_b$,此时 U 型差压计的读数 R 只与 a、b 管段的阻力损失 h_f 有关,与位差无关。

二、离心泵特性曲线的测定

实验装置如图 7-5 所示,离心泵运行时,水自循环水槽经过进水口底阀(止逆阀)和吸入管路进入离心泵,再通过出口管路折返回循环水槽。出口管路上装有调节阀以调节水的流量,出口管路上还设有 a、b 引压点,与一倒 U 型差压计相连,用以确定离心泵的流量,泵的电路上装有三相功率计可以读取泵电机的功率。测定一系列流量下离心泵的进、出口压力和电机的功率,就可以计算出离心泵在流量 Q 下相应的扬程 H、轴功率 N 和效率 η,以此作图即得到待测离心泵的特性曲线。

离心泵特性曲线的测定

1. 本实验为何要将管路出口端插在循环水槽中?
答:根据管路特性曲线方程 $H = A + BQ^2$,将出口端插在循

实验装置管路出口端宜插在水槽中

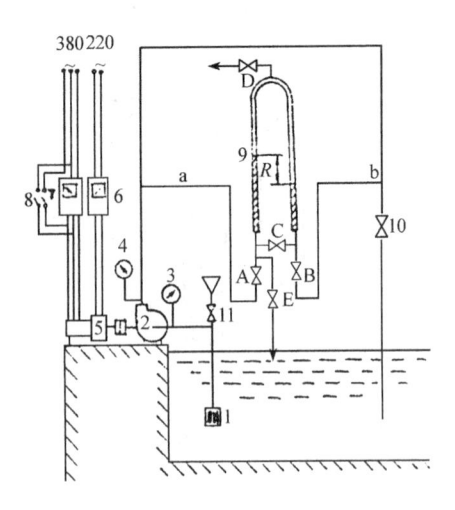

图 7-5　离心泵特性曲线的测定装置示意图

1—底阀；2—离心泵；3—真空泵；4—压力表；5—调速电机；6—转速控制器；7—功率表；8—短路开关；9—U 型差压计；10—流量调节阀；11—引水阀；ABCDE—阀

环水槽中可以使得 $A=0$，即管路特性曲线通过原点，这样可扩大泵的流量测量范围，使得泵的实验特性曲线更完整。同时避免了泵出口管路排出的水冲入循环水槽而引起的大量空气气泡被吸入泵内，影响系统操作稳定。

测定流量的方法　2. 实验为什么不用孔板流量计或转子流量计来测定管路中水的流量？

答：由于孔板流量计或转子流量计的管路阻力损失较大，对于一定的离心泵能达到的最大流量就会下降，而使用倒 U 型差压计可明显减小管路的阻力损失，从而增大流量的调节范围，使所测泵的特性曲线更完整。

U 型差压计及装置的排气　3. 如何对本装置的主管路、倒 U 型差压计引压管进行排气？如何判定倒 U 型差压计引压管内的空气是否排尽？

答：本装置的系统排气步骤如下。

(1) 关闭 A、B、C、D、E 阀（见图 7-5 所示），打开流量调节阀 10 至最大以排尽主管路内的空气。

(2) 关闭阀 10，打开 A、B、C、D 阀，使得水从倒 U 型差压计的 D 阀排出，并将倒 U 型差压计引压管中的空气也排出。

(3) 关闭 A、B 阀，打开 E 阀放水，倒 U 型差压计中的水面下降至合适高度(一般在 15～20cm 范围内)时关闭 E 阀,然后依次关闭 C、D 阀,再打开 A、B 阀。

本装置经过上述系统排气后,在流量为零(即关闭调节阀 10)时倒 U 型差压计的读数为零,说明倒 U 型差压计引压管内的空气已经排尽。

4. 本实验离心泵启动前要注意什么?   离心泵启动的注意事项

答:离心泵启动前要注意 3 点:
(1)泵体充满水;
(2)关闭泵的出口调节阀;
(3)将功率表短路以防泵启动电流过大而损坏功率表。

5. 本实验装置是否会发生汽蚀或气缚现象?   汽蚀或气缚现象

答:本实验装置可能会发生气缚现象,若离心泵启动前不充水,启动后出口无水流或出口压力表无读数,则说明泵内存有空气,即发生了气缚现象。

本实验装置中由于泵的安装高度较小,所以在泵进口处不会产生较高的真空度,因此不会发生汽蚀现象。

6. 若逐渐关小调节阀,倒 U 型差压计两端的读数会怎样变化?   倒 U 型差压计两端读数随流量的变化情况

答:调节阀逐渐关小即管路内的水量逐渐减小时,一方面由于差压计两引压端之间的管路阻力损失随流体流量减小而减小,使得差压计的读数减小,即高压端液面下降,低压端液面上升;另一方面随着水量减小,单位质量流体的获得能量增加,出水管路压力升高,压缩差压计内上端的空气,使得差压计两端的液面同时升高。因此在两方面的作用下差压计的低压端上升的变化明显,高压端液面一升一降相互抵消而变化不大。

7. 流量增大,泵入口处真空表与出口处压力表的读数会如何变化?   真空度与压力表的读数随流量的变化情况

答:一个输送系统是由泵和管路共同构成,其工作状况也是由泵的特性与管路特性共同决定。阀门调大即管路特性发生变化,输出管路阻力下降,流量增大,根据泵的特性曲线可知,流体所需外加能量下降,因此出口处压力表的读数会下降;而随着流量增大,吸入管路阻力增加,因此使得泵入口的真空度变大。

流量调节阀的安装位置

8. 为什么流量调节阀不装在吸入管侧？

答：若流量调节阀装在吸入管侧，则当阀门关小时，因吸入阻力增大，使得离心泵入口处的真空度增大，可能出现入口处的压力等于操作温度下的液体饱和蒸气压，从而产生汽蚀现象。

三、管内强制对流传热系数的测定

管内强制对流传热系数的测定

装置如图 7-6 所示，风机 1 抽取室内空气，通过电加热器进行加热，进入套管换热器，冷却水走套管环隙，与空气进行逆流换热，通过测定不同空气流量下空气的进出口温度 t_{h1}、t_{h2} 和水的进出口温度 t_{c1}、t_{c2}，得到管内强制对流传热系数，进而得到管内空气的 Nu-Re 之间的关系。

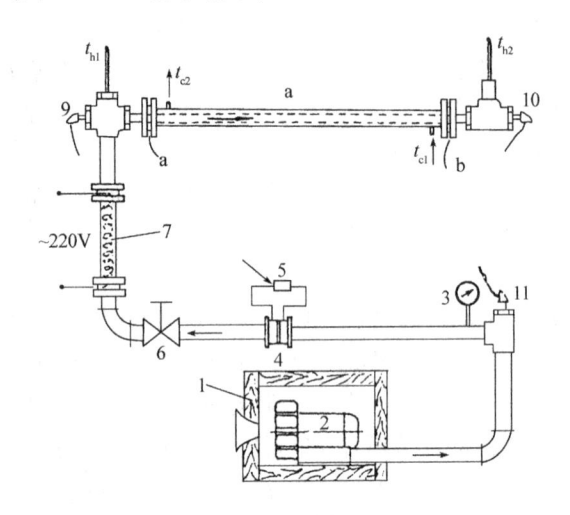

图 7-6 管内强制对流传热系数的测定装置示意图

1—隔声箱；2—风机；3—压力表；4—孔板流量计；5—压力传感器；6—流量调节阀；7—电加热器；8—套管换热器；9、10、11—铜-康铜热电偶；a、b—壁温测量点

系统尽快稳定的方法

1. 改变空气流量后，如何使系统尽快稳定？

答：空气流量改变后，宜将系统内的加热电压也作相应的改变，这样就可以少干扰第一个气量下建立的动态热平衡（即保持 t_{h1} 基本不变），从而使系统尽快稳定。

根据 $Q \propto m_h \propto U^2$，而 $m_h \propto \sqrt{V_i - V_0}$，故 $U \propto \sqrt[4]{V_i - V_0}$，若空气流量按 $\dfrac{\Delta V_{i+1}}{\Delta V_i} = k$（常数）调节，则加热电压按 $\dfrac{U_{i+1}}{U_i} = \sqrt[4]{k}$ 改变。

实际调节时,考虑到热损失,故加热电压应再略大些。

2. 实验中水侧的吸热量和空气侧的放热量,哪个用于估算总的传热量更合理?　　　　　　　　　　　　　　　　　总传热量的估算

答:由于水的比热容较空气的比热容大得多,而实验装置总的传热量较小,故水侧的温度变化不大,若采用水侧的吸热量估算总的传热量会产生较大的误差,因此采用空气侧的放热量更合理。

3. 当空气进口温度(t_{h1})不变而流量(m_h)减小时,空气出口温度(t_{h2})有何变化? 假设水的进口温度及流量不变。　　空气流量变化对空气出口温度的影响

答:由 $$Q = KA\Delta t_m = m_h c_{ph}(t_{h1} - t_{h2})$$
而 $$K \approx \alpha_i \propto m_h^{0.8} \quad (Nu = 0.02 Re^{0.8})$$
可得 $\ln \dfrac{t_{h1} - t_{c2}}{t_{h2} - t_{c1}} = \dfrac{KA}{m_h c_{ph}} \propto \dfrac{1}{m_h^{0.2}}$,由于水的比热容大,所以 $t_{c1} \approx t_{c2}$,而 t_{h1} 基本不变,所以流量 m_h 减小时,t_{h2} 会减小。

4. 为提高总传热系数 K,可采用哪些方法? 其中最有效的方法是什么?　　　　　　　　　　　　　　　　　　　　提高总传热系数 K 的有效方法

答:为提高总传热系数 K,可以选择热阻较小的材料作为传热管,清洗管壁以减小垢层热阻,增大水流量以增大水侧传热系数,增大空气流量以增大空气侧传热系数等方法。其中最有效的方法是增大空气流量以增大空气侧传热系数,因为空气侧热阻是整个传热热阻的主要部分。

5. 如何提高近似法测定空气传热系数 α_i 的准确度?　　提高近似法的准确度

答:由于 $\dfrac{1}{K} = \dfrac{1}{\alpha_i} + \dfrac{1}{\alpha_o} + \sum R_s + \dfrac{b}{\lambda}$,在本实验中,水相对于空气是热的良导体,即 $\dfrac{1}{\alpha_i} \gg \dfrac{1}{\alpha_o}$;又换热管材料是紫铜且管壁很薄,紫铜属于很好的导热材料,故 $\dfrac{1}{\alpha_i} \gg \dfrac{b}{\lambda}$;另实验所使用的空气和水比较清洁,由此造成的污垢热阻 $\sum R_s$ 可以忽略,综合上述分析,近似法中后三项相对忽略,即 $\alpha_i \approx K$。为提高近似法的准确度,应尽可能减小后三项值,其中最简单的方法就是增加水的

流量,以增大水侧传热系数 α_0。

提高 Wilson 法的准确度

6. 在实验中如何提高 Wilson 法的准确度?

答:在 $\dfrac{1}{K} = \dfrac{1}{\alpha_i} + \dfrac{1}{\alpha_0} + \sum R_s + \dfrac{b}{\lambda}$ 中,Wilson 法假定:

(1) 后三项保持为固定值 B;

(2) $\alpha_i = ku^{0.8}$(k 为常数),即 $\dfrac{1}{K} = \dfrac{1}{ku^{0.8}} + B$,以 $\dfrac{1}{K}$ 对 $\dfrac{1}{u^{0.8}}$ 作图,得到直线斜率即为 $1/k$,从而得到 α_i。

可见,提高 Wilson 法准确度就是要满足其所需的两个前提条件,即

(1) 确保空气 Re 大于10000,使得空气对流传热系数 $\alpha_i \propto u^{0.8}$;

(2) 水流量保持不变,使与水有关的各物性参数基本保持不变。

近似法、Wilson 法与公认式的比较

7. 近似法与公认式、Wilson 法与公认式、近似法与 Wilson 法的比较结果如何?

答:空气被冷却的公认式为 $Nu = 0.02Re^{0.8}$,本实验由近似法与 Wilson 法分别得到 $Nu = aRe^n$ 和 $Nu = a'Re^{n'}$。

(1) 近似法与公认式的比较

由于近似法忽略 $\dfrac{1}{\alpha_0} + \sum R_s + \dfrac{b}{\lambda}$ 项,取 $\dfrac{1}{K} \approx \dfrac{1}{\alpha_i}$,故得到的空气侧热阻 $\dfrac{1}{\alpha_i}$ 较实际值偏大,即 α_i 偏小。当空气流量从小到大变化时,$\dfrac{1}{\alpha_0} + \sum R_s + \dfrac{b}{\lambda}$ 基本保持不变,气量越小,α_i 越小,$\dfrac{1}{\alpha_i}$ 就越接近 $\dfrac{1}{K}$,即越接近公认值,反映在 Nu-Re 双对数坐标图上,近似法线在公认线的下方。且近似法线的斜率比公认线小,即 $n < 0.8$。

(2) Wilson 法与公认式的比较

针对本装置,由于将空气的热损失量作为空气与水的热交换量,使得 Q 值偏大,因此 K 值偏大,Wilson 法消除了近似法忽略 $\left(\dfrac{1}{\alpha_0} + \sum R_s + \dfrac{b}{\lambda}\right)$ 项所造成的误差,得到的 α_i 应接近于公认值,但因 K 值偏大,而 $\dfrac{1}{\alpha_0} + \sum R_s + \dfrac{b}{\lambda}$ 项基本不变,则 α_i 值也偏

大,因此反映在 Nu-Re 双对数坐标图上 Wilson 法的实验结果在公认线的上方。由于 Wilson 法中 $\alpha_i \propto u^{0.8}$,即 $n' = 0.8$,因此斜率与公认线一致。

(3) 近似法与 Wilson 法的比较

由(1)、(2)分析可知,近似法得到的 α_i 一定小于 Wilson 法得到的 α_i,反映在 Nu-Re 双对数坐标图上,近似法的线在 Wilson 线的下方。前者的斜率小于 0.8,后者的斜率基本等于 0.8,气量越小,两者的值越接近,即两线越靠近。

8. 为什么要把实验结果关联成 $Nu=aRe^n$ 准数方程式形式,而不用 α-u 来关联?

Nu-Re 准数方程式

答:因为影响 α 的因素很多,如果用 α-u 来关联,就不能将影响 α 的因素都包含进去,这样的关系式就只能运用于该特定实验装置的情形,没有普遍性;而采用准数方程式 $Nu=aRe^n$,由于它考虑了所有影响 α 的因素,因此所得到的关联式具有普遍性。

四、包、裸管热损失及导热系数的测定

如图 7-7,装置主体由一只小电热锅炉及蒸汽总管和分支管组成,电热锅炉产生蒸汽,由总管进入两边的测试管(包管和裸管)及补偿端,管内蒸汽因热损失而冷凝排出,由盛冰的杯子接住并称量。系统的蒸汽温度由铂电阻热电偶、可控硅温控仪、电加热器组成的自控系统维持恒定。通过实验测得在一定蒸汽压力下包管和裸管的热损失量 Q 和 Q' 及壁温 t_w 等参数后,即可得包管的传热系数 α、裸管的传热系数 α' 及导热系数 λ 的值。

包、裸管热损失及导热系数的测定

1. 如何测取热损失 Q?

热损失 Q 的估算

答:在传热过程达到稳定的情况下,单位时间内从测试管外壁传出的热损失量 Q 应等于其管内饱和水蒸气的冷凝潜热,因此实验中收集一定时间内的冷凝水量就可以得到热损失量。

2. 为什么要对冷凝水量 m 进行校正? 如何校正?

冷凝水量 m 的校正

(1)因测试管内的蒸汽压力大于室内大气压,流出测试管的冷凝水因压力突然下降会发生部分汽化,使得收集到的冷凝水量 m 比管内实际的冷凝水量少,故必须对 m 进行校正。

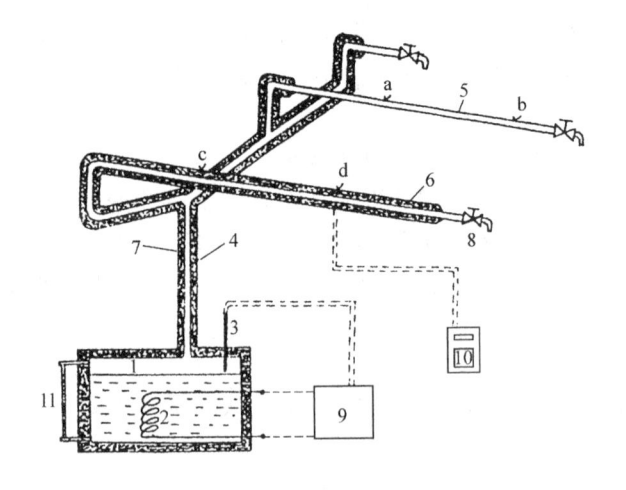

(a) 卧式包、裸管实验装置示意图

1—电热锅炉；2—电加热器；3—铂电阻；4—上升蒸汽管；5—裸管；6—包管；
7—保温层；8—短管、旋塞；9—温控仪；10—电位差计；11—液面计；
a、b、c、d—热电偶测温点

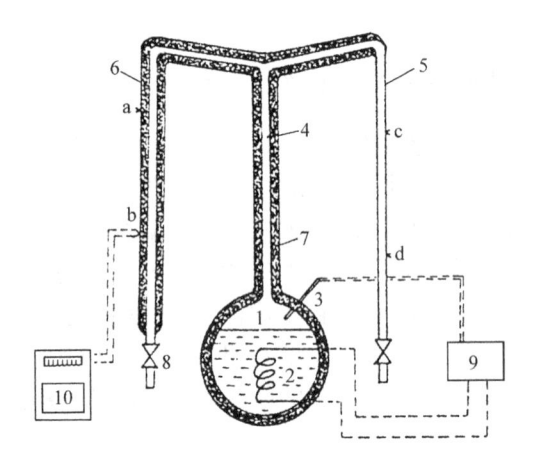

(b) 立式包、裸管实验装置示意图

1—电热锅炉；2—电加热器；3—铂电阻；4—上升蒸汽管；5—裸管；6—包管；
7—保温层；8—短管、旋塞；9—温控仪；10—电位差计；a、b、c、d—热电偶测温点

图 7-7 包、裸管热损失及导热系数的测定装置示意图

(2) 可以通过热量衡算得到校正系数 x。设接到 1kg 冷凝水时产生的汽化蒸汽量为 x(单位为 kg)，测试管内蒸汽压力下饱和水的焓为 i，大气压下饱和水和水蒸气的焓分别为 i_0 和 I_0，则有

$$(1+x)i = 1 \cdot i_0 + x I_0$$
$$x = \frac{i - i_0}{I_0 - i}$$

实际冷凝水量 $\qquad m' = m(1+x)$

3. 测试管的旋塞开得太大或太小,对实验结果有何影响? 　　旋塞开度对实验结果的影响

　　(1) 若旋塞开得太大,蒸汽冲出,接触到接收杯内冰块而冷凝在杯中,使得 m 值(测试管冷凝水量)偏大,导致 $\alpha(\alpha')$ 偏大。另外若冲出的蒸汽并不全部被杯中冰块冷凝,而是将杯中的冷凝水溅出;或是一部分蒸汽冲向管外使保温层受潮;或直接散发到大气中,干扰环境空气的正常对流,这些都会影响实验结果的正确性。

　　(2) 若旋塞开得太小,冷凝水可能积聚在测试管内,会使测试管的有效冷凝面积减小,并且接收不到实际的测试管冷凝水量(m 值),从而导致 m 值偏小,即 $\alpha(\alpha')$ 偏小。

4. 比较和分析包管 α、裸管 α' 值的相对大小。 　　裸管 α' 要比包管 α 大

　　答:实验结果表明,$\alpha' > \alpha$;对于该结果可作如下定性分析:
由于 $\alpha = \alpha_R$(辐射传热系数)$+ \alpha_C$(对流传热系数)

$$\alpha_R = \frac{C_0 \varepsilon \left[\left(\frac{T_w}{100}\right)^4 - \left(\frac{T_{室}}{100}\right)^4 \right]}{t_w - t_{室}}$$

$$\frac{\alpha_C L}{\lambda} = C \left(\frac{L^3 \rho^2 \beta g \Delta t}{\mu^2} \cdot \frac{c_p \mu}{\lambda} \right)^n \to \alpha_C \propto \Delta t^n$$

由式可知,对 α 的影响因素包括辐射和对流两方面,其中影响最大的是壁温,由于裸管的壁温比包管大,故在相同的室温下 α'(裸)$> \alpha$(包)。

5. 以实验结果分析,若在包管外再包一层同样厚度、同样材料的绝热层,其热损失能否减少一半? 　　增加同样厚度、同样材料的绝热层,其热损失能否减少一半?

　　答:由关系式 $Q = \frac{(t_i - t_w)}{b / \lambda A_m}$,若在包管外再包一层同样厚度、同样材料的绝热层,则 $Q' = \frac{(t_i - t'_w)}{2b / \lambda A'_m}$,于是

$$\frac{Q'}{Q} = \frac{A'_m (t_i - t'_w)}{2 A_m (t_i - t_w)}$$

式中，$t_w > t'_w$，则$(t_1 - t'_w) > (t_1 - t_w)$，又$A_m > A'_m$，故$\dfrac{Q'}{Q} > \dfrac{1}{2}$，即$Q' > \dfrac{1}{2}Q$，说明包管外面再包一层同样厚度的绝热材料，热损失不能减少一半。

五、旋转式黏度计测定液体的黏度

本实验使用的仪器是旋转式黏度计（图7-8）。将转子浸没于盛有液体的圆筒形容器中心，启动电机，转子以角速度ω作均匀转动，则所受的扭距$M \propto \mu \omega$，ω不变，即M与被测液体的黏度μ成正比。借此原理测定液体的黏度。

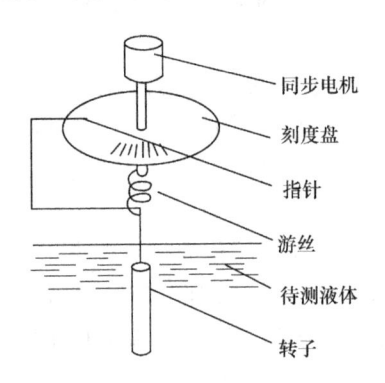

图7-8 旋转式黏度计测定液体黏度装置示意图

1. 转子是否必须放在容器中心？

答：根据旋转黏度计测量液体黏度的原理，转子在液体中转动所受到的扭距

$$M = 4\pi \mu L \overline{\omega} R^2 \dfrac{k^2}{k^2 - 1}$$

式中，k为容器的半径与转子半径R之比，当$k \to \infty$时，$M = 4\pi \mu L \overline{\omega} R^2$，即在一定的转速$\omega$下，$M$与被测液体的黏度$\mu$成正比。转子若不放在容器中心，则不满足N-S方程求解过程中速度周向均匀的假设，所得的解就与上式不同，另外转子和容器壁的其中一边较近会产生边界效应，从而不能满足方程式$k \to \infty$的条件，测得的黏度值有误差。

2. 容器的大小对测量结果有何影响？

答：因为容器需足够大才能忽略容器的边界效应（$r \to \infty$，

$v_\theta=0$),若容器直径不够大,由于容器的边界效应使得转子所受扭距增加,这样测得的液体黏度必然偏大。根据本实验所使用的旋转式黏度计测定液体黏度的原理,一般使用直径不能小于 70mm 的烧杯,才能忽略容器的边界效应。

六、空气纵掠平板时流动边界层、热边界层的测量

本实验装置是由风源、试验段和测量系统构成,如图 7-9 所示。试验段由风道、平板件及提供热源的低压直流电源组成。平板件表面是不锈钢片,低压直流电源提供恒定的电流 I 进行加热,使得不锈钢片表面维持恒定的热流密度 q_0,使用被安装在一位移机构上的测温探头和测速探头测量边界层内场的变化情况,二探头的位移由百分表精确测量。

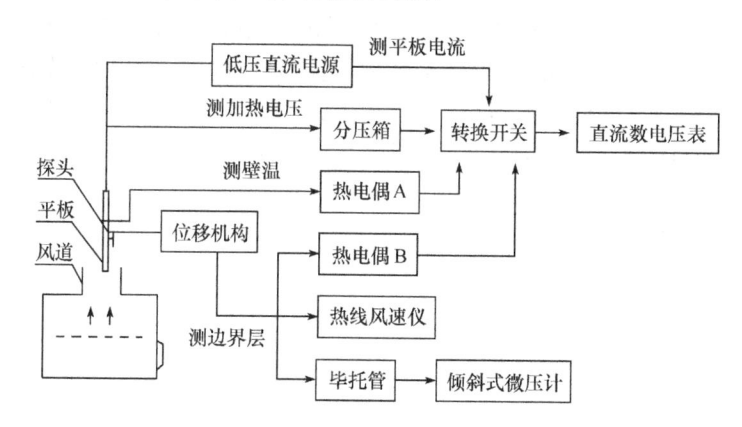

图 7-9 空气纵掠平板时流动边界层、热边界层的测量装置示意图

1. 对于平板,理论上 δ/δ_t 为多少?

答:根据边界层理论可以得到平板上的速度边界层厚度 $\delta(x)$ 和热边界层厚度 $\delta_t(x)$ 分别为

$$\delta = 5\frac{x}{Re_x^{1/2}} \tag{1}$$

$$\delta_t(x) = 4.53\frac{x}{Re_x^{1/2}Pr^{1/3}} \tag{2}$$

式中,$Re_x = xv_\infty/\nu$,由式(1)、(2)得 $\delta/\delta_t = 1.104Pr^{1/3}$,对于空气温度变化范围不大时,普兰特数 Pr 变化很小,可视为常数,由于空气 Pr 近似为 0.72,于是对于平板,理论上 $\delta/\delta_t = 0.9895$,如图 7-10 所示。

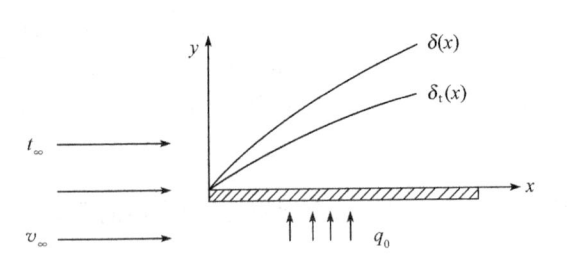

图 7-10 平板上的层流边界层

对流传热系数与 x 的关系

2. 本实验中,层流对流传热系数 α 与 x 的关系如何?

答:根据边界层理论,局部对流传热系数

$$\alpha(x)=0.331\frac{\lambda}{x}Re^{1/2}Pr^{1/3}$$

可见,在层流边界层中,随着 x 的增加,α 逐渐减小。但随着 x 的增加,层流边界层向湍流发展,流体质点的湍流程度逐渐增加,因此又促使 α 逐渐增大,两个因素的作用相抵消,综合上述结果,随着 x 的增加 α 开始逐渐减小,然后趋向不变(如图 7-11 所示)。

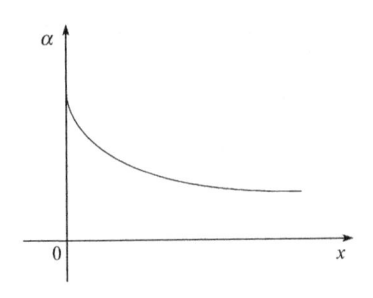

图 7-11 对流传热系数 α 与 x 的关系

风量增加对速度边界层和热边界层的影响

3. 风量增加时,速度边界层和热边界层如何改变?

答:根据边界层理论,在相同 x 位置,风量增边将使边界层中的速度边界层 $\delta(x)$ 变小,热边界层 $\delta_t(x)$ 也是变小。

平板壁温的分布

4. 本实验的平板壁温 t_w 的分布如何?

答:本实验维持恒定的热流密度,在平板的流体流动方向上,α 的分布如图 7-11 所示。由于本实验维持恒定的热流密度和空气温度 t_∞,根据 $q_0=\alpha(t_w-t_\infty)$ 可知,t_w 的分布规律应是沿着流体流动方向上壁温逐渐升高,增加到一定值后便趋向稳定

(如图 7-12)。

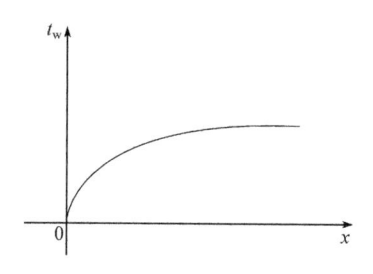

图 7-12 平板壁温 t_w 的分布

本章主要符号说明

符　号	意　义	单　位
A	传热面积	m^2
b	厚度	m
C_0	黑体辐射系数	$W/(m^2 \cdot K^4)$
c_p	定压比热容	$J/(kg \cdot K)$
d	直径	m
E	热电势	mV
g	重力加速度	m/s^2
H	扬程	m
h_f	压头损失	m
$I(i)$	焓	J/kg
K	传热系数	$W/(m^2 \cdot K)$
L	特征长度	m
l	管长	m
M	扭距	$N \cdot m$
m	质量流率	kg/s
N	轴功率	W
Nu	努塞特数	
Pr	普兰特数	
p	压力	Pa
Q	体积流量	m^3/s
Q	传热速率	W
R, R_f, R_f'	U 型差压计读数	m
Re	雷诺数	
R_s	污垢热阻	$m^2 \cdot K/W$
T	温度	K
t	温度	℃

符 号	意 义	单 位
U	加热电压	V
u	平均速度	m/s
V	电子电位差计读数	mV
z	位头	m
Γ	广义压力	Pa
$\alpha、\alpha'$	对流传热系数	W/(m²·K)
β	体积膨胀系数	1/K
δ	边界层厚度	m
ε	绝对粗糙度	m
ε	黑度	
ζ	局部阻力系数	
η	效率	
τ	时间	s
$\tau_{r\theta}$	剪应力	N/m²
λ	直管摩擦系数	
λ	导热系数	W/(m·K)
μ	黏度	Pa·s
ν	运动黏度	m²/s
$\rho、\rho_0$	密度	kg/m³
ω	角速度	1/s
Δt	传热温差	℃ 或 K

下 标		
a	a 点	
b	b 点	
c	冷流体	
h	热流体	
i	管内	
m	对数平均	
o	管外	
t	热边界层	
w	管壁	
0	设定值	
1	进口	
2	出口	

参 考 文 献

1 浙江大学化工学院化工原理实验室. 化工原理实验指导书,1999
2 浙江大学化工系传递工程教研室. 传递过程实验指导书,1992
3 何潮洪,冯霄. 化工原理. 北京:科学出版社,2001
4 吴嘉. 化工原理仿真实验. 北京:化学工业出版社,2001
5 陈维杻. 传递过程与单元操作(上册). 杭州:浙江大学出版社,1993

习题参考答案

第 1 章 流体力学基础

1. 答:黏度为零。
2. 答:惯性力与黏性力之比。
3. 答:(C)
4. 答:(A)
5. 答:(A)
6. 答:(D)
7. 答:(B)
8. 答:(B)
9. 答:(A)
10. 答:(A)
11. 答:(D)
12. 答:(C)
13. 答:(C)
14. 答:(A)、(B)
15. 答:点速;平均速度。
16. 答:$R_1=R_2$,U 形管压差计读数与广义压力差呈正比,这与例 1-1 讨论 5 完全相同。
17. 答:50mm,指示剂密度与被测流体密度相差越小,压差计读数越大。
18. 答:$h'=h''=0.17$m。
19. 答:(1)C 点压力最低;(2)4.43m/s,82.37kPa(绝压);(3)2.30m。
20. 答:C 点压力最低,$p_C=92.73$kPa(绝压),$u=3.0$m/s。
21. 答:2.2kW。
22. 答:A 支路及总管流量变小,B 支路流量变大。压力表读数 p_1 变大,p_2 变小。
23. 答:(1)$p>p'$;(2)$(V_1-V_1')>(V_3-V_3')$。
24. 答:(1)二楼无水流出;(2)1.84m³/h。
25. 答:方案(1)可行。
26. 答:(1)101.0kPa,100.2kPa;(2)1.15h。

第 2 章 流体输送机械

1. 答:泵壳。
2. 答:(C)
3. 答:改变压出管路中阀门的开度。
4. 答:气缚;泄漏现象。

5. 答:(A)

6. 答:(C)

7. 答:(D)

8. 答:效率最高时的扬程。

9. 答:(B);(A);(B);(A);(A)

10. 答:(B)

11. 答:(D)

12. 答:(C)

13. 答:(C)

14. 答:汽蚀。

15. 答:(D)

16. 答:不变。

17. 答:(B)

18. 答:A、B泵在流量和扬程方面均能满足要求,但其中A泵处在高效区工作,故应选A泵。

19. 答:(1)90m³/h;4.51kW;(2)减小为3.88kW;(3)15.1%,2.67kW。

20. 答:10.07kW;$Q\uparrow$,$H\downarrow$,13.06kW。

21. 答:$Q\downarrow$,$h_e\uparrow$,$\sum h_f\downarrow$。

22. 答:$Q_A\downarrow$,$Q_B\uparrow$,$Q\downarrow$,$p_A\uparrow$,$p_B\uparrow$,$p\uparrow$,$p'\uparrow$。

23. 答:(1)10.1m³/h;(2)13.0m³/h。

24. 答:(1)26.4m³/h;(2)串联。

25. 答:(1)27.7m³/h;(2)流体倒流入泵1。

26. 答:94.6m³/h。

27. 答:不合适,泵入口处应比釜内液面至少低5.07m。

28. 答:1.12m³/s,$N_e=2.0$kW。

29. 答:风机置于系统前端:$Q=2.02\times10^4$m³/h,$p_t=11.13$kPa,$N_e=62.5$kW;风机置于系统末端:$Q=2.08\times10^4$m³/h,$p_t=10.02$kPa,$N_e=57.9$kW。

第3章 机械分离与固体流态化

1. 答:(D)

2. 答:滤饼层。

3. 答:(B)

4. 答:过滤时间与洗涤时间之和等于辅助时间。

5. 答:(A)

6. 答:0.25。

7. 答:颗粒间不发生碰撞或接触等相互影响的情况下的沉降过程。

8. 答:重力、浮力和流体黏性力。

9. 答:(D)

10. 答:(A),(C),(B)

11. 答:全部颗粒中被分离下来的部分所占的质量分率。

12. 答:旋风分离器能够100%分离出来的最小颗粒的直径。

习题参考答案

13. 答:聚式流化和散式流化。
14. 答:基本上不随气速变化。
15. 答:大于。
16. 答:(1)$K=2.778\times10^{-4}$ m²/s,$\Delta p=50$ kPa,均与 τ 无关;(2)$K=3.950\times10^{-7}\tau$ m²/s,$\Delta p=3.021\times10^{-4}\tau^2$ Pa,式中,τ 单位为 s。
17. 答:(1)0.278m³/m²;(2)0.320m³/m²;(3)0.303m³/m²。
18. 答:略。
19. 答:5m²,1r/min。
20. 答:(1)$\frac{Q'}{Q}=\sqrt{2}$;(2)$\frac{Q'}{Q}=\sqrt{2}$;(3)$\frac{Q'}{Q}=1.12$。
21. 答:13.5m³。
22. 答:(1)型号 A;(2)0.3287m³/min,0.3285m³/min;(3)0.66r/min。
23. 答:20℃水中,$u_t=5.62\times10^{-4}$m/s;20℃空气中,$u_t=0.05$m/s;颗粒直径加倍,20℃水中,$u_t=2.248\times10^{-3}$m/s;20℃空气中,$u_t=0.2$m/s。
24. 答:(1)0.025m/s;(2)13 滴。
25. 答:24.7μm;增大为原来的 4 倍,即18m³/h;变为原来的 1/2,即为 12.35μm。
26. 答:(1)0.44 倍;(2)1.21 倍;(3)4 倍。
27. 答:变大。
28. 答:方案 1 可将临界粒径减小为原来的 46.5%,方案 2 可将临界粒径减小为原来的 65.7%,方案 3 可将临界粒径减小为原来的 35.8%。可见方案 1、3 可行。但其中方案 1 中第二个旋风分离器不起除尘作用,故不合理。
29. 答:(1)0.091m/s;(2)0.6。
30. 答:(1)0.86m;(2)不变。

第 4 章　热量传递基础

1. 答:物体边界壁面的温度;物体边界壁面的热通量值;物体壁面处的对流传热条件。
2. 答:(A)
3. 答:自然对流;膜状沸腾;核状沸腾;核状沸腾。
4. 答:(A)
5. 答:(B)
6. 答:(A)、(C)、(B)、(D)
7. 答:蒸汽中含不凝气,壁附近形成一层气膜,传热阻力加大,膜系数急剧下降。
8. 答:两个灰体的温度;两个灰体的黑度;两个灰体的辐射传热面积;两个灰体的角系数。
9. 答:(1)>;(2)>;(3)<;(4)>。
10. 答:19.5W/m;73℃。
11. 答:212.8℃;$t=212.8-7.45\times10^4 r^2$。
12. 答:(1)11568W;(2)9.46×10⁻³m。
13. 答:91.075kW/m²。
14. 答:(1)设计不合理。(2)可增加耐火砖层的厚度或选用导热系数更小的耐火砖。
15. 答:(1)471W/m;(2)37.4%。

16. 答:526W/(m^2·K)。
17. 答:3.19kg/(m^2·min)。
18. 答:(1)593W/m;(2)14.4%。
19. 答:4.24×10^4W。
20. 答:(1)3.63×10^4W,274W;(2)3.42×10^4W,4138W;(3)314℃。
21. 答:4415W。

第5章 传热过程与换热器

1. 答:α。
2. 答:饱和水蒸气温度;空气对流传热系数。
3. 答:管。
4. 答:在 $Q=KA\Delta t$ 中,Q 指传热速率,即换热器在一定条件下的换热能力;Δt 指的是冷热流体间的平均温差,是传热的推动力。在 $Q=c_p m\Delta t$ 中,Q 指热负荷,即生产任务提出的换热器应有的能力;Δt 指热流体、冷流体最初和最终温差。
5. 答:外;外侧油 α_o<内侧水 α_i,A_i/A_o<1,则 $\frac{1}{\alpha_o}\cdot\frac{A_i}{A_o}<\frac{1}{\alpha_i}$,加翅传热阻力减少,而油侧的传热面积大,有利于传热。
6. 答:冷凝水未排出;不凝气未排出。
7. 答:(A)
8. 答:(C)
9. 答:大;小;小。
10. 答:增加冷却水的流量或降低冷却水的进口温度。
11. 答:当地的气温条件;经济核算。
12. 答:154m,0.85kg/s。
13. 答:①7.05kg/s;②3m,23根;③2.21kg/s。
14. 答:污垢热阻 6.3×$10^{-3}m^2$·℃/W。
15. 答:49.2℃,42.5℃。提示:并流时,柴油和原油的出口温度与逆流时的不同。
16. 答:39.9℃,44.8℃,42.6℃。
17. 答:(1)增大、增大、增大;(2)增大、增大、增大。
18. 答:0.048kg/s。
19. 答:76.7℃;将管子加长,提高加热蒸汽压强,使苯侧污垢热降至最低。
20. 答:61.3℃,78.7℃。
21. 答:117.6℃。
22. 答:(1)72.7℃;(2)51.4℃。

第6章 蒸发

1. 答:列文;强制循环。
2. 答:多效蒸发中各效引起的温度差损失。当多效总温差损失等于或超过蒸气温度与冷凝室压力下的沸点温度差时,则平均温度差为零,起不到蒸发的作用。

3.答:(D)
4.答:(B)
5.答:90℃。
6.答:85.9℃。
7.答:21.0m²。
8.答:(1)0.484kg/s,0.516kg/s,145℃,0.907kg/s;(2)0.59kg/s,0.41kg/s,140.6℃,0.81kg/s。
9.答:增加了0.107kg/s。